普通高等院校计算机基础教育“十四五”规划教材

大连海洋大学与大连海蓝达科技有限公司校企合作研

C语言程序设计

主　编◎张　菁　王　颖　刘　威

副主编◎许吉庆　张　鑫　周　磊　张思佳　刘明剑

中国铁道出版社有限公司
CHINA RAILWAY PUBLISHING HOUSE CO., LTD.

内容简介

C 语言作为计算机程序设计入门语言，可以为学生思维能力的培养打下坚实的基础。

本书以培养学生程序设计能力为目标，以程序设计为主线，以 C 语言的相关知识为基础，以应用为驱动，通过案例和问题引入内容，重点讲解程序设计的思想和方法。全书共 11 章，包括初识 C 语言，数据类型、运算符与输入 / 输出，选择结构程序设计，循环结构程序设计，数组，函数，编译预处理，指针，结构体和共用体，位运算以及文件等内容。

本书内容全面，知识点详尽，适合作为高等学校相关专业“C 语言程序设计”课程的教材，也可作为企业培训适用教材，还可作为对 C 语言学习感兴趣的读者的参考用书。

图书在版编目（CIP）数据

C语言程序设计/张菁，王颖，刘威主编. —北京：中国铁道出版社有限公司，2022.8

普通高等院校计算机基础教育“十四五”规划教材

ISBN 978-7-113-29524-0

Ⅰ.①C… Ⅱ.①张…②王…③刘… Ⅲ.①C语言-程序设计-高等学校-教材 Ⅳ.①TP312.8

中国版本图书馆CIP数据核字（2022）第143527号

书　　名： C 语言程序设计
作　　者： 张　菁　王　颖　刘　威

策　　划： 李志国　　　　**编辑部电话：**（010）83527746
责任编辑： 张松涛　包　宁
封面设计： 曾　程　刘　颖
责任校对： 孙　玫
责任印制： 樊启鹏

出版发行： 中国铁道出版社有限公司（100054，北京市西城区右安门西街8号）
网　　址： http://www.tdpress.com/51eds/
印　　刷： 三河市宏盛印务有限公司
版　　次： 2022年8月第1版　2022年8月第1次印刷
开　　本： 787 mm×1 092 mm 1/16　**印张：** 19.5　**字数：** 546千
书　　号： ISBN 978-7-113-29524-0
定　　价： 49.70元

前　言

C语言程序设计是我国高等学校重要的计算机基础课程之一，其目标是让学生掌握C程序设计语言的基础知识，并在实践中逐步掌握C程序设计的思想和方法，培养学生灵活的思维方式，培养学生分析问题和解决问题的能力，以及提高学生计算机应用能力。C语言从产生到现在，已经成为最重要和最流行的编程语言之一。学习和掌握C语言，既可以培养学生程序设计素质和创新素质，又能为进一步学习其他高级语言打下坚实的基础。

我国高等学校《大学计算机基础课程基本要求》指出，将计算思维培养建立在知识理解和应用能力培养基础上。本书就是依据知识理解和应用能力培养的要求，结合学习特点，组织教师精心安排章节内容、编写思路、设计例题习题。编写过程中，力求先易后难、逐步深入，以保证能够让学生逐步理解，掌握相关章节要求，学习、理解并初步掌握基本的程序设计方法。

全书共分11章。第1章初识C语言，介绍了C语言的基础知识和C语言的运行环境；第2章数据类型、运算符与输入/输出，介绍了数据类型、运算符和表达式、基本输入/输出操作；第3章选择结构程序设计，介绍了算法的基本知识和选择结构语句；第4章循环结构程序设计，介绍了循环控制的基础和使用；第5章数组，介绍了数组的概念和使用方法；第6章函数，介绍了函数的使用、变量的存储类型；第7章编译预处理，介绍了宏定义、文件包含和条件编译；第8章指针，介绍了指针的概念和使用；第9章结构体和共用体，介绍了结构体的使用以及共用体、链表、枚举类型的概念；第10章位运算，介绍了位运算基础知识；第11章文件，介绍了文件的基本概念和文件的读写等常用操作。

另外，编者还编写了与本书配套的《C语言程序设计实验与习题选解》，主要是编程思维能力训练及部分实验内容的拓展。

本书由大连海洋大学张菁、王颖、刘威任主编，许吉庆（大连海蓝达科技有限公司）、张鑫、周磊、张思佳、刘明剑任副主编，具体编写分工如下：第1章由王颖编写，第2章由周磊编写，第3章由张思佳编写，第4章由许吉庆编写，第5章由刘威编写，第6章由张鑫编写，第7章由刘威编写，第8章由张菁编写，第9章由刘明剑编写，第10章和第11章由王颖编写，附录由张鑫和刘威编写。全书由张菁负责组织编写并统稿。本书由大连海洋大学与大连海蓝达科技有限公司校企合作研发，适合作为高等学校相关专业本科生“C语言程序设计”课程的教材，也可作为企业培训适用教材。

由于编者水平有限，不足之处在所难免，殷切希望广大读者给予批评指正。

编　者

2022年4月

目　录

第1章　初识C语言 1

1.1　程序设计基础 1

1.1.1　程序、程序设计和程序设计语言 1

1.1.2　程序设计过程 1

1.1.3　程序设计方法 2

1.2　C语言概述 2

1.2.1　C语言的发展 2

1.2.2　初识C程序 3

1.2.3　C语言的特点 8

1.3　C程序的上机执行过程及运行环境 10

1.3.1　C程序的上机执行过程 10

1.3.2　Visual C++ 2010集成开发环境 11

小结 25

习题一 26

第2章　数据类型、运算符与输入/输出 27

2.1　字符集、关键字与标识符 27

2.1.1　字符集 27

2.1.2　关键字 27

2.1.3　标识符 27

2.2　数据类型与常量、变量 28

2.2.1　数据类型与基本数据类型 28

2.2.2　常量 30

2.2.3　变量 32

2.3　运算符与表达式 36

2.3.1　算术运算 38

2.3.2　赋值运算 40

2.3.3　求字节运算 42

2.3.4　强制类型转换运算 42

2.3.5　逗号运算 43

2.3.6　关系运算 44

2.3.7　逻辑运算 45

2.3.8　条件运算 47

2.4　数据的输入与输出 47

2.4.1　数据输入/输出概述 47

2.4.2　格式化输出函数 48

2.4.3　格式化输入函数 51

2.4.4　字符输入/输出函数 55

小结 58

习题二 58

第3章　选择结构程序设计 60

3.1　算法 60

3.1.1　算法的定义 60

3.1.2　算法的特征 60

3.1.3　算法的表示方法 61

3.1.4　算法设计的基本方法 63

3.1.5　算法的评价标准 63

3.2　C语句的分类 63

3.3　if语句 65

3.3.1　if语句的三种形式 65

3.3.2　if语句的嵌套 71

3.4　switch语句 73

3.5　程序举例 77

小结 81

习题三 81

第4章　循环结构程序设计 88

4.1　概述 88

4.2 goto语句及其构成的循环 89
4.3 while语句 90
4.4 do…while语句 93
4.5 for语句 96
4.6 循环嵌套构成的多重循环 99
4.7 break和continue语句 102
4.7.1 break语句 102
4.7.2 continue 语句 103
4.8 程序举例 103
小结 106
习题四 106

第5章 数组 108

5.1 概述 108
5.2 一维数组 109
5.2.1 一维数组的定义 109
5.2.2 一维数组的引用 110
5.2.3 一维数组的初始化 111
5.2.4 一维数组程序举例 112
5.3 二维数组 114
5.3.1 二维数组的定义 115
5.3.2 二维数组的引用 115
5.3.3 二维数组的初始化 116
5.3.4 二维数组程序举例 117
5.4 字符数组与字符串 119
5.4.1 字符串的概念 119
5.4.2 字符数组的定义 119
5.4.3 字符数组的初始化 120
5.4.4 字符数组的引用 120
5.4.5 字符数组的输入和输出 121
5.4.6 字符串处理函数 121
5.4.7 字符数组程序举例 122
小结 123
习题五 124

第6章 函数 126

6.1 概述 126
6.2 函数的定义 127
6.2.1 无参函数的定义格式 127
6.2.2 有参函数定义的一般格式 127
6.3 函数的调用过程 128
6.3.1 无参函数的调用过程 128
6.3.2 有参函数的调用过程 129
6.3.3 函数调用的方式 130
6.4 函数的参数和函数的返回值 131
6.4.1 形参和实参 131
6.4.2 函数的返回值 132
6.5 被调用函数的声明 133
6.5.1 被调用函数是库函数 133
6.5.2 被调用函数是用户自定义函数 133
6.6 函数的嵌套调用和递归调用 135
6.6.1 函数的嵌套调用 135
6.6.2 函数的递归调用 136
6.7 数组作函数参数 138
6.7.1 数组元素作函数实参 138
6.7.2 一维数组作函数的参数 139
6.8 局部变量和全局变量 141
6.8.1 局部变量 141
6.8.2 全局变量 142
6.9 变量的存储类别 144
6.9.1 动态存储方式与静态存储方式 144
6.9.2 auto变量 144
6.9.3 用static声明局部变量 145
6.9.4 register变量 146
6.9.5 用extern声明外部变量 147
6.9.6 用static声明外部变量 148
6.9.7 函数的存储类别 148

小结 149
习题六 150

第7章 编译预处理 154

7.1 概述 154
7.2 宏定义 154
7.2.1 不带参数的宏定义 154
7.2.2 带参数的宏定义 156
7.2.3 函数与宏比较 158
7.3 文件包含 158
7.4 条件编译 159
小结 160
习题七 161

第8章 指针 162

8.1 地址和指针 162
8.1.1 内存单元的“地址” 162
8.1.2 数据在内存中的存储 162
8.1.3 内存单元中数据的访问方式 163
8.1.4 指针和指针变量 163
8.2 指针变量的使用和运算 164
8.2.1 如何定义指针变量 164
8.2.2 如何初始化指针变量 164
8.2.3 两个重要运算符&和* 165
8.2.4 指针变量的赋值 167
8.2.5 允许指针变量进行的运算 168
8.3 指针与一维数组 169
8.3.1 指向数组元素的指针 169
8.3.2 数组元素的引用 171
8.4 指针与二维数组 176
8.4.1 二维数组及其元素的地址 176
8.4.2 指向多维数组的指针变量 178
8.5 字符串的指针和指向字符串的指针变量 179
8.5.1 字符串的表示形式 179
8.5.2 字符数组和字符指针变量的区别 181
8.6 函数的指针和指向函数的指针变量 183
8.6.1 指针变量作函数参数 183
8.6.2 一维数组名作函数参数 187
8.6.3 字符串指针作函数参数 191
8.6.4 函数指针 193
8.6.5 返回指针值的函数 195
8.7 指针数组和指向指针的指针 195
8.7.1 指针数组的概念 195
8.7.2 指向指针的指针 197
小结 198
习题八 199

第9章 结构体和共用体 202

9.1 结构体 202
9.1.1 结构体类型的定义 202
9.1.2 结构体变量的说明 203
9.1.3 结构变量成员的表示方法 205
9.1.4 结构变量的初始化 207
9.1.5 结构数组的定义 210
9.1.6 结构数组的初始化 212
9.1.7 结构指针变量的说明和使用 213
9.2 共用体（联合） 217
9.2.1 联合（共用体）的定义 218
9.2.2 联合变量的说明 219
9.2.3 联合（共用体）变量的引用 220
9.2.4 联合变量的赋值 223
9.2.5 联合（共用体）的五点注意事项 224
9.3 链表 226
9.3.1 链表的概念 226
9.3.2 建立简单的链表 227
9.3.3 输出链表 228
9.3.4 删除一个结点 228

9.3.5 插入结点 229
9.4 枚举类型 234
9.4.1 枚举类型的定义和枚举变量的说明 234
9.4.2 枚举类型变量的值和使用 236
9.5 类型定义符typedef 239
小结 241
习题九 242

第10章 位运算 244

10.1 位运算的预备知识 244
10.2 位运算符及其运算规则 245
10.2.1 ~——按位取反运算 245
10.2.2 &——按位与运算 246
10.2.3 |——按位或运算 246
10.2.4 ^——按位异或运算 247
10.2.5 <<——按位左移运算 248
10.2.6 >>——按位右移运算 248
小结 249
习题十 249

第11章 文件 251

11.1 概述 251
11.1.1 文件的定义 251
11.1.2 文件的分类 251
11.1.3 缓冲文件系统 252
11.1.4 文件类型指针和文件读/写位置指针 253
11.2 文件的打开与关闭 255
11.2.1 文件打开函数 255
11.2.2 文件关闭函数 258
11.3 文件的读写操作 259
11.3.1 文本文件的读写 259
11.3.2 二进制文件的读写 271
11.4 文件读/写位置指针的定位 275
11.4.1 将读/写位置指针定位于文件头 275
11.4.2 读/写位置指针的随机定位 277
11.4.3 测试读/写位置指针当前位置 278
11.5 文件的检测 279
11.5.1 文件末尾检测函数feof() 279
11.5.2 读写出错检测函数ferror() 280
11.5.3 清除文件末尾和出错标志函数clearerr() 281
小结 282
习题十一 283

附录A 常用字符与ASCII码对照表 289

附录B 常用库函数介绍 290

参考文献 302

第 1 章

初识 C 语言

1.1　程序设计基础

1.1.1　程序、程序设计和程序设计语言

计算机光有硬件是“玩不转”的，还需要有软件让它工作起来。软件包括系统软件和应用软件，主要由程序和文档组成，其核心是程序。人们想让计算机工作，必须事先设计好计算机处理问题的步骤，然后把这些步骤用计算机能够识别的指令编写出来，输入计算机，变成计算机能够执行的指令代码，计算机才能完成人们指定的工作。一般将为解决某一特定问题而编写的指令代码序列称为程序，把编写程序的过程称为程序设计。世界上第一台计算机 ENIAC 的主要任务是弹道计算，计算过程就是程序。生活中做菜也是程序：择菜、洗菜、切菜、炒菜、装盘。人们平时使用的 Windows 操作系统、播放音频视频的播放器、Word 办公软件等从本质上说都是程序。

计算机只能识别二进制语言，“听”不懂人类的语言，所以人类要想与计算机沟通和交流，就需要有一种人类与计算机都能理解的语言作为交流媒介，这种特殊的语言就是程序设计语言，它用来编写程序指令代码。

按照发展过程，程序设计语言主要经历了机器语言、汇编语言和高级语言三个阶段。

用计算机能唯一识别和执行的二进制进行编程的程序设计语言就是机器语言，每条指令对应一个简单的执行动作，计算机能够理解并能直接执行，对人类来说，机器语言中的代码都是 0 和 1，不易识别和记忆，非常难懂，所以人们采用指令助记符（如用助记符 ADD 表示加法指令）来表示机器指令，这就是汇编语言。在汇编语言中，每条汇编指令基本上与一条机器指令相对应。用汇编语言编写的程序经过简单的翻译就可以被机器执行。无论是机器语言还是汇编语言，有一个共同特征，就是都是面向机器的语言，即编程前首先要了解机器的硬件结构及其指令系统（不同型号的计算机指令系统不尽相同），因此学习的入门门槛比较高，不适合初学者，特别是非计算机人员。故机器语言和汇编语言又统称为低级语言。

为了不受计算机硬件的牵绊，程序设计语言进入高级语言阶段。高级语言更接近人类的自然语言，其语法规则简单清晰，由英语单词和数学符号组成，用其编写程序时不用再考虑计算机内部结构和指令系统，而且高级语言有自己的数据结构、程序控制结构和用于数据处理的运算符等，使其相对于低级语言易读、易理解、易掌握。C 语言就是众多高级语言中应用范围较广的一种程序设计语言。当然，用高级语言编写的程序计算机是不能直接执行的，需要用翻译软件翻译成计算机能执行的机器指令。

1.1.2　程序设计过程

程序设计是给出解决特定问题程序的过程。程序设计过程主要包括以下几步：

1. 分析问题

程序设计前首先要了解用户需求，明确要解决什么问题，对问题进行可行性分析，如果可行找到解决问题方法，确定解题步骤。在分析过程中，需要根据输入数据、处理过程和输出结果，建立数学模型。当然，对一些简单、常规问题，无须特别建立数学模型。

2. 设计数据结构与算法

瑞士计算机科学家尼克劳斯·威茨（Niklaus Wirth）提出了在计算机领域尽人皆知的公式“程序 = 数据结构 + 算法”，说明数据结构和算法在程序设计中占有重要地位。

绝大多数程序都需要对数据做处理，所以首先要考虑如何组织、存储和存取要处理的数据，即进行数据结构的设计。

组织好数据后，接下来要考虑如何对数据进行处理，即设计问题的解决方法和具体步骤——算法。同一问题可能有不同的算法，算法的好坏直接决定了存储空间的利用率和运行的效率。

3. 编写程序

选择一种具体的程序设计语言将算法的每一步操作都转换成指令代码，形成源程序。编写源程序时应注意养成良好的编程习惯，提高程序的可读性、易维护性和可移植性。

4. 运行调试程序

对源程序进行编译、连接、运行，得到运行结果。在编译、连接过程中可能遇到语法等错误；即使编译连接都通过了，运行时也可能得不到预期结果，所以要对程序进行调试排错，使之运行时得到正确结果。

5. 编写程序文档

如果程序要给他人使用或规模较大，通常要编写程序说明书等文档，告诉用户程序的功能、运行环境、如何安装和卸载、使用注意事项等信息，正如产品要有说明书一样。

1.1.3 程序设计方法

程序设计要遵循一定的设计方法，目前主要有结构化程序设计方法和面向对象的程序设计方法。C 语言属于结构化程序设计语言，这里仅简单介绍一下结构化程序设计思想。

结构化程序设计中，不论程序简单还是复杂，无外乎就三种基本结构：顺序结构、选择结构和循环结构。设计时采用“自顶向下、逐步求精”的方法，将一个复杂的问题分解成许多功能独立的子问题，子问题还可做进一步分解，如此重复，直到每个子问题都得到解决为止，所有子问题解决后，复杂问题迎刃而解。结构化程序设计最核心的思想就是模块化，把复杂系统自顶向下划分成若干较小的、相对独立但又相互关联的功能模块。C 语言主要以函数形式体现模块化设计思想。

1.2 C 语言概述

1.2.1 C 语言的发展

C 语言是迄今为止使用最广泛的程序设计语言之一，在程序设计语言发展史上具有里程碑的意义。有趣的是，C 语言却是早期开发 UNIX 操作系统时的附属品。最初 UNIX 操作系统主要采用汇编语言编写，但是可移植性非常差，迫切需要一种具有低级语言特点的高级语言来解决 UNIX 操作系统的可移植性问题。

在高级语言发展的初始阶段，曾出现 ALGOL 60 语言，但该语言离硬件较远，不适合编写系统软件。

1963 年，在 ALGOL 60 的基础上研发了接近硬件的 CPL（Combined Programming Language）语言。但是 CPL 语言规模大，实现困难。

1967 年，英国剑桥大学的 Matin Richards 对 CPL 语言进行简化得到 BCPL（Basic Combined Programming Language）语言。

1970 年，美国电话电报公司（AT&T）贝尔实验室的 Ken Thompson（肯・汤普逊）和 Dennis Ritchie（丹尼斯·里奇）在用 BCPL 语言开发 UNIX 操作系统时，将 BCPL 语言整合成 B 语言（取 BCPL 的第一个字母）。虽然 B 语言简单、更接近硬件，但却过于简单、功能有限且没有数据类型。

1972 年，Dennis Ritchie 又对 B 语言进行改进，最终设计出具有里程碑意义的 C 语言（取 BCPL 的第二个字母）。因此，C 语言是在 B 语言的基础上设计而成的，它增加了数据类型，克服了 B 语言的缺点，是一种既具有高级语言特性、又具有低级语言特点的高级语言。

C 语言诞生不久，Ken Thompson 和 Dennis Ritchie 就用 C 语言改写了他们以前用汇编语言和 B 语言写过的 UNIX 操作系统，新版本的 UNIX 操作系统可方便地移植到其他计算机系统上运行。正因为移植性好，UNIX 操作系统也很快流行起来。可以说，C 语言是伴随着 UNIX 操作系统的成长而逐步发展起来的。

C 语言经过多次改进，人们逐渐开始关注和认可其编译软件不依赖于具体机器的优势，继而开发了各种版本的 C 语言编译系统以适用于不同操作系统。

鉴于 C 语言编译系统版本多、标准不统一，1978 年，Brian W. Kernighian 和 Dennis Ritchie 合著了 *The C Programming Language*，该书成为当时事实上的 C 语言标准，是目前为止最权威的 C 语言教材之一，被翻译成多国语言广泛传播。

从 1983 年到 1994 年，美国国家标准协会 ANSI（American National Standards Institute）和国际标准化组织 ISO（International Organization for Standardization）先后修订了 C 语言标准，主要有以下三种标准：

（1）C89 标准——由 ANSI 发布的第一个 C 语言标准，在 1989 年被正式采用，故称 C89，又称 ANSI C。1990 年时对该标准做了一些小改动，故该版本又称 C90。

（2）C99 标准——由 ISO 制定于 1999 年，又称 C99。

（3）C11 标准——由 ISO 制定于 2011 年，又称 C11，是目前为止最新的 C 语言标准。

需要说明的是，ISO 也采纳了 C89 标准，现在绝大多数 C 程序代码是在 ANSI C 基础上写的，也就是说，C89 是目前常采用的 C 语言标准。

继 C 语言之后，出现了大量的程序设计语言，甚至还出现了面向对象的程序设计语言，但是 C 语言仍然是很多面向对象语言的根基，比如 C++、VC++，要想学习这些面向对象的语言，必须首先掌握 C 语言，夯实基础，才能继续深入。此外，C 语言也在嵌入式软件开发领域（如手机、通信设备软件等）及系统软件（操作系统等）开发领域占据着绝对主导地位。目前，在世界编程语言排行榜上，C 语言在 100 多种编程语言中常年位居前两位，市场占有率基本维持在 15% ～ 20%，所以说 C 语言仍是国际上流行的程序设计语言，是初学者的首选编程语言。

1.2.2　初识 C 程序

1. C 程序入门

首先通过几个范例直观感受一下 C 程序的“外貌”，理解一些常用的功能语句，了解 C 程序的结构特征和书写风格，能仿照写出一些简单的 C 程序。

提示： 下面几个例题重在理解输出信息、定义变量、输入数据以及 C 程序结构，具体语法细节将在后续章节逐步展开介绍。

【例 1.1】 在屏幕上显示 "Hello everyone!"。

本题重点了解如何在屏幕上显示信息。

【程序代码】

```
#include<stdio.h>
int main()
{
    printf("Hello everyone! \n");
    return 0;
}
```

【运行结果】

例 1.1 运行结果如图 1-1 所示。

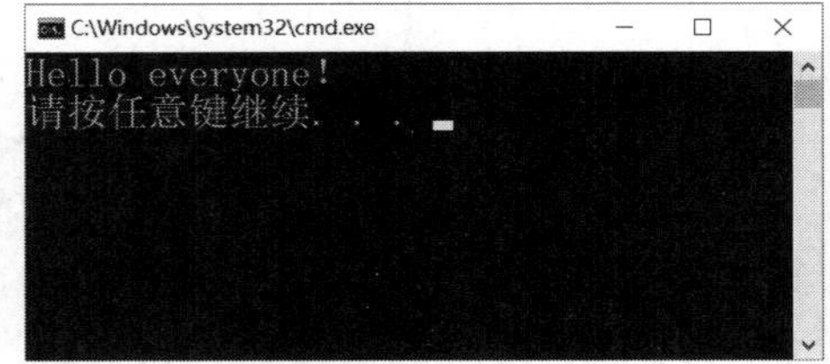

图 1-1　例 1.1 运行结果

【程序分析】

（1）程序用系统事先定义好的库函数（经常使用、事先编好，放在对应函数库中，可直接被调用的函数）printf() 函数实现在屏幕上输出信息。

所谓函数，就是具有某种特定功能的程序代码。调用函数的一般形式：

```
函数名()
```

printf() 是格式输出函数，负责输出（即在屏幕上显示）要在屏幕上显示的内容，包括字符串、数据等。除了输出英文字符串，还可以输出中文，只要把要输出的内容放在双引号中即可。

“\n”是换行符，表示输出“Hello everyone!”后光标自动换行，若后面还有输出，则在下一行输出。

函数调用结束后，要以分号结束语句。

注意：

① C 语言用库函数进行输入 / 输出，而非输入 / 输出语句。

② C 语言中，语句要以分号结束。

（2）printf() 函数存放在头文件 stdio.h 中，要想使用 printf() 函数，需要将其所在的头文件包含到本程序中来。#include 是文件包含命令，功能是将 < > 中的头文件包含到当前程序中，这样该头文件中的所有函数都可以在本程序中使用，所以 #include<stdio.h> 的功能就是将标准输入 / 输出头文件 stdio.h 中的所有内容包含到本程序中。其中 stdio 是指 standard input & output（标准输入 / 输出），h 是单词 head 的首字母。

在本书的后续章节中，会陆续用到格式输入函数 scanf()、字符输入 / 输出函数 getchar()、putchar() 和字符串输入 / 输出函数 gets()、puts()，这些库函数也是存放在 stdio.h 中的，所以要使用这些函数，也要事先用文件包含命令 #include<stdio.h> 将这些函数包含到程序中。类似的，一些常用的数学函数比如开平方函数 sqrt()、求绝对值函数 fabs() 都在头文件 math.h 中，所以使用这些数学函数时就要在程序开始的位置加上文件包含命令 #include<math.h>。

注意：

① #include 不是语句，后面不需要加分号。

实际上，#include 是编译预处理命令，就是将代码翻译成二进制语言前预先做的处理工作（把库文件包含到程序中），书写时，<> 可以换成 ""，关于两种书写形式的区别等具体内容参见第 7 章。

② 头文件的扩展名是 .h。

（3）int main() 一行是函数首部，“{”和“}”括起的部分称为函数体，变量声明和要执行的语句都放在函数体中。

main() 是主函数，任何 C 程序的执行都是从主函数的“{”开始，以主函数的“}”结束。

语句 return 0; 表示程序正常退出。因为返回值 0 是整数，所以把整型关键字 int 写在函数名 main 的前面，表示主函数结束后返回一个整型值。

注意：函数首部 main() 后不加分号。

（4）Visual C++ 2010 中，C 程序运行后在运行结果的最后会显示“请按任意键继续…”，根据提示按任意键即可返回源程序界面，通常按【Enter】键即可。

【例 1.2】求 56 与 283 的和。

本题重点了解变量的定义。

【程序代码】

```
#include<stdio.h>
int main()
{
    int a,b,sum;                          /* 定义三个变量 a、b、sum*/
    a=56;                                 /* 给变量 a 赋值为 56*/
    b=283;                                /* 给变量 b 赋值为 283*/
    sum=a+b;                              /* 将 a、b 的和放入变量 sum 中 */
    printf("%d+%d=%d\n",a,b,sum);         /* 输出结果 */
    return 0;
}
```

【运行结果】

例 1.2 运行结果如图 1-2 所示。

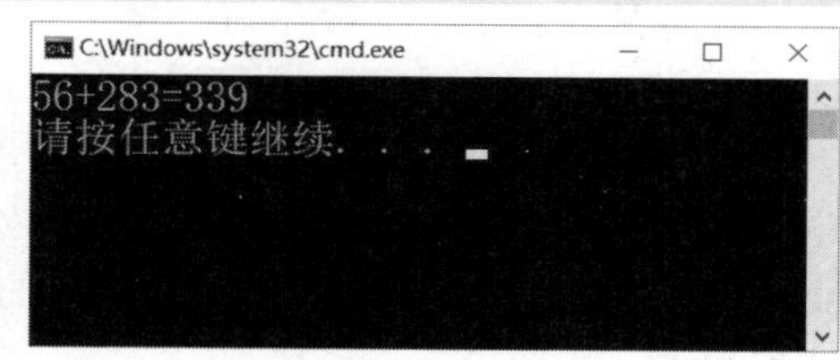

图 1-2　例 1.2 运行结果

【程序分析】

（1）通常情况下，程序执行时 CPU 直接去内存取数据，再把处理结果送回内存，所以首先要申请内存单元以存放待处理的数据和处理后的结果。申请内存单元的任务是通过定义变量（内存中的数据可以改变，所以称为变量）实现的。

本例要对两个整数做加法操作，所以定义三个整型变量，由用户命名，假设分别命名为 a、b、sum，其中，a、b 存放待加数据，sum 存放求和的结果。a、b、sum 是标识符，标识符的命名规则是由字母、数字、下划线组成，不能以数字开头。另外，命名时最好遵循“见名知意”的原则，比如和用 sum。

int a,b,sum; 就是定义三个存放整型数据的变量，其中，int 是标明数据类型为整型的关键字（所谓关键字就是系统有特定含义的标识符，用户命名时不能使用）。常用的数据类型还有：float 代表实型，char 代表字符型等。不同类型的数据占据内存空间的大小不一样，存放数据的范围也不同。

（2）a=56; 表示把数据 56 放入变量 a 中。其中，等号代表赋值运算，表示把右边的数据放入左边变量中。同理，sum=a+b; 表示把 a 与 b 相加的结果放入变量 sum 中。

（3）printf() 函数中的 %d 是格式说明符，表示以整型格式输出后边对应的数据。有几个数据要输出，就要有几个格式说明符。输出函数双引号中除了格式说明符不输出，其余的字符都要原样输出，所以“+”号与“=”号要原样输出到屏幕上。

（4）“/*”和“*/”之间的内容是注释，主要起解释、说明作用。

程序在编译、连接、运行的整个过程中，对注释都是忽略的，即注释对程序运行没有任何影响，它是给人看的，既可提示编程人员当初设计思路，也有助于其他人员理解程序。利用注释不执行的特点，调试时可以暂时把不想让计算机执行的语句注释掉。

【例 1.3】求半径为 r 的圆的周长和面积（r 的值从键盘输入）。

本题重点了解如何向变量中输入待处理的数据。

【程序代码】

```
#include<stdio.h>
int main()
{
    float r,perimeter,area;              /* 定义三个实型变量 */
    printf(" 请输入圆的半径：");           /* 输入前的信息提示 */
    scanf("%f",&r);                      /* 输入半径 */
    perimeter=2*3.14*r;                  /* 求周长 */
    area=3.14*r*r;                       /* 求面积 */
    printf(" 圆的周长是 %f, 圆的面积是 %f\n", perimeter,area);   /* 输出结果 */
    return 0;
}
```

【运行结果】

例 1.3 的运行结果如图 1-3 所示。

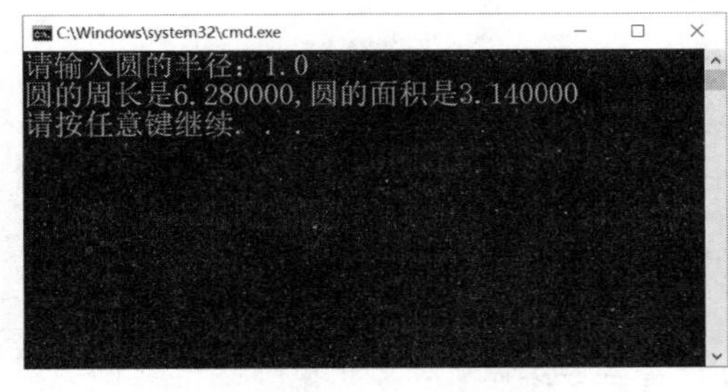

图 1-3　例 1.3 运行结果

【程序分析】

（1）float 是实型的关键字，float r,perimeter,area; 表示定义了三个实型变量。从应用角度，半径 r 可以是整数也可以是实数（带小数点的数）的情况下，通常需要定义成实型。实数参与运算，其结果一定还是实数，所以存放周长和面积的两个变量也定义成实型。

（2）本题需要从键盘输入 r 的值，可用格式输入函数 scanf() 实现。%f 必须写在双引号内，代表以实型格式从键盘接收一个数据。& 是取地址运算符，计算变量 r 的物理地址。因此 scanf("%f",&r); 语句表示把从键盘接收的实型数据送入变量 r 中。

注意：

① 输入时，变量名前加取地址运算符 &，输出时不用。

② C 语言乘法运算中，乘号 * 不能省略。

理解了输入后，再回看例 1.2，其中 a、b 的值固定为 56、283 后，该程序就只能求这两个数的和，显然太局限，那么如何实现求任意两个整数之和呢？可以使用 scanf() 函数实现从键盘随意输入两个整数，然后求和。故例 1.2 可改写为如下代码，以实现任意两数之和：

```
#include<stdio.h>
int main()
{
    int a,b,sum;                         /* 定义三个变量 a、b、sum*/
    scanf("%d%d",&a,&b);                 /* 输入任意整数分别放入变量 a、b 中 */
    sum=a+b;                             /* 将 a、b 的和放入变量 sum 中 */
    printf("%d+%d=%d\n",a,b,sum);        /* 输出结果 */
    return 0;
}
```

运行时，从键盘任意输入两个整数（空格分隔数据即可），即可得出它们的和。如输入

```
26 9
```

按【Enter】键后即可得到

```
26+9=35
```

【例 1.4】利用自定义函数求半径为 r 的圆的周长和面积（r 从键盘输入）。

本题重点了解 C 程序的基本组成单位是函数。

【程序代码】

```
#include<stdio.h>
#define PI 3.14
float circle_perimeter(float  bj)
{
    float zc;
    zc=2*PI*bj;
    return  zc;
}
float circle_area(float  r)
{
    float area;
    area=PI*r*r;
    return  area;
}
int main()
{
    float r,perimeter,area;
    printf("请输入圆的半径：");
    scanf("%f",&r);
    perimeter=circle_perimeter(r);
    area=circle_area(r);
    printf("圆的周长是%f，圆的面积是%f\n", perimeter,area);
    return 0;
}
```

【运行结果】

与例 1.3 的运行结果相同。

【程序分析】

（1）本题包含三个函数，主函数 main()，求圆周长的函数 circle_perimeter()，求圆面积的函数 circle_area()。把求圆周长和面积的过程各自定义成一个函数，这样以后一旦需要这两个功能时直接调用即可，不用再重复编写，从而提高编程效率。

尽管主函数在两个自定义函数的下面，但程序执行时，仍然从主函数开始执行，需要求周长时，才调用求周长函数，首先把输入的 r 值作为实参（有实实在在的数值的参数）传递（即复制）给形参（形式上的参数,负责接收实参值）变量 bj,然后进入函数 circle_perimeter() 内部开始执行，最后把所求的结果通过 return 语句返回赋值给 perimeter 变量。同理再调用求面积函数，并把所求的结果返回赋值给 area 变量。

注意：

① 实参和形参可以同名，也可以不同名。如实参都为 r，但函数 circle_perimeter() 的形参命名为 bj，而函数 circle_area() 的形参仍命名为 r。

② 同一函数内部变量不能同名，但不同函数内部变量可以同名。如 main() 和 circle_area() 内都有名字为 area 的变量，但这两个变量的物理地址不同、内存存储区域不同，所以不会发生混淆。因所在不同函数中，两个变量的作用范围仅限于各自隶属的函数。

（2）在例 1.3 中，π 的值 3.14 出现多次，一个常数如果被频繁使用，可以将其定义成一个符号常量。#define PI 3.14 就是将 π 值定义成符号常量 PI，这样定义的优点有两个：一是含义清楚，PI 正好是 π 的谐音；二是一改全改，比如要提高计算精度，只要将 #define PI 3.14 改为 #define PI

3.1415926，那么程序中所有 π 的地方均变成 3.1415926，不用一处一处去修改程序。

注意：通常变量名小写，符号常量名大写。

（3）自定义函数的命名规则同标识符命名规则。如自定义函数 circle_perimeter() 的名字由字母和下划线组成。

2. C 程序结构特征

（1）从程序结构上看，C 程序是由一个或若干函数构成的，其中，必须有且仅有一个主函数。函数是 C 程序的基本组成单位。函数主要有三大类：主函数、库函数和自定义函数。

（2）从函数位置关系看，函数的位置是任意的，但函数之间一定是平行的、相互独立的，而非从属关系。这符合结构化程序设计中的模块化设计思想。

主函数可在所有函数最前方，也可夹在两个函数之间或放在所有函数的最后。一般放在程序最前方或程序结尾处。

（3）从执行顺序角度看，无论主函数在程序的什么位置，C 程序都是从主函数开始执行，在主函数中结束执行。也就是说，主函数执行结束，程序也就执行完了。其他函数（包括库函数和自定义函数）什么时候被调用什么时候执行。

（4）从调用关系看，主函数可以调用其他任何函数，其他函数也可互相调用，甚至可自己调用自己，但唯独不能调用主函数。

（5）从单个函数构成角度看，每个函数都由两部分构成：函数首部和函数体。函数首部给出函数名和形参等信息，函数体包括变量声明和执行语句。C 语言规定：程序中所有用到的变量，必须先声明，后使用。若使用了未定义的变量，编译时会有错误信息提示 “undeclared identifier”。

3. C 程序书写风格

（1）C 语言严格区分大小写，如定义变量时 a 与 A 当作不同的变量。所有关键字和库函数名必须小写。

（2）C 程序书写格式自由，一条语句可以占多行，一行可以写多条语句。但提倡一条语句占一行。

（3）所有语句（声明语句和可执行语句）都以分号结束。声明语句包括变量定义、外部变量声明、自定义函数声明等，其中最常用的是变量定义。

（4）花括号 { } 主要括起函数体或构成复合语句，表示程序的某一层次结构，要成对出现。通常 “{” 和 “}” 各自独占一行。为使程序结构清晰、易于阅读理解，同层次的语句应对齐写，下一层次的语句采用缩进形式书写。

（5）Visual C++ 2010 中，注释有两种表现形式：

① 以 “/*” 开始，以 “*/” 结束，可以实现一行或多行注释。

注意：“/” 与 “*” 间不能有空格。

② 以 “//” 开始即可，没有结束标志，因此只能做单行注释。

理论上，注释可出现在 C 程序的任何位置，但习惯上不夹在一条语句的中间。按出现位置与描述内容可将注释分为两大类：

① 序言性注释：在程序一开始的位置，主要描述程序标题、程序功能等信息。

② 功能性注释：在语句的后面，主要描述语句的功能。

建议初学者一定养成良好的编程习惯和书写风格，写出可读性强、易于理解的程序。

1.2.3　C 语言的特点

C 语言自 1971 年诞生以来，至今已经 50 多年了，在编程语言不断涌现的今天，C 语言之所以仍风靡全球，并作为大学里绝大多数专业必修的课程之一，是因为 C 语言具备许多其他编程语言没有的特点，归纳起来主要有以下几点：

1. 模块化

C语言是结构化程序设计语言，其设计思想是把一个相对较大的复杂的程序分割成若干具有独立功能的模块，C语言以函数形式体现程序模块化特点。C语言不仅提供了丰富的库函数，还可以根据实际情况自己定义具有特定功能的函数。所有函数（除主函数不能被其他函数调用外）间可以方便地互相调用及互相传递数据，这样同一功能代码可以被反复使用，减少重复代码编写，提高编程效率。

2. 简洁、紧凑、灵活、方便

任何一种程序设计语言都包含一些具有特殊含义的单词，不能被编程人员作为他用，称这些单词为“关键字”或“保留字”。不同程序设计语言关键字的个数不尽相同，其中C语言相对于其他编程语言来说关键字是比较少的，仅有32个关键字，见表1-1，其中包括9种用于控制程序执行过程的关键字。

表1-1　C语言关键字汇总表

auto	break	case	char	const	continue	default	do
double	else	enum	extern	float	for	goto	if
int	long	register	return	short	signed	sizeof	static
struct	switch	typedef	union	unsigned	void	volatile	while

正因为关键字比较少，并且有很多现成的库函数供用户使用，使得用户在完成同一功能时，用C语言编写的代码更加简洁、精练，使用起来更加方便、灵活。

3. 提供丰富的运算符

运算符可方便地实现对数据的处理，比如+、-、*、/等四则运算。C语言提供了非常丰富的运算符供数据处理，总共有34种运算符。当多种运算符出现在同一表达式中时，为保证有序运算，C语言还规定了这34种运算符的优先级（运算优先顺序）和结合性（从左到右算，还是从右到左算）。丰富的运算符使得C语言表达式灵活多样，有些运算符甚至可以简化表达式或语句，比如复合赋值运算符“+=”可以将表达式a=a+5简化成a+=5、条件运算符“?:”可将下面的if语句

```
if(a>b)
    max=a;
else
    max=b;
```

简化为

```
max=a>b?a:b;
```

这些运算符使得C语言可以完成一些其他高级语言难以完成的数据处理工作。

4. 提供丰富的数据类型

我们要处理的数据有很多种类型，比如学生的学号可以看成整数类型（简称整型）；姓名可以看成字符串类型；性别可用单词Female和Male的首字母表示，首字母'F'和'M'属于字符型；成绩可以看成实数类型（简称实型）等。C语言提供了整型、实型、字符型、字符串、数组、指针、结构体、共用体等多种数据类型。此外，C语言不仅具有强大的计算和逻辑判断功能，还具有强大的图形处理功能，保证了各种复杂数据结构的运算处理。

5. 允许直接访问物理地址

C语言虽然属于高级语言，但因其借助指针运算和位运算能直接访问内存的物理地址，甚至能对一个二进制位进行操作，从而完成低级语言才能完成的很多工作。所以C语言不仅可用于应用软件的开发，还可用于系统软件的开发，它集高级语言和低级语言的特点于一身。C语言发展

早期，就曾被用来开发操作系统软件，连其自身的编译软件也是用 C 语言开发的。

6. 执行效率高

通常用高级语言开发的程序效率要低于用低级语言编写的程序效率，但用 C 语言开发的程序代码简洁、最终生成的目标代码质量高、运行速度快，其执行效率仅比用低级语言（汇编语言）编写的代码低 10% ～ 20%，比很多其他高级语言执行效率高，占用内存空间少，属于高级语言中的佼佼者。

7. 可移植性好、适用范围广

软件的可移植性是指将软件从某一环境转移到另一环境下运行的难易程度。C 语言的可移植性非常好，适用于不同型号的计算机和不同种类的操作系统。用 C 语言编写的程序代码几乎不做修改或少量修改就能拿到其他系统上运行，大约可在 40 种系统上直接运行 C 程序。

当然，任何一种程序设计语言都有其自身的优势和弱点，C 语言也不例外。C 语言的缺点是数据安全性存在潜在风险、语法检查不严格、程序书写自由度大，如数据类型检查不严格、对数组下标不做越界检查、使用指针时如果不慎还可能访问未申请的内存单元，导致有用的程序或数据被修改等，这些问题全靠程序员编程时自己注意防范。因此 C 语言编程的灵活性与潜在风险是共存的，需要编程人员平时就养成良好的编程习惯，多上机实践、多积累经验，规避可预见的风险。尽管 C 语言不是尽善尽美的程序设计语言，但毕竟其功能强大、应用范围广，因此还是风靡世界。

1.3 C 程序的上机执行过程及运行环境

1.3.1 C 程序的上机执行过程

用 C 语言编写的程序称为 C 语言源程序。源程序都是字母、数字和标点符号等字符，计算机不能直接识别和运行，需要经过编译、连接才能运行。因此，在 C 程序的上机操作时，需要经过以下几个步骤才能看到运行结果：

1. 编辑

启动 C 语言开发软件，新建文件，输入源程序代码，保存为扩展名为 .c 的源程序文件。

2. 编译

将源程序代码翻译成计算机可直接识别的二进制代码，即机器语言。翻译时，要对 C 语言语法进行检查，有错则修改源程序，无错则生成扩展名为 .obj 的目标文件，但此时还不能执行。

3. 连接

将目标文件与库函数等相关文件进行连接，生成扩展名为 .exe 的可执行文件。连接过程中若有错，也需修改源程序，修改后需要重新编译和连接。

4. 运行

运行可执行文件，查看运行结果。结果与预期相符，程序结束，不符则说明有功能性的错误，需返回修改源程序代码，然后重新编译、连接和运行。

具体上机步骤如图 1-4 所示。

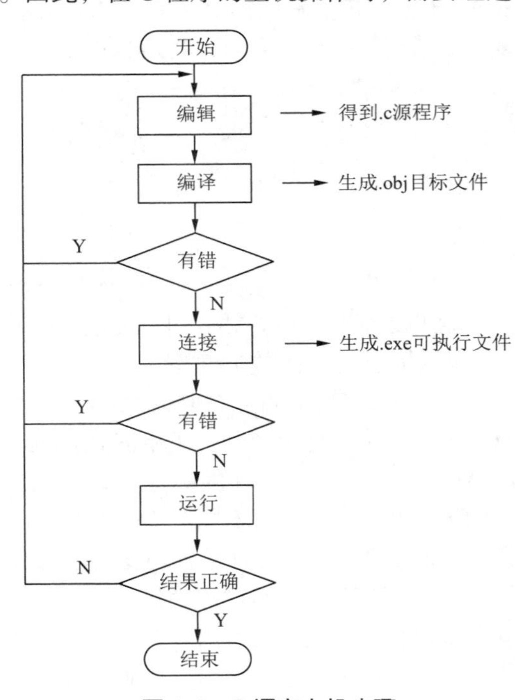

图 1-4　C 语言上机步骤

说明：在编译、连接的过程中，默认情况下，生成的目标文件和可执行文件均与源程序文件名相同，区别仅在扩展名不同而已，如图 1-5 所示。

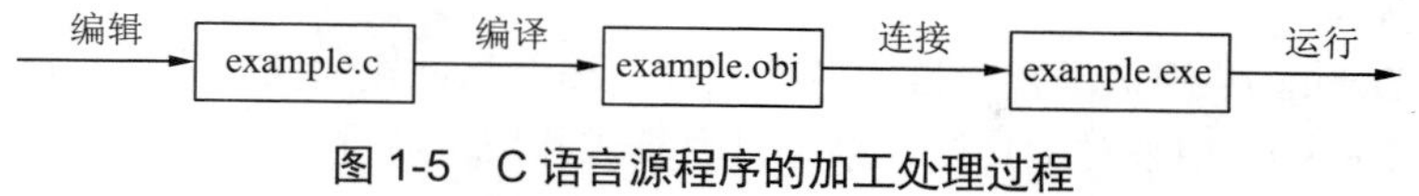

图 1-5 C 语言源程序的加工处理过程

1.3.2 Visual C++ 2010 集成开发环境

因为 C 程序上机分为编辑、编译、连接、运行几个步骤，于是软件开发时经常会将编辑器、编译器和连接器、生成实用程序等功能都集成到一个软件系统中，以方便编程人员进行项目开发和管理，一般称这样的软件系统为集成开发环境（Integrated Development Environment，IDE）。

C 语言的 IDE 主要包括代码编辑器、编译连接器、调试器和工具库。目前可用于 C 语言开发的集成开发环境很多，我们只需熟练掌握其中一种即可，本书主要介绍应用范围较广的 C 语言集成开发环境——Visual C++ 2010 Express。

1. Visual C++ 2010 简介

Microsoft Visual Studio（简称 VS）是微软公司推出的 Windows 平台应用程序开发环境，可以用来开发 Windows 应用程序、网络应用程序、网络服务、智能设备应用程序和 Office 插件。Visual Studio 相当于一套开发工具集，涵盖诸如 UML 工具、集成开发环境等整个软件生命周期所需的大部分工具。Visual C++、Visual C#、Visual Basic 等就属于 Visual Studio 中各种各样的开发工具，有了这些工具，就可以通过相应的编程语言进行程序开发。目前，Visual C++ 已经有很多版本，Visual C++ 2010 是 Visual Studio 2010 中的一个组件，是目前使用较为广泛的基于 Windows 平台的可视化集成开发环境，包含了文本编辑器、资源编辑器、源代码浏览器、工程编译器、集成调试等工具以及一套联机文档。Visual C++ 2010 Express 是微软为个人开发者设计的免费版本。

C++ 是在 C 语言基础上发展起来的，目前，C 语言源程序一般都可以通过支持 C++ 的 IDE 进行开发。Visual C++ 2010 就是常用的 C 语言程序开发环境之一，它既支持面向对象技术，也支持面向过程的 C 语言开发。它可以自动生成具有图形界面的应用程序框架，让使用 MFC 库的用户在程序框架中添加、扩充代码就能编写出满意的应用程序。它也可以创建 C 源程序文件，但是须注意 Visual C++ 2010 不能直接创建 C 程序源文件，不过它能通过在创建 C++ 文件过程中将源文件扩展名修改为 .c 的方式实现创建 C 源程序文件，编译器通过扩展名即能识别出源文件类型。

2. Visual C++ 2010 Express 的启动及工作环境介绍

计算机中安装了 Visual C++ 2010 Express 软件后，打开开始菜单，选择“开始”→“程序”→“Microsoft Visual Studio”→“Microsoft Visual C++ 2010 Express”命令即可启动。

当然，如果桌面上有 Microsoft Visual C++ 2010 Express 的快捷方式图标，也可直接双击快捷图标启动。

启动 Visual C++ 2010 Express 后，进入图 1-6 所示的软件界面。

启动 Visual C++ 2010 Express 软件后，其工作窗口主要由以下几部分构成：

1）标题栏

Visual C++ 2010 启动后，窗口的第一行是标题栏。标题栏的左侧显示的是当前文件的项目名和版本信息，默认是“起始页”。

2）菜单栏

标题栏下面是菜单栏。各菜单的功能如下：

（1）文件（File）：用来创建、打开、保存项目文件。

（2）编辑（Edit）：用来编辑文件。

（3）视图（View）：用来查看代码，显示其他窗口，打开 / 关闭工具栏。

（4）项目（Project）：用来添加类、添加新项和设置启动项（注意：该项只有在新建项目或打开项目时才会出现）。

（5）调试（Debug）：用来设置项目的各项配置，编译、创建和执行应用程序、调试程序。

（6）工具（Tools）：用来对工具栏、菜单以及集成开发环境进行定制。

（7）窗口（Windows）：用来新建 / 拆分窗口和窗口布局。

（8）帮助（Help）：提供相关的帮助。

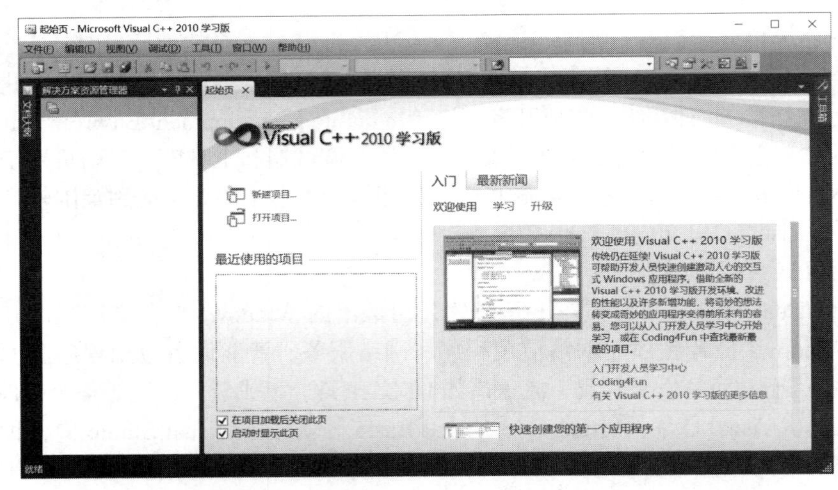

图 1-6　Visual C++ 2010 Express 软件界面

3）工具栏

菜单栏下面是工具栏。

将菜单栏中常用的命令以按钮的形式显示在工具栏中，可方便操作、提高操作效率。Visual C++ 2010 按功能提供多个工具栏，最常用的是标准工具栏，如图 1-7 所示。

图 1-7　标准工具栏

标准工具栏中各按钮的功能简要介绍如下：

新建项目：创建一个新项目。

添加新项：向当前项目添加新项或添加现有项或添加类。

打开文件：打开一个已经保存过的文件。

保存：保存当前文件。

全部保存：保存所有文件。

剪切：剪切选定内容到剪贴板。

复制：复制选定内容到剪贴板。

粘贴：在光标当前位置粘贴剪切或复制的内容。

撤销：撤销上一次操作。

重做：重做被撤销的操作。

启动调试：启动调试程序。

Debug 解决方案配置：配置解决方案。

Win32 解决方案平台：设置解决方案平台。

在文件中查找。

4）“解决方案资源管理器”窗口

工作区界面中的左侧是“解决方案资源管理器”窗口，如图 1-8 所示。其中包含以下几个文件夹：

（1）外部依赖项：存放项目包含的所依赖的外部资源。

（2）头文件：用户可以自己定义头文件放到此文件夹中，也可以删除头文件。

（3）源文件：存放用户编写的 C 语言源程序代码，通过源文件窗口，可查看或编写源文件，也可添加、删除源文件。

（4）资源文件：用于存放本项目所包含的图片文件或声音文件等资源文件，也可添加、删除资源文件。

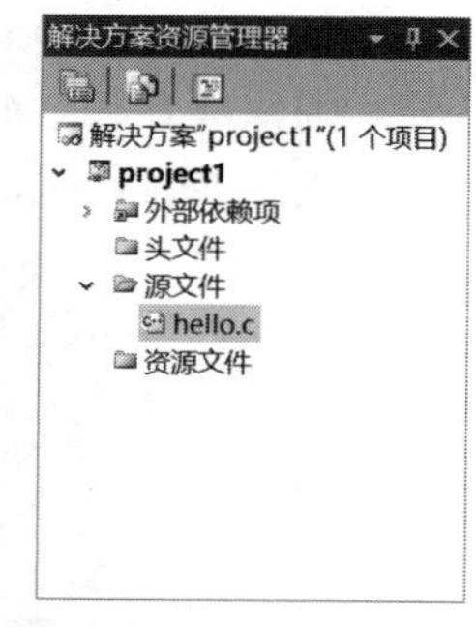

图 1-8　“解决方案资源管理器”窗口

5）编辑窗口

工作区界面右侧大块空白的窗口为编辑窗口，可在此窗口中进行源代码的输入和修改。为使程序结构清晰、一目了然，可用不同颜色区分代码中的关键字、注释等信息，能实现自动缩进和对齐，还可设置代码行号等。

6）输出窗口

通常在编辑窗口下面是输出窗口，如图 1-9 所示，其中显示程序运行的状态。对源程序进行编译连接时，会在这里显示成功与否及出错时的错误信息提示，根据这些信息提示可以对源程序进行修改。

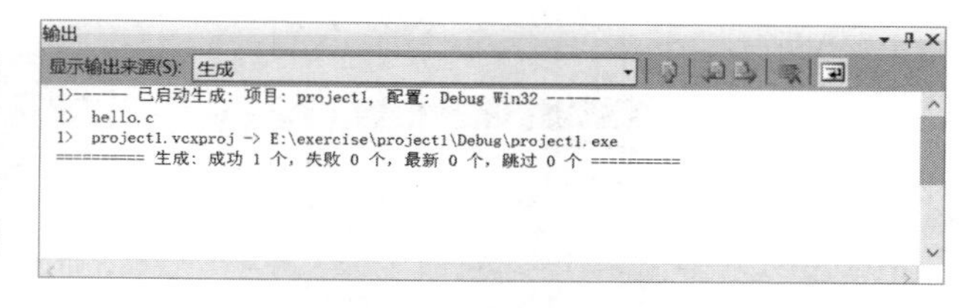

图 1-9　输出窗口

7）状态栏

如图 1-10 所示，最左侧代表当前状态，如“就绪”“生成成功”等。行、列、字符代表光标的位置信息。Ins 表示当前光标处于插入状态，通过反复按【Insert】键可在插入和改写状态之间切换，输入代码时要注意此状态。

图 1-10　状态栏

3. Visual C++ 2010 Express 上机步骤

1）创建项目

在 Visual C++ 2010 Express 中，不能单独编译一个 .c 文件或 .cpp 文件，而必须依赖于某一个项目，因此需要首先创建一个项目。

（1）选择“文件”→“新建”→“项目”命令，如图 1-11 所示。

其他新建项目的方法如下：

- 单击软件界面中的“新建项目”按钮 新建项目...。
- 单击工具栏中的“新建项目”按钮。

（2）在“新建项目”对话框中选择“Win32 控制台应用程序”选项，在下面的“名称”文本框中输入项目名，如 project1，在“位置”文本框中输入项目存放路径，也可单击“浏览”按钮选择存放路径，假设路径是 E:\exercise，如图 1-12 所示，单击“确定”按钮。

说明：

- 项目名一般由字母和数字组成，注意它并不是文件名。
- 项目要隶属于一个解决方案，一个解决方案下可能包含多个项目，项目下包含若干个文件夹，解决方案名称可以与项目名一致，也可重命名解决方案名。

- 创建项目时，如果出现图 1-13 所示界面，直接选择“Win32 控制台应用程序”选项即可，或先在左侧“已安装的模板”中选择“Win32”即可得到图 1-12 所示界面。

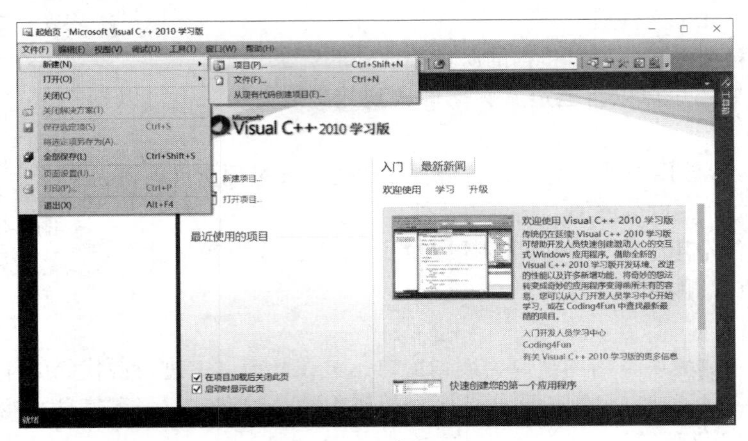

图 1-11 新建项目

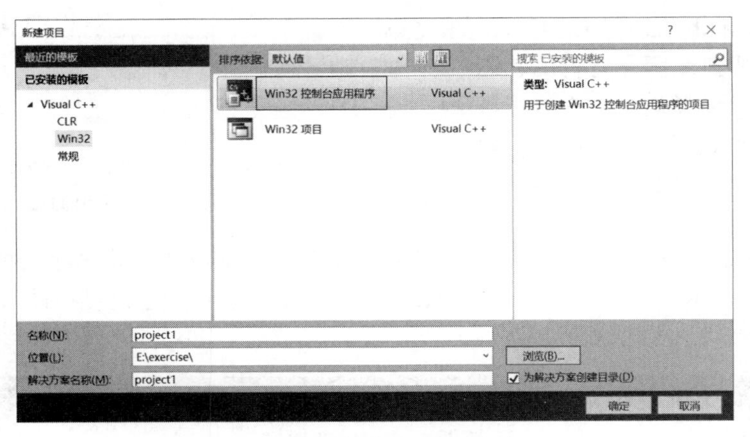

图 1-12 “新建项目”对话框

图 1-13 “新建项目”对话框（已安装的模板）

（3）弹出“欢迎使用 Win32 应用程序向导”对话框，单击“下一步”按钮，如图 1-14 所示。

（4）弹出“应用程序设置”对话框，勾选“空项目”复选框，如图 1-15 所示。

说明：若不勾选“空项目”复选框，新建项目后会自动生成部分代码和文件，对初学者易产生干扰。

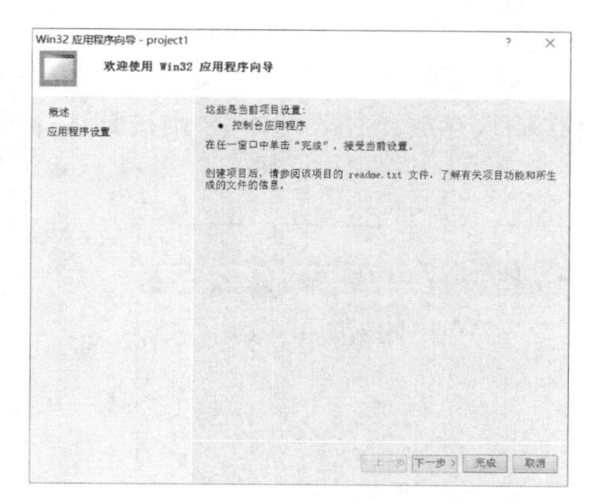

图 1-14　“欢迎使用 Win32 应用程序向导”对话框

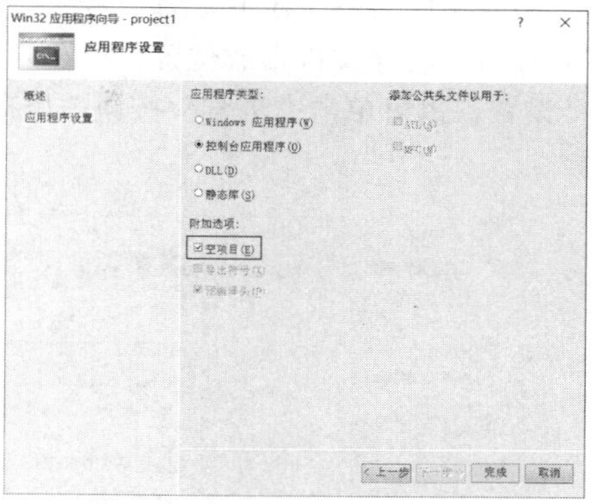

图 1-15　“应用程序设置”对话框

（5）单击“完成”按钮即可创建一个新项目，如图 1-16 所示。

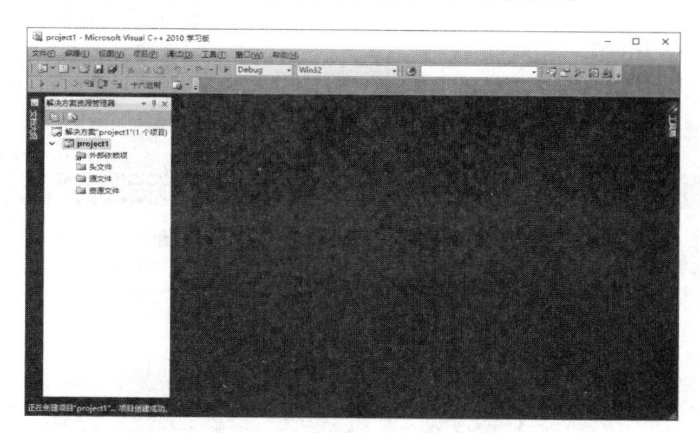

图 1-16　创建的新项目

2）创建源程序文件

（1）右击左侧“解决方案资源管理器”下的“源文件”，在弹出的快捷菜单中选择“添加”→“新建项”命令，如图 1-17 所示。

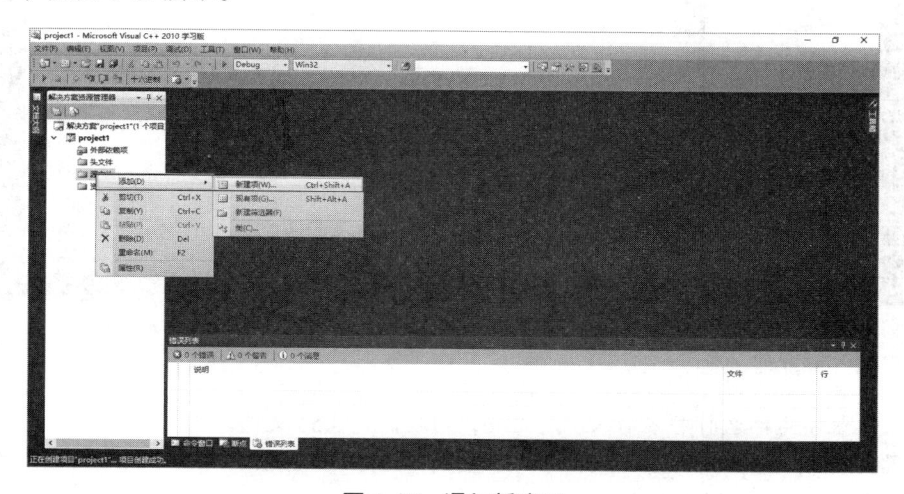

图 1-17　添加新建项

（2）设置相关信息：

① 选择文件类型——出现“添加新项”对话框，如图 1-18 所示。选择“C++ 文件 (.cpp)”选项。

② 输入文件名——在下方的“名称”文本框中输入源程序文件名，如 hello.c。

③ 设置源程序文件存放位置——在“位置”文本框中输入源程序文件的存放位置，一般按默认路径设置，也可单击“浏览”按钮选择存放路径或直接输入存放路径。图 1-18 中按默认存放路径存放。

图 1-18　添加源文件相关信息设置

④ 单击“添加”按钮，弹出图 1-19 所示窗口。

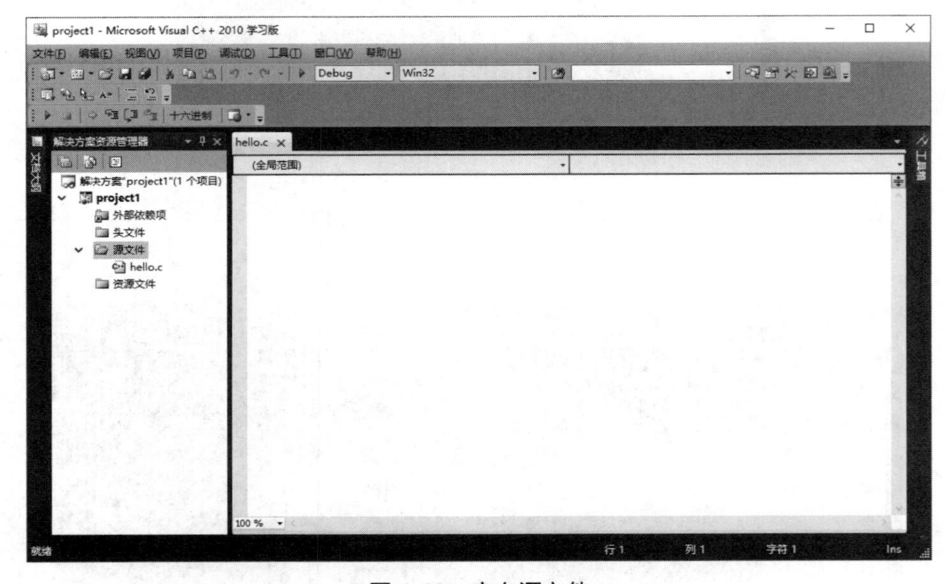

图 1-19　空白源文件

说明：

- 输入源程序文件名时若不输入扩展名 .c，则默认是 .cpp 文件。
- 位置 E:\exercise\project1\project1 中的第一个 project1 就是图 1-12 中的“解决方案名称”，第二个 project1 是图 1-12 中的“名称”，即项目名称。

3）输入源程序代码

在右侧文件编辑区输入源程序代码，如图1-20所示。

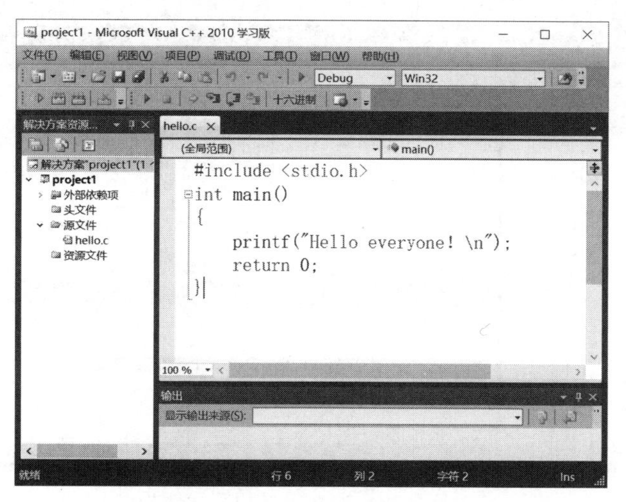

图1-20　hello.c源程序文件

注：在源程序文件的标题hello.c后面若有一个“*”号，表示文件尚未保存，此时可以单击工具栏中的“保存”按钮或按【Ctrl+S】组合键进行保存，保存后“*”号消失。通过文件名后有无“*”号可以判定当前文件有没有保存。

4）编译、连接和运行

直接单击生成工具栏中的“开始执行(不调试)”按钮▷或按【Ctrl+F5】组合键，即可实现编译、连接和运行，弹出图1-21所示的提示对话框。

单击“是”按钮即可看到运行结果，如图1-22所示。

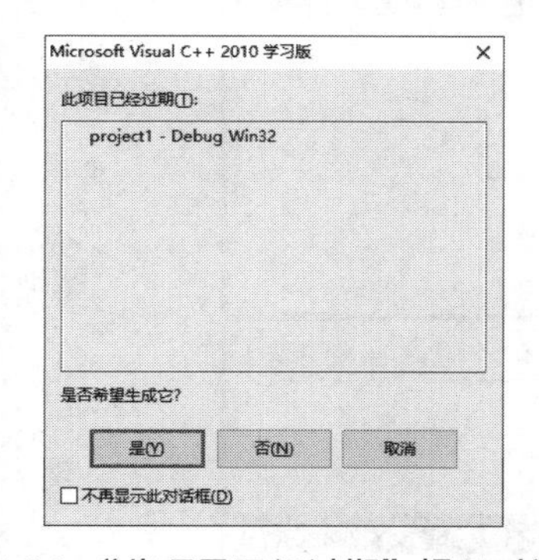

图1-21　“此项目已经过期”提示对话框

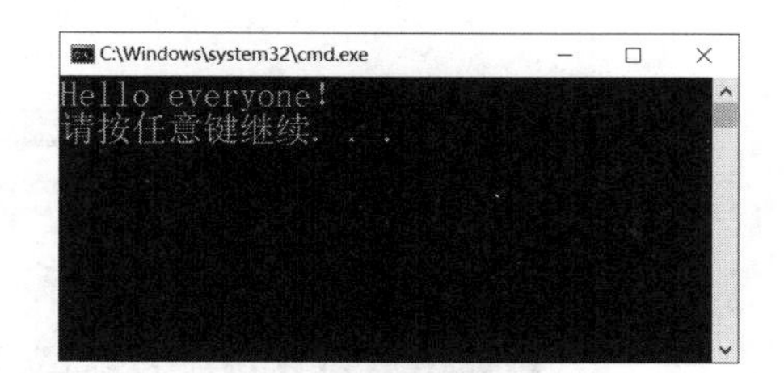

图1-22　程序运行结果窗口

如果程序中有错误，则需按照错误信息提示进行修改，然后单击“开始执行（不调试）”按钮或按【Ctrl+F5】组合键重新编译、连接和运行，反复修改直至得到预期结果为止。

5）程序调试

上机过程中，错误再所难免，可以通过集成开发环境提供的调试器调试错误，直至得到预期结果。如果出现错误，如何定位出错位置？

以调试例1.1程序为例，假设在语句后去掉分号，运行后出错显示“失败1个”，双击错误信息，出错源代码的位置如图1-23所示。

修改错误后，单击“开始执行（不调试）”按钮或按【Ctrl+F5】组合键重新编译、连接和运行即可。

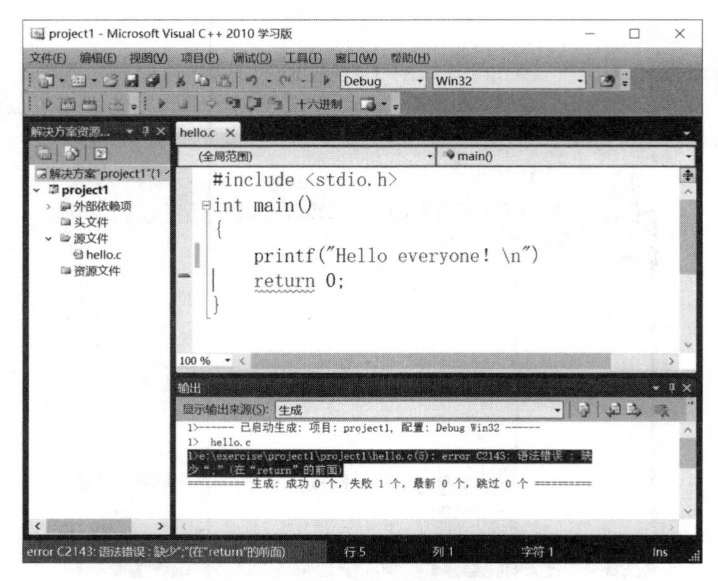

图 1-23　调试出错的源文件

6）关闭

因为一个 C 语言源程序只能有且仅有一个主函数，所以程序调试成功后，要输入下一个程序，必须关闭当前项目，然后再重新创建新项目。关闭当前项目时要选择"文件"→"关闭解决方案"命令，如图 1-24 所示。

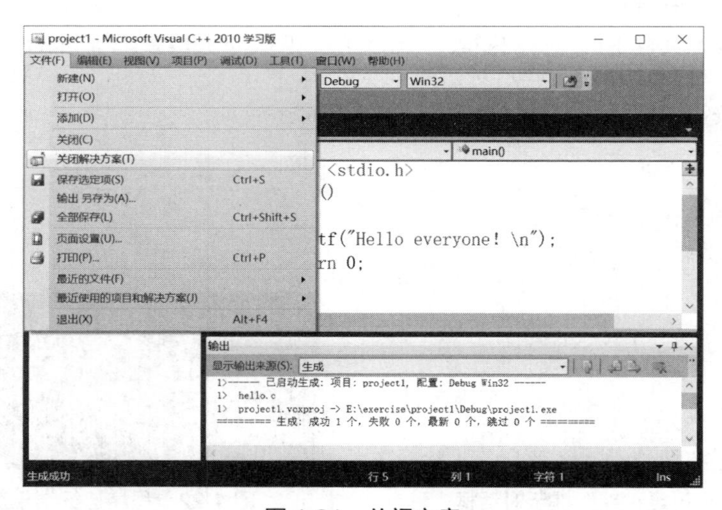

图 1-24　关闭方案

关闭后可以从步骤 1 新建项目开始输入、调试下一个程序。

注：选择"文件"→"关闭"命令只是关闭源程序文件。

7）打开

如何打开已经保存过的文件？下面以打开例 1.1 为例介绍。

【方法一】选择"文件"→"打开"→"项目 / 解决方案"命令，如图 1-25 所示，找到 project1.sln，单击"打开"按钮即可，如图 1-26 所示。

【方法二】可以在不启动 Visual C++ 2010 Express 的情况下直接到其存储路径 E:\exercise\project1 下双击 project1.sln。

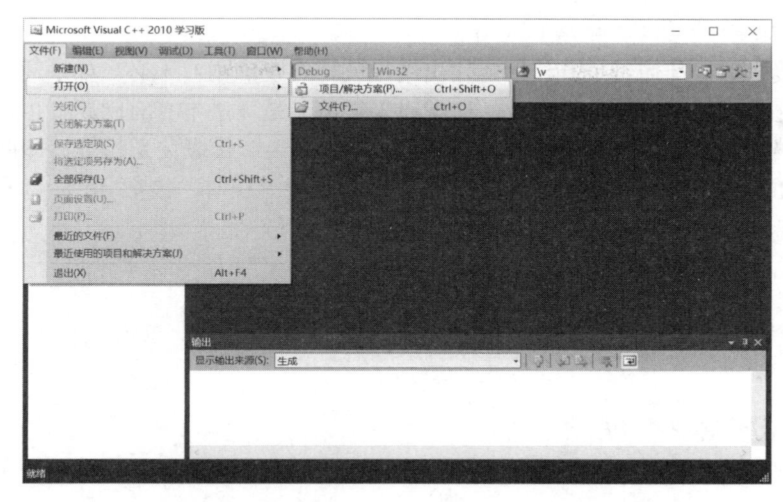

图 1-25　选择“项目 / 解决方案”命令

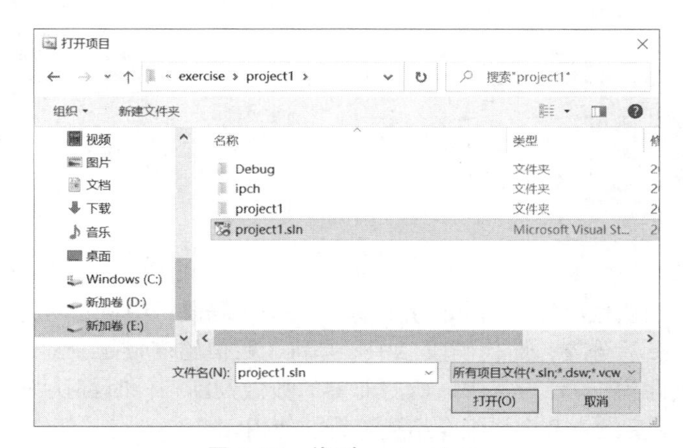

图 1-26　找到 project1.sln

4．C 语言错误类型

C 语言上机过程中，主要有以下几类错误：

1）编译错误

程序在编译过程中出现的错误，主要是语法错误，通常是程序中存在不符合 C 语言语法规则的语句。编译器通过产生错误信息提示，告知错误原因，方便开发人员修改。在 VS 中，可以通过双击错误信息定位错误的大致位置，会有蓝色标记指示错误大致所在行。

另外，有时一个编译错误可能会导致多个错误，从而产生多条错误信息，所以改错时只要修改某一个错误，就可以重新编译，不必等到所有错误信息提示都看一遍再编译。

注：错误定位标记通常会定位到错误所在行，但因为 C 语言中一条语句可写在多行，故蓝色标记也可能指向错误行的下一行，比如语句缺分号的错误。

2）连接错误

编译没有问题后，即可进行连接。连接时可能会产生函数未定义，此时要检查程序中调用的函数是否存在且做了声明。如果调用的是库函数，是否将函数所在的库包含到本程序中，比如调用求开平方函数 sqrt()，是否在程序前方添加了 #include <math.h> 命令。

3）运行错误

程序运行时产生的错误，通常是由于语义不正确导致的，比如除法运算中出现除数为 0。

4）逻辑错误

编译、连接、运行都通过了，程序能输出结果就一定正确吗？未必！如果运行结果不是所期望的，就需要返回源程序代码进行修改。这类错误很可能是算法本身有问题，也可能是个别符号引起的逻辑错误，比如 C 语言中，“=”代表赋值运算，“==”代表关系运算，即两个表达式进行相等的比较，如果要通过 a 和 b 是否相等来决定语句执行流程时，错把 if(a==1) 写成 if(a=1)，那么就可能导致程序逻辑发生改变。比如下面两段程序代码：

代码段一：

```
int  a=0;
if(a==1)
   printf("分支 1\n");
else
   printf("分支 2\n");
```

输出结果为：

```
分支 2
```

代码段二：

```
int  a=0;
if(a=1)
   printf("分支 1\n");
else
   printf("分支 2\n");
```

输出结果为：

```
分支 1
```

一个运算符导致两段代码运行结果迥异，原因就是代码段一中将 a 的值 0 和 1 进行比较，条件不成立所以执行 else 后分支，而代码段二中，是将 1 赋值给变量 a，赋值表达式的结果是等号左边变量的值，本题即为 1，C 语言中，所有非零的数做判断条件时都认为是真，即条件成立，所以执行第一个输出。后续章节会详细介绍运算符的使用。

5. 调试方法

VS 提供了很全面的代码调试功能，Visual C++ 2010 支持程序使用断点、单步运行和运行到指定光标处进行程序调试。

1）断点调试

F5——程序运行到事先设置的断点处暂停执行，通过再次按【F5】键，可继续执行到下一断点。

2）单步运行

F10——每次执行一条语句，执行到函数调用时，把函数调用当成一条语句，并不进入函数内部。

F11——与按【F10】键类似，也是每次执行一条语句，但与按【F10】键不同的是，会进入函数内部执行。

3）运行到指定光标处

Ctrl+F10——表示程序运行到光标所在行后暂停，但光标所在行还尚未执行。

4）停止调试

Shift+F5——停止当前调试任务。

注：如果在带有【Fn】功能键的笔记本计算机上操作，需先按【Fn】键再按以上相应快捷键。

下面简要介绍一下断点调试。

很多调试器都支持断点功能，开发人员可以在希望暂停调试的任意代码行上设置断点，有了断点，调试程序时会在断点处暂停执行，停在断点处。此时，可以在调试器界面中观察程序运行时的一些变化，比如想要查看代码中部分变量的值，或查看某个断点处的调用堆栈，用以推测错误发生位置。

具体设置 / 取消断点方法如下：

【方法一】单击代码窗口左侧的灰色竖条，即可设置断点，断点显示为一个红点，再次单击即可取消断点。

【方法二】鼠标定位到想设置断点的语句行，然后按【F9】(笔记本计算机按【Fn+F9】) 键设置断点，再按一次取消断点。

断点调试举例：

以调试例 1.2 为例。在图 1-27 所示三条语句前的灰色竖条处单击，即可设置断点，图中的红色圆圈代表设置了断点。

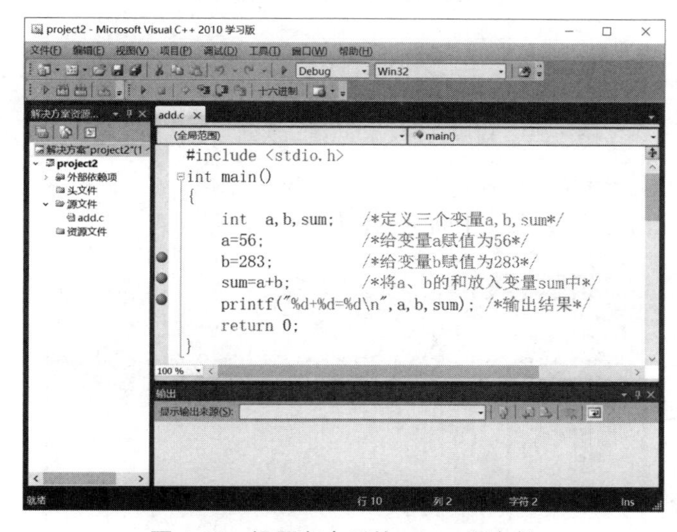

图 1-27　设置断点后的 add.c 源文件

按【F5】键执行到第一个断点处，会有黄色箭头指示当前执行到的位置。通过自动窗口（见图 1-28）可以观察到，程序执行完 a=56; 语句暂停执行，此时 b=283; 还没有执行，即断点所在行语句尚未执行。

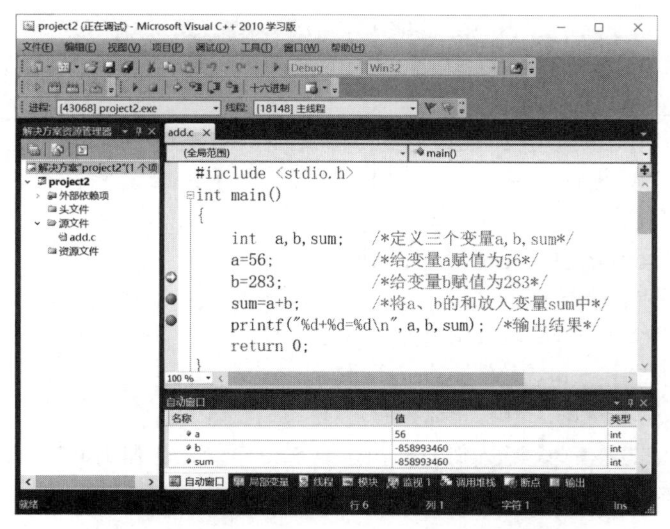

图 1-28　对源文件 add.c 第一次断点调试的结果

继续按【F5】键，执行到第二个断点处，如图 1-29 所示。

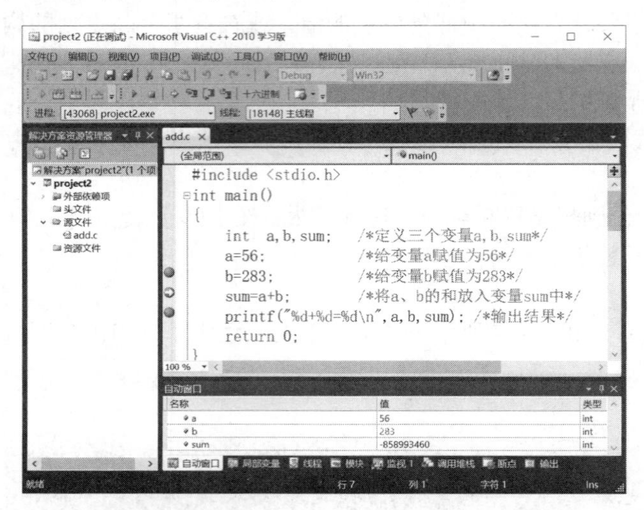

图 1-29　对源文件 add.c 第二次断点调试的结果

此时 b=283; 语句执行完毕，断点所在行 sum=a+b; 尚未执行。

第三次按【F5】键，执行到第三个断点处，如图 1-30 所示。

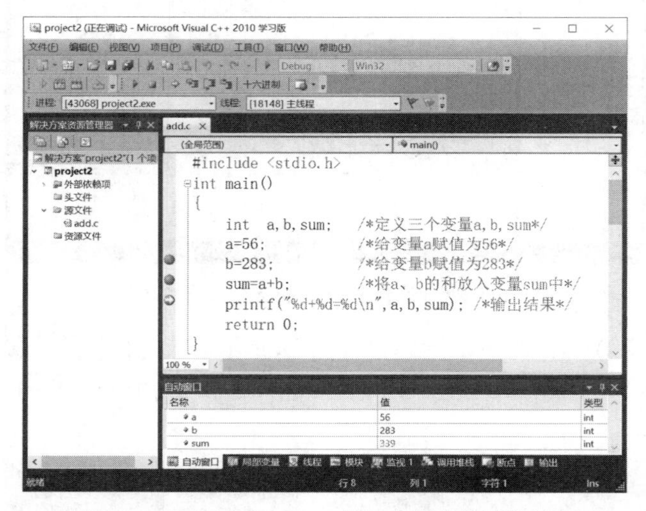

图 1-30　对源文件 add.c 第三次断点调试的结果

调试过程中，所有变量值均没问题，至此调试结束。

如果调试过程中想提前结束调试，可按【Shift+F5】组合键；若想删除所有断点，可按【Ctrl+Shift+F9】组合键。

6. 上机中关于运行环境常见的几个问题

（1）如何改变字体、字号和颜色？

编辑界面代码字体、大小等可调，调整方法：选择“工具”→“选项”命令，弹出“选项”对话框，如图 1-31 所示，选择“字体和颜色”选项进行设置。

（2）工具栏中没有相应的工具栏怎么办？

以没有生成工具栏为例，右击工具栏空白处，在弹出的快捷菜单中选中“生成”命令，如图 1-32 所示。

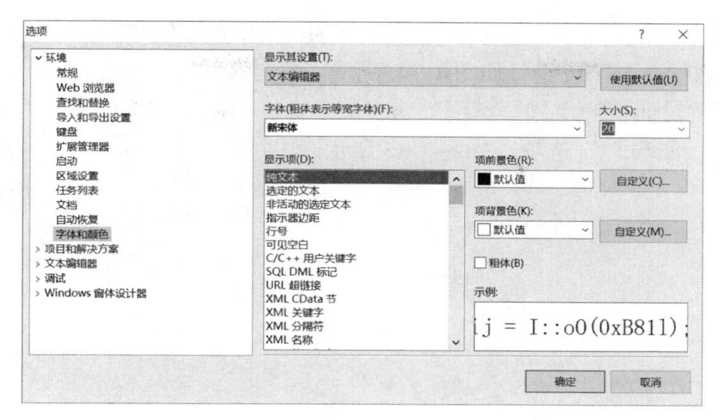

图 1-31　“选项”对话框

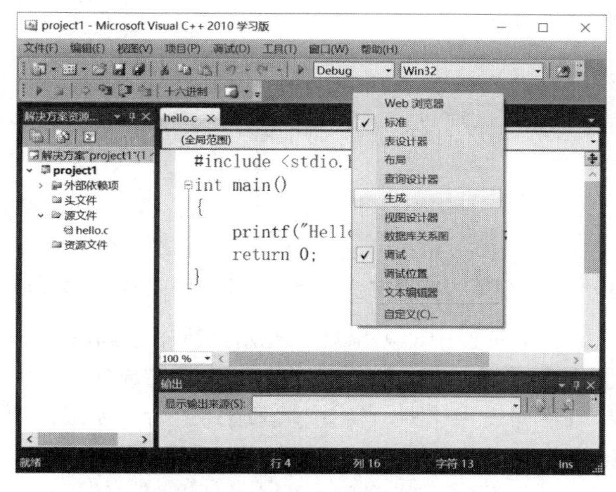

图 1-32　添加“生成”工具栏

（3）工具栏中没有相应的按钮怎么办？

以“生成”工具栏没有“开始执行（不调试）”按钮为例。

在“生成”工具栏的右侧单击生成工具栏选项按钮，选择“添加或删除按钮”→“自定义”命令，如图 1-33 所示。

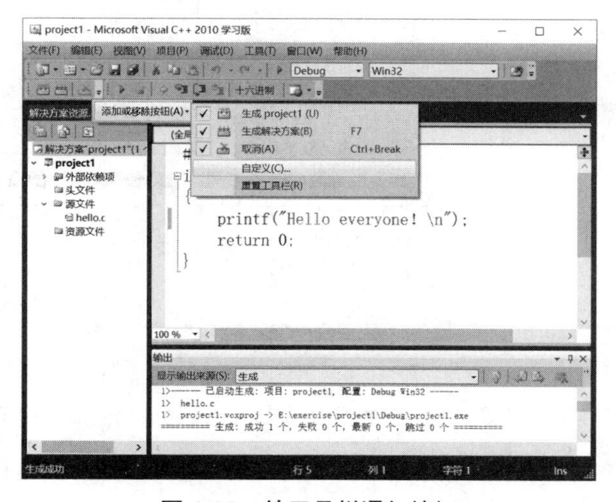

图 1-33　给工具栏添加按钮

在“自定义”对话框的“命令”选项卡中选中“工具栏”单选按钮，在右侧的下拉列表中选择“生成”选项，单击“添加命令”按钮，如图 1-34 所示。

在“添加命令”对话框的左侧“类别”列表框中选择“调试”选项，在右侧“命令”列表框中选中“开始执行（不调试）”选项，如图 1-35 所示。

图 1-34 “自定义”对话框的“命令”选项卡

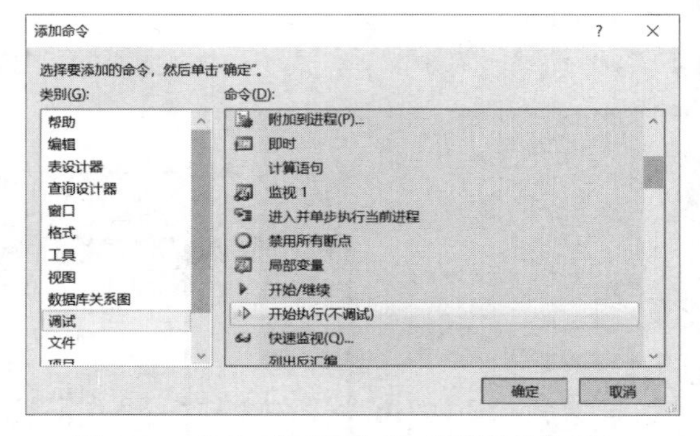

图 1-35 添加“开始执行（不调试）”按钮

单击“确定”按钮，生成工具栏中即可出现“开始执行（不调试）”按钮。

（4）上机时若出现“发生生成错误。是否继续并运行上次的成功生成？”的对话框，怎么解决？

出现此对话框，意味着程序发生错误，需要重新编译运行，所以需要单击“否”按钮，而非直接运行之前生成的成功版本。

若不希望每次程序出错时都看到此对话框，可以通过设置取消编译失败时弹出该对话框。设置方法如下：

选择“工具”→“选项”命令，弹出“选项”对话框，如图 1-36 所示。

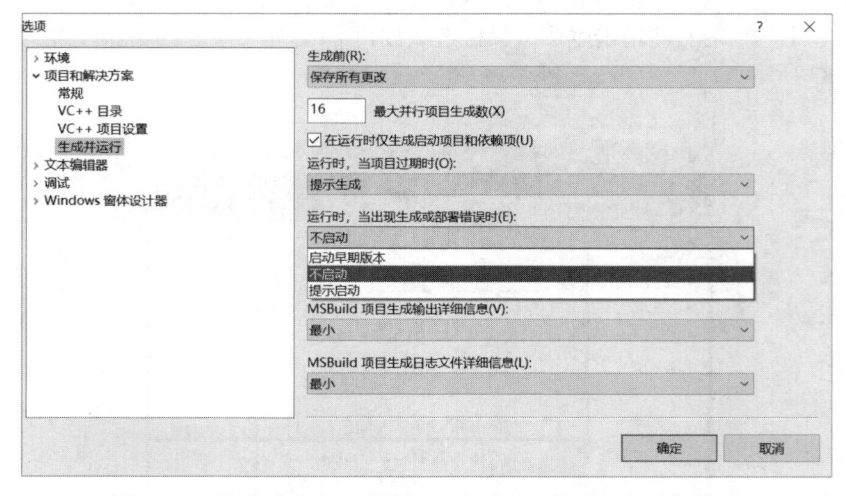

图 1-36 设置“发生生成错误不启动上次的成功生成”提示

在左侧的“项目和解决方案”中选择“生成并运行”，在右侧的“运行时，当出现生成或部

署错误时 (E):”下拉列表中选择“不启动”，单击“确定”按钮即可。

（5）如何调出行号？

在“选项”对话框左侧的“文本编辑器”中选择“所有语言”,在右侧的“显示”区域勾选“行号”复选框即可，如图 1-37 所示。

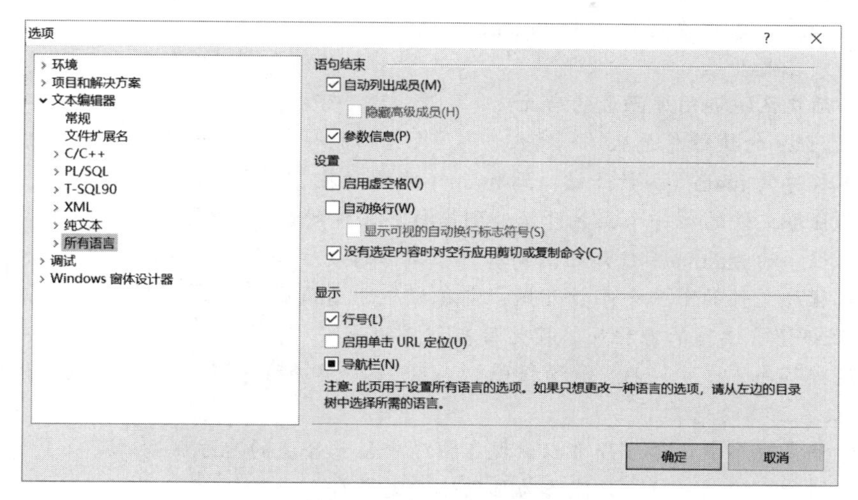

图 1-37　设置显示行号

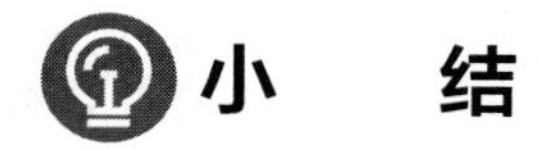

小　　结

（1）程序设计方法有结构化程序设计方法和面向对象程序设计方法，C 语言属于面向过程的结构化程序设计语言。C 语言是高级语言，同时又具有低级语言的特性，集两者的优点于一身，既可用来编写系统软件，也可编写应用软件。

（2）C 语言上机时要经过编辑、编译、连接和运行才能生成最终结果。C 程序源文件的扩展名为 .c，目标程序的扩展名为 .obj，可执行程序的扩展名为 .exe。

（3）C 程序是由一个或几个函数构成的，函数是 C 程序的基本组成单位，必须有且只能有一个主函数，即 main() 函数。

（4）各函数的位置是任意的，但函数之间一定是平行的。主函数可以在其他函数前面定义，也可以在两个函数之间定义，也可以在所有函数的最后定义。

（5）无论主函数位置如何，一个 C 程序总是从主函数的左花括号开始执行，从主函数的右花括号结束执行。主函数结束，程序即结束。

（6）一个函数由函数首部和函数体组成，函数体需用一对花括号括起来。

（7）C 语言严格区分大小写，变量声明和语句后必须有分号。C 程序书写格式自由，一个语句可以占多行，一行也可以有多个语句。

（8）用编译预处理命令 #include 可以将库函数所在的头文件包含到程序中，这样该头文件中的所有库函数可以在此程序中随时被调用。

（9）C 语言用 /*…*/ 作注释，“/”与“*”间没有空格，允许出现在程序中的任何位置。

（10）C 语言用库函数进行输入 / 输出，而非输入 / 输出语句。

习 题 一

一、单选题

1. C 语言规定：在一个源程序中，main() 函数的位置（　　）。
   A. 必须在最开始　　B. 必须在最后
   C. 必须在系统调用库函数的后面　　D. 可以任意
2. 一个 C 程序的执行总是从（　　）。
   A. 本程序的 main() 函数开始，到 main() 函数结束
   B. 本程序文件的第一个函数开始，到本程序文件的最后一个函数结束
   C. 本程序的 main() 函数开始，到本程序文件的最后一个函数结束
   D. 本程序文件的第一个函数开始，到本程序 main() 函数结束
3. 能将高级语言编写的源程序转换为目标程序的是（　　）。
   A. 连接程序　　B. 解释程序　　C. 编译程序　　D. 编辑程序
4. 以下叙述正确的是（　　）。
   A. C 语言程序中注释部分可以出现在程序中任意合适的地方
   B. 花括号“{”和“}”只能作为函数体的定界符
   C. 构成 C 语言程序的基本单位是函数，所有函数名都可以由用户命名
   D. 分号是 C 语句之间的分隔符，不是语句的一部分
5. 下列有关 C 语言的描述不正确的是（　　）。
   A. 一条语句可以写在多行上　　B. C 语言本身没有输入 / 输出语句
   C. C 语言程序由若干个函数构成　　D. C 语言不能直接对硬件进行操作

二、填空题

1. C 语言源程序的基本组成单位是________。
2. C 语言源程序通常的扩展名是________。
3. 一条 C 语句以________作为结束。
4. 一个 C 程序至少应包括一个________函数。
5. 从编程语言的发展过程看，C 语言属于________语言。

三、简答题

1. 根据自己的理解，说说 C 语言的主要特点。
2. C 语言的一般上机步骤。
3. C 语言源程序文件、目标文件和可执行文件间的关系（注意它们的扩展名）。

四、程序设计题

1. 编写一个 C 语言程序，在屏幕上输出以下内容：

```
****************************************
   Welcome to the world of C language！
****************************************
```

2. 求任意两个整数加、减、乘、除的结果。

第 2 章

数据类型、运算符与输入 / 输出

2.1 字符集、关键字与标识符

【引例】输出一名学生的信息：学号、姓名、性别、年龄和 C 语言成绩。

```
#include<stdio.h>
void main()
{
    printf("1918170101  Libai  M  19  86.5\n");
}
```

在引例这段 C 语言程序中有很多单词，要想看懂这段代码，首先要理解这些单词的含义，就像我们之所以能看懂或会写英文文章，是因为我们首先学习了英语这门语言。所以学习程序设计语言同我们学习一门外语类似，也要先从最简单的符号、单词开始。C 语言中用到的符号主要就是 ASCII 字符集的字符,C 语言中的单词主要涉及系统定义好的关键字和用户自己命名的标识符。

2.1.1 字符集

C 语言程序中用到的基本符号来自于 ASCII 字符集，主要包括：

（1）26 个英文字母（包括大写和小写字母）。

注：C 语言区分大小写，即同一字母的大、小写代表两种不同的符号。

（2）10 个阿拉伯数字（0、1、2、……、9）。

（3）30 个特殊符号（如 +、−、*、/、%、=、,、:、;、(、)、[、]、<、> 等）。

2.1.2 关键字

C 语言中有些单词是已经预先定义好的具有特殊含义的单词，这些单词称为关键字，通常又称保留字。因为关键字有特定含义，所以不得用作其他用途，即用户不能用来当作自己起的名字。ANSI C 中关键字共有 32 个：

auto int short long float double char unsigned if else switch case break default for while do continue goto return void static register extern volatile const struct union enum typedef signed sizeof

以上大部分关键字在后续章节中会逐步学到，学完理解后再记住即可。

2.1.3 标识符

所谓标识符就是程序中常量、变量、数组、函数或文件等对象的名字，以方便程序中引用该对象。包括系统预定义的标识符和用户定义的标识符。

系统预定义的标识符包括：编译预处理的命令名，如 define、include 等和系统事先定义好的函数名称，如输入 / 输出函数 scanf、printf 等。

用户定义的标识符就是编程人员在编写程序时给常量、变量、函数等对象起的名字。人们通常说标识符时，主要是指用户定义的标识符，其命名规则如下：

C 语言规定：用户定义的标识符只能由字母、数字、下划线三种字符组成且第一个字符只能是字母或下划线。

例如，下面都是正确的标识符：

```
a  a1  a_1  sum  digit  letter  max  Max  MAX
```

而下面都是错误的标识符：

```
3a  a.1  a-1
```

需要注意以下几点：

（1）标识符不能以数字开头，即第一个字符必须是字母（A ～ Z、a ～ z）或下划线（_），不能是数字（0 ～ 9）或其他字符。

（2）字母、数字、下划线这三种字符不一定同时出现，可以出现一种或两种或三种都有，比如 a、a_b、ab_1 都是正确的标识符。

（3）C 语言严格区分大小写，如 max、MAX 和 Max 是不同的标识符。一般来说常量名用大写，变量名、函数名、数组名等用小写。

（4）最好遵循“见名知意”原则，即用含义清晰的英文单词或单词缩写（若不熟悉单词也可用拼音）来命名，如定义存放若干数和的变量，最好定义成 sum，求最大值时最好定义成 max，而非无意义的其他字母或单词。

（5）千万不要用关键字做标识符。

（6）标准 C 不限制标识符的长度，但它受 C 语言编译系统限制。不同的编译系统对标识符字符个数的规定是不同的，一般的 C 编译系统是以标识符的前 8 个字符为有效字符，比如有 student_1 和 student_2 两个标识符，因前 8 个字符相同，此类编译系统会认为是相同的标识符，所以为避免不必要的麻烦，给变量或函数等对象命名时，尽量不超过 8 个字符。

2.2 数据类型与常量、变量

2.2.1 数据类型与基本数据类型

生活中有很多不同类型的数据，引例中，学号“1918170101”可以看成是由数字构成的字符串（字符也包括数字字符）；姓名“Libai”可以看成是由字母构成的字符串；性别“M”是字符类型，代表男性（M 是 male 的首字母）；年龄“19”是整数类型，简称整型；C 语言成绩“86.5”是实数类型，简称实型。

不同类型的数据决定了不同的操作，比如整数和实数可以进行加减乘除四则运算，但字符串不能；C 语言中整数可以进行模（求余）运算，但实数不能。

不同类型的数据交由计算机处理时，存储格式及占用空间也不同，比如实型数据有小数部分，存储时需要考虑小数部分的存储格式，但整数不需要。

综上所述，数据类型可以理解为若干数值的集合以及定义在该集合上的一组操作。C 语言中，数据类型决定了数据在内存中的存储长度、存储格式、取值范围和所能进行的操作。只有熟悉这些不同类型数据占内存空间的大小和取值范围，才能帮我们在用 C 语言进行程序设计时，更快地对实际要处理的数据进行数据类型的选择，有助于确定变量的类型及输入 / 输出格式说明符。因此，有必要先熟练理解 C 语言的数据类型，特别是初学时要首先掌握常用基本数据类型及这些类型所对应的常量和变量，这是学习 C 语言的基础。

C 语言的数据类型如图 2-1 所示。

- 数据类型
  - 基本类型
    - 整型
      - 基本整型
      - 短整型
      - 长整型
    - 实型（浮点型）
      - 单精度
      - 双精度
    - 字符型
    - 枚举型
  - 构造类型
    - 数组
    - 结构体
    - 共用体
  - 指针类型
  - 空类型

图 2-1　C 语言的数据类型

本章重点介绍基本数据类型，其他类型会在后续章节陆续介绍。

基本数据类型中最常用的是整型、实型和字符型。

1. 整型

整型即整数类型，用来表达不含小数的整数。

2. 实型

实型即实数类型（又称浮点型），用来表达含小数的实数，当然小数部分可以为 0。

3. 字符型

字符型即字符类型，计算机编码字符集中的所有字符都属于字符型数据，包括基本 ASCII 字符集中的英文字母（大小写）、数字、标点符号及一些控制字符等 128 个字符和扩展 ASCII 字符集中的全部字符，共计 256 个字符。在程序代码中，为了容易识别，一个字符型数据通常用一对单引号括起来，如字符 'a'。

【例 2.1】求半径为 5.6 的圆的周长和面积。

【程序代码】

```
#include<stdio.h>
#define  PI  3.14
#define  R  5.6
void main()
{
    double circle,area;
    circle=2*PI*R;
    area=PI*R*R;
    printf("Circle=%lf,Area=%lf\n",circle,area);
}
```

【运行结果】

例 2.1 的运行结果如图 2-2 所示。

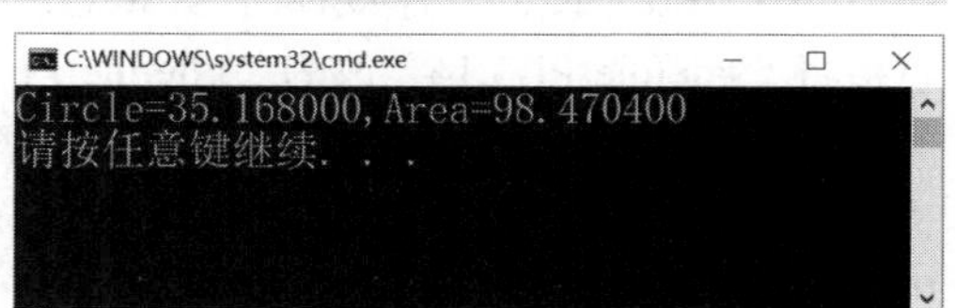

图 2-2　例 2.1 的运行结果

【程序分析】

“#define PI 3.14”表示 PI 代表常数 3.14（实型数据），例 2.1 中有具体的数值 2（2 是直接常量），有代表 π 值 3.14 的符号常量 PI，有代表半径 5.6 的符号常量 R，2、PI、R 都是常量，所谓常量就是在程序执行过程中其值不能被改变的量。

C 语言中“=”代表赋值运算，例 2.1 中“circle=2*PI*R”语句就是将圆周长的计算结果存放到 double 型变量 circle 中，同理，double 型变量 area 用来存放圆的面积，circle 和 area 都是变量，所谓变量就是在程序执行过程中其值可以被改变的量。

由此可知，C 语言程序中，无论是什么类型的数据，根据在程序执行过程中其值是否可以被改变可以分为两种，即常量和变量。

2.2.2 常量

从不同角度，常量有不同的划分，如图 2-3 所示。

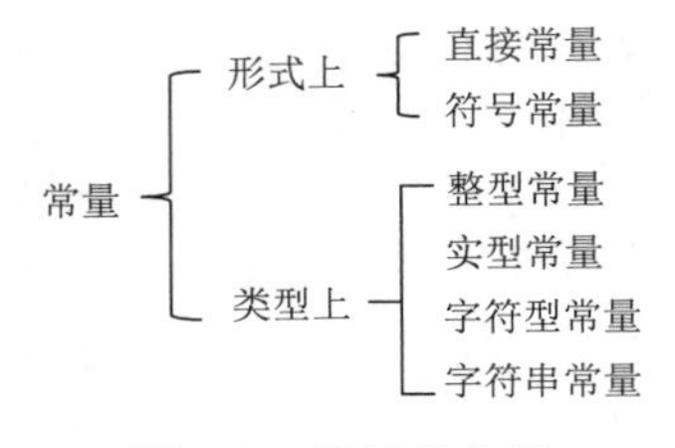

图 2-3 常量的分类

从形式上看，常量可分为直接常量（或字面常量）和符号常量。

程序中直接出现的常数就是直接常量，比如例 2.1 中的 2 就是直接常量，它直接出现在程序语句中；而 PI 和 R 就是符号常量，分别代表常数 3.14 和 5.6。

定义符号常量的基本格式为：

```
#define 标识符 常量
```

注：

（1）define 和标识符间、标识符和常量间至少有一个空格。

（2）C 语言中，#define 是一条编译预处理命令（宏定义，后续章节会详细介绍），不是语句，其后不加分号。

（3）为便于区分，通常符号常量名用大写（即标识符全部用大写字母），而变量名用小写，但这不是 C 语言的硬性规定，即小写或大小写混合也是可以的，如上面例题中“#define PI 3.14”，也可以写成“#define pi 3.14”或“#define Pi 3.14”，不过提倡用全大写形式表示符号常量。

（4）“#define 标识符 常量”的含义就是用一个标识符代表一个常量值。什么时候会用到符号常量呢？如果一个常数在程序中频繁出现，就可以将该常数定义成一个符号常量，即用一个标识符代表这个常数，程序中用到该常数时，直接用标识符代替，如用 PI 代表常值 3.14 后，程序中所有是 PI 的地方都将被 3.14 替换掉。

程序中使用符号常量的优点是：

（1）简化代码。如果常量值较繁杂、数值位较多，比如为提高计算精度，将 π 值设为 3.141592654，此时用一个符号如 PI 代替，那么就不用在程序中反复书写 3.141592654 了，只要用 PI 即可，从而简化程序。

（2）含义清楚。因为定义标识符时 π 是非法字符，所以用其谐音 PI 表示，这样程序中所有是 π 的地方都用 PI 代替，含义清楚、方便理解。假设半径恰好也为 3.14，即使不定义符号常量 R，程序中半径处直接写 3.14 也不会和 PI 混淆。

（3）一改全改。程序设计时，如果想改变常量的值，比如想将 π 值由 3.14 改为 3.141592654，直接将“#define PI 3.14”改为“#define PI 3.141592654”即可，不用到程序代码中将所有是 π 值的地方全部改一遍，从而提高效率和准确率。

注：PI 是符号常量，在代码中不能通过赋值运算重新赋值，比如程序中不能再出现类似 PI=3.141592654 这样的赋值表达式。

从类型上看，常量分为整型常量、实型常量、字符型常量和字符串常量。

比如 2 是整型常量，5.8 是实型常量，'a' 和 '\n' 是字符型常量，"abc" 是字符串常量。下面分别进行介绍：

1. 整型常量

整型常量就是整数。整型常量有三种表示形式：

1）十进制

因为人们最常用的是十进制，所以十进制数不用任何标识，直接在代码中写出即可，如 -123、0、123 都是十进制整数。

2）八进制

以数字 0 开头、由 0 ～ 7 八个字符组成的数即为八进制整数。如 01、036、0123 等都是八进制整数，而 08、019 都是非法的八进制整数。

3）十六进制

以 0x（数字 0）或 0X 开头、由 0 ～ 9、a ～ f（大小写均可）组成的数即为十六进制整数。如 0x1、0x123、0xa6、0xFF、0X5CB 等都是十六进制整数，而 0x1g、0XHJ 都是非法的十六进制整数。

注：

（1）十进制、八进制和十六进制是整数的三种不同表示形式，代码中涉及整数时可以根据需要选用任意一种进制形式。

（2）数据后加 u 或 U，表示该数为无符号整数，如 123u、32767U 等。

（3）数据后加小写字母 l 或大写字母 L，则表示该数为长整数，如 -123l 或 123L。

2．实型常量

实型常量就是带有小数部分的常数。在 C 语言中，实型常量只有十进制表示形式，不能用八进制和十六进制表示。具体来说，实型常量有两种表示形式：

1）小数形式

由数字序列和小数点构成十进制小数形式。如 0.123、122.0、122.、.123、0.0 都是小数形式的实数，其中 122. 相当于 122.0，.123 相当于 0.123，但不能只用一个小数点代表 0.0，表示 0.0 可以写成 0. 或 .0 或 0.0。

注：小数形式必须有小数点，但不能只有小数点。

2）指数形式

由尾数（假设用 a 表示）加上阶码标志字母 e（大小写均可）加上阶码（指数部分，假设用 n 表示，n 为整数）构成实数的指数形式，其一般形式为 aEn。如 123e3、123E3、12.3e4、1.23e5 均代表 1.23×10^5。

注：aEn 中，必须 E 前有数、E 后为整数，E 大小写均可。

3．字符型常量

字符型常量简称字符常量，用一对单引号括起来一个字符型数据表示，比如 'a'、'A'、'+'、'\n' 都是合法的字符常量。

前面介绍过，字符型数据在内存中保存的是该字符的 ASCII 码，故字符常量的值就是该字符的 ASCII 码值，比如 'a' 的值是 97。

使用字符常量时需要注意以下几点：

（1）字符常量必须用一对单引号括起来，不能用双引号或其他符号括。

（2）一对单引号只能括起一个字符。

字符常量分为普通字符常量和转义字符常量。

1）普通字符常量

单引号可以括起字符集中的任意字符，键盘中经常使用的一些符号直接用一对单引号括起来就是普通字符常量，如 'a'、'A'、'0' 、'1'、'+'、'−'、'*'、'/'、'='、'&' 等。

2）转义字符常量

不难发现，不是所有字符集中的字符都能在键盘上找到或用一个符号直接表示出来，像一些控制字符，如回车换行，那怎么表示这些字符呢？这时就要用到转义字符。转义字符是以反斜杠 '\' 作为开始标志、后面跟一个或多个字符构成的字符序列，如用 '\n' 代表回车换行符，因 n 前加了反斜杠、n 就不再代表字母 n，含义发生转变，故名转义字符。转义字符表见表 2-1，表中列出了常用转义字符及其含义。

表 2-1　常用转义字符及其含义

转义字符	含　义
\n	回车换行，将光标移至下一行行首
\t	水平制表符

续表

转义字符	含　义
\v	纵向制表符
\0	空字符，作为字符串的结束标记
\b	退格，将光标回退一个字符（相当于 Backspace）
\r	回车不换行，将光标移至本行行首
\f	换页，将光标移至下页开头
\a	响铃字符
\\	反斜杠 \
\'	单引号
\"	双引号
\ddd	1 到 3 位八进制数（即字符 ASCII 码的八进制形式）所代表的字符
\xhh	1 到 2 位十六进制数（即字符 ASCII 码的十六进制形式）所代表的字符

关于转义字符需要注意以下几点：

（1）用两个反斜杠代表一个反斜杠。

（2）若想表示单引号或双引号，也要用转义字符形式。

（3）实际上，只要知道字符的 ASCII 码，就可以用转义字符“\ddd”或“\xhh”形式表示字符集中的任意字符，当然也就包括普通字符。比如字符 'A' 的 ASCII 码是十进制的 65，把 65 转换成八进制和十六进制分别是 101 和 41,那么 'A' 就可以用 '\101' 和 '\x41' 这两种转义字符形式表示。

（4）转义字符从数量上来说也是一个字符，因此无论反斜杠后形式上有几个字符，其实都只代表一个字符，如 '\101' 和 '\x41' 都代表字符 'A'，数量上看就是一个字符。

4. 字符串常量

字符串常量是用一对双引号括起来的字符序列。例如，姓名、学号、课程名、家庭住址等信息："Zhang qiang"、"10002001"、"C language"、"Beijing Road" 都是字符串常量。

请注意字符常量与字符串常量的区别：

（1）从形式上看，字符常量由一对单引号括起来，而字符串常量由一对双引号括起来。

（2）从字符数量上看，字符常量只能表示一个字符，而字符串常量中字符个数可以为 0 个、1 个或多个，为 0 个时称为空串，用 ""（双引号连写，中间无空格）表示。

（3）从占用内存空间角度看，字符常量只占一个字节的内存，而字符串常量中每个字符都要占一个字节的空间。

注意：因系统会自动在串常量后添加字符串结束标志 '\0'（其 ASCII 码为 0），故除了串中实际字符占的空间外，还要给字符串结束标志 1 字节的空间。例如，'a' 和 "a"，前者是字符常量，只在内存分配 1 字节的空间，而后者是字符串常量，除了字符 a 占 1 字节空间，'\0' 也要占 1 字节空间，故共占 2 字节空间。

2.2.3 变量

通过大学计算机基础课程，我们已经知道，计算机是通过 CPU 来处理数据的，而 CPU 是与内存直接打交道的，它从内存取出数据进行计算然后将计算结果送回内存，因此，程序设计时首先需要在内存中开辟出内存单元准备存放待处理的数据或计算的结果,那么如何申请内存单元呢?答案就是通过定义变量。

所谓变量就是在程序执行过程中其值可以随时发生改变的量。如前面求圆的周长和面积例题中 circle、area 就是存放结果的变量。

注意：变量必须先定义后使用，即不能使用未经定义的变量。

一般在函数体的开头部分进行变量定义，定义变量的一般格式为：

```
类型说明符 变量名1[=初值1,变量名2[=初值2],…变量名n[=初值n]];
```

例如：

```
int a;                     /*定义整型变量a，a中初始值是随机数*/
float a,b=1.6,c;           /*定义实型变量a、b和c，并为b赋初值1.6*/
char c1,c2;                /*定义字符型变量c1和c2，c1、c2中初始值是随机数*/
```

注意：

（1）格式中，[] 表示其内参数可根据需要自行选取，若不需要可以省略。

（2）类型说明符又称类型关键字，是不同数据类型的标识，如基本整型的类型说明符是 int，单精度实型的类型说明符是 float。给变量分配内存时是以字节为单位分配的，具体分配几个字节取决于数据类型说明符和 C 编译系统。如 Turbo C 下给 int 型数据分配 2 字节内存，而 Visual C 环境下分配 4 字节内存；无论是 Turbo C 还是 Visual C 环境下 float 都分配 4 字节内存。

（3）变量名取名一定要遵循标识符命名规则，最好遵循“见名知意”的原则。

（4）书写时，若多个变量类型相同，只写一遍数据类型说明符即可；数据类型说明符和变量名之间至少有一个空格；多个同类型变量名间用逗号分隔；最后必须以分号结束变量定义。

（5）给变量赋初值有两种方式：

【方法一】定义变量时直接赋初值。例如：

```
int a=1;
```

【方法二】通过赋值语句赋值。例如：

```
int a;
a=1;
```

上述两种方法的最终效果是一样的，都是申请内存单元，并向其中放入数据 1，只是前者称为“变量的初始化”，而后者不是初始化。

实际上，变量的初值取决于存储类型，按存储类型变量分为自动变量和静态变量。若定义变量时未赋初值，自动变量初始值是随机数，而静态变量（以“static 数据类型说明符”定义的变量）初始值自动为 0。在学习函数之前，我们用到的变量都是自动变量。

例如：分析以下变量定义的含义。

```
int a;                     /*只定义整型变量a，a中初始值是随机数*/
int a=1;                   /*定义整型变量a，a初始化值为1*/
float b,c;                 /*定义单精度实型变量b和c*/
float b=3.5,c;             /*定义单精度实型变量b和c，b初始化值为3.5*/
float b,c=5.9;             /*定义单精度实型变量b和c，c初始化值为5.9*/
```

按数据类型划分，变量可分为整型变量、实型变量和字符型变量。

注：无字符串变量，字符串用字符数组存储，在第 5 章介绍。

1. 整型变量

整型变量可分为基本整型变量、短整型变量和长整型变量。整数在内存中占的空间大小与使用的 C 编译器有关。默认为有符号的数，如果想表示无符号的数，可在各类型标识前加修饰符 unsigned。具体说明如下：

1）基本整型

基本整型变量用 int 作为类型说明符，表示有符号整数，unsigned int 则表示无符号整数。

在 Turbo C 环境中，一个基本整型数据分配 2 字节的存储单元，2 字节表示有符号整数范围是 −32 768 ～ +32 767，表示无符号整数范围是 0 ～ 65 535。

在 Visual C 环境下，一个基本整型数据分配 4 字节的存储单元，4 字节表示有符号整数范围是 −2 147 483 648 ～ +2 147 483 647，表示无符号整数范围是 0 ～ 4 294 967 295。

2）短整型

短整型变量用 short（或 short int）作为类型说明符，表示有符号短整型，unsigned short 则表示无符号短整型。

在 Turbo C 和 Visual C 环境下，一个短整型数据均分配 2 字节的存储单元，2 字节表示有符号整数范围是 −32 768 ～ +32 767，表示无符号整数范围是 0 ～ 65 535。

3）长整型

长整型变量用 long（或 long int）作为类型说明符，表示有符号长整数，unsigned long 则表示无符号长整数。

在 Turbo C 和 Visual C 环境下，一个长整型数据均分配 4 字节的存储单元，4 字节表示有符号整数范围是 −2 147 483 648 ～ +2 147 483 647，表示无符号整数范围是 0 ～ 4 294 967 295。

表 2-2 是整型变量的分类，其中最常用的是基本整型 int。

表 2-2　整型变量的分类

类型	类型说明符	所占字节数	取值范围
基本整型	[signed]int	2（TC）	−32 768 ～ 32 767
		4（VC）	−2 147 483 648 ～ 2 147 483 647
短整型	[signed]short （或 [signed] short int）	2（TC、VC）	−32 768 ～ 32 767
长整型	[signed]long （或 [signed] long int）	4（TC、VC）	−2 147 483 648 ～ 2 147 483 647
无符号基本整型	unsigned （或 unsigned int）	2（TC）	0 ～ 65 535
		4（VC）	0 ～ 4 294 967 295
无符号短整型	unsigned short	2（TC、VC）	0 ～ 65 535
无符号长整型	unsigned long	4（TC、VC）	0 ～ 4 294 967 295

2. 实型变量

实型变量可分为单精度、双精度和长双精度三种。

1）单精度

单精度浮点数类型说明符是 float，通常在内存中占 4 字节。有效数据位数是 6 ～ 7 位，具体精确到多少位与机器有关。

2）双精度

双精度浮点数类型说明符是 double，通常在内存中占 8 字节。有效数据位数是 15 ～ 16 位。

3）长双精度

长双精度浮点数类型说明符是 long double，通常在内存中占 16 字节。有效数据位数是 18 ～ 19 位。

表 2-3 列出实型变量的分类（TC、VC 均适用）。

表 2-3　实型变量的分类

类型	类型说明符	所占字节数	有效数字	取值范围
单精度	float	4	6 ～ 7	-3.4×10^{-38} ～ 3.4×10^{38}
双精度	double	8	15 ～ 16	-1.7×10^{-308} ～ 1.7×10^{308}
长双精度	long double	10	18 ～ 19	−1.2E−4932 ～ 1.2E4932

说明：

（1）把实数赋值给整型变量时，小数部分硬性舍弃。把整数赋值给实型变量时，会将整数自动转换为实数存放到实型变量中。

【例 2.2】分析以下程序的运行结果。

【程序代码】

```
#include<stdio.h>
void main()
{
    int a;
    float f;
    a=1.0;
    f=3;
    printf("a=%d,f=%f\n",a,f);
}
```

运行过程中会有以下警告：

```
warning C4244: "=" : 从"double"转换到"int"，可能丢失数据。
```

【运行结果】

例 2.2 的运行结果如图 2-4 所示。

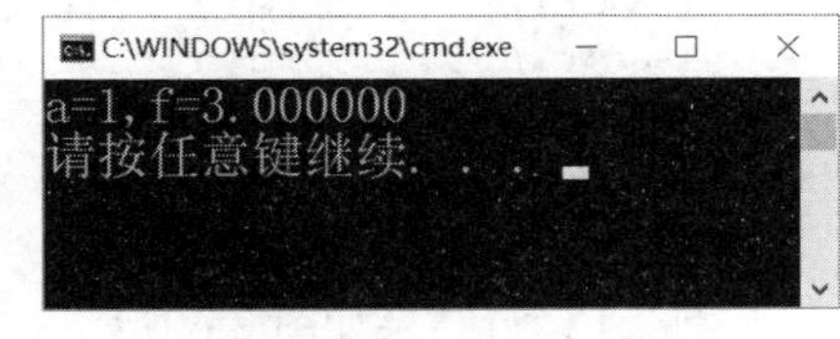

图 2-4　例 2.2 运行结果

【程序分析】

从结果可以看出，把实数赋值给整型变量，小数部分会被舍弃。

把整数赋值给实型变量，会自动转换成实数进行存储。

注：以 %f 格式输出时默认保留 6 位小数，本章后面讲输出函数时会介绍。

（2）C 语言中，实型常量默认为 double 型数据。比如浮点数 3.5 默认是 double 类型，如果想说明 3.5 为单精度类型，则需在常数后加 f 或 F，即 3.5f 或 3.5F 都是 float 类型。

（3）float 型变量一般接收 6 ～ 7 位有效数据，double 型变量一般接收 16 位有效数据。

【例 2.3】分析以下程序的运行结果。

【程序代码】

```
#include<stdio.h>
void main()
{
    float f1;
    double f2;
    f1=123456.7912345;
    f2=12345678901.23456719;
    printf("f1=%f\n",f1);
    printf("f2=%lf\n",f2);
}
```

【运行结果】

例 2.3 的运行结果如图 2-5 所示。

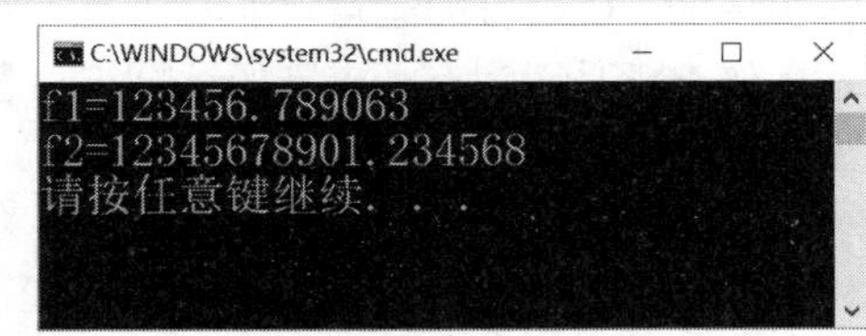

图 2-5　例 2.3 运行结果

【程序分析】

从运行结果不难看出，f1 是 float 型变量，前 7 位是精确的，而 f2 是 double 型变量，精确位数更多，前 16 位都是精确的。

3. 字符型变量

字符型变量的类型说明符是 char。在 Turbo C 和 Visual C 环境下，一个字符数据都只占 1 字节的内存，且存储的是该字符的 ASCII 码值，所以计算机存储字符 'a' 时，是以二进制形式存储 'a' 的 ASCII 码值 97。

为处理方便，C 语言规定字符型数据同整型数据一样，也有有符号和无符号之分。有符号字符型数据用 char 标识，取值范围是 -128 ～ 127；无符号字符型数据用 unsigned char 标识，取值范围是 0 ～ 255。

因为字符在内存中以 ASCII 码形式存储，而 ASCII 码值是一个整数，故在字符型数据与整数共同的取值范围（0 ～ 127）内，字符型数据也可以当整数使用。比如：'a'+1 相当于 97+1，结果为 98。

【例 2.4】阅读下列程序写出运行结果。

【程序代码】

```
#include<stdio.h>
void main()
{
    char c1=97,c2;
    int i='A';
    c2=c1+1;
    printf("%c,%d\n",c1,c1);          /*c1 分别以 %c 字符格式和 %d 整型格式输出 */
    printf("%c,%d\n",c2,c2);          /*c2 分别以 %c 字符格式和 %d 整型格式输出 */
    printf("%c,%d\n",i,i);            /*i 分别以 %c 字符格式和 %d 整型格式输出 */
    printf("%c,%d\n",i+1,i+1);        /*i+1 分别以 %c 字符格式和 %d 整型格式输出 */
}
```

【运行结果】

例 2.4 运行结果如图 2-6 所示。

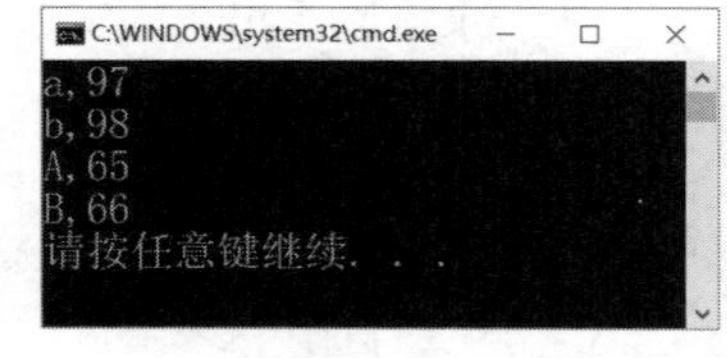

图 2-6　例 2.4 运行结果

【程序分析】

例 2.4 中 c1 虽然是字符型变量，但因字符型数据在内存中存储的是 ASCII 码值，故可以进行 c1+1 这样的算术运算。

变量 i 的初值是字符 'A'，'A' 的 ASCII 码值为 65，在字符型数据与整数共同的取值范围 0~127 内，所以 i 以 %c 字符型格式输出时就是 'A'（注意输出字符时不输出一对单引号），以 %d 整型格式输出时就是字符 'A' 的 ASCII 码值 65。

2.3　运算符与表达式

计算机对数据的加工处理主要是通过各种运算实现的。用来表示各种运算的符号称为运算符，参加运算的数据称为操作数，由运算符和操作数构成了表达式。例如，3*2/100、a=b+10（其中 a 和 b 是变量）都是合法的 C 语言表达式，都表示出对哪些数据进行何种操作。

事实上，C 语言除了控制流程的控制语句和输入 / 输出操作外，大部分操作都是由这些运算符实现的。C 语言的运算符非常丰富（共有 34 种运算符），丰富的运算符提供了对数据多样的处理操作。正是因为有了丰富的运算符和表达式，使得 C 语言的功能十分强大，这也成了 C 语言的主要特点之一。

按照运算符的功能划分，C 语言运算符共有 13 类，表 2-4 分类列出 C 语言的运算符。

表 2-4　C 语言的运算符

序号	运算符类型	运算符符号及名称
1	算术运算符	+　-　*　/　%　++　-- （加、减、乘、除、模、自增、自减）
2	赋值运算符	=　+=　-=　*=　/=　%=　&=　|=　^=　<<=　>>=

续表

<table>
<tr><th>序号</th><th>运算符类型</th><th>运算符符号及名称</th></tr>
<tr><td>3</td><td>强制类型转换运算符</td><td>（转换后类型标识符）</td></tr>
<tr><td>4</td><td>求字节运算符</td><td>sizeof( )</td></tr>
<tr><td>5</td><td>逗号运算符</td><td>,</td></tr>
<tr><td>6</td><td>关系运算符</td><td>> < >= <= == !=
（大于、小于、大于或等于、小于或等于、等于、不等于）</td></tr>
<tr><td>7</td><td>逻辑运算符</td><td>&& || !
（逻辑与、逻辑或、逻辑非）</td></tr>
<tr><td>8</td><td>条件运算符</td><td>?:（注：?: 是一个运算符）</td></tr>
<tr><td>9</td><td>下标运算符</td><td>[ ]（数组下标）</td></tr>
<tr><td>10</td><td>函数调用运算符</td><td>( )</td></tr>
<tr><td>11</td><td>指针运算符</td><td>*（取内容） &（取地址）</td></tr>
<tr><td>12</td><td>分量运算符</td><td>. ->（两个都是成员选择运算符）</td></tr>
<tr><td>13</td><td>位运算符</td><td><< >> ~ & | ^
（按位左移、按位右移、按位取反、按位与、按位或、按位异或）</td></tr>
</table>

1. 优先级

一个表达式中可以出现多种运算符，先算哪个后算哪个取决于运算符的优先级。按照运算符的优先级划分，C 语言运算符共分为 15 个优先级，优先级用数字 1 ～ 15 表示，数字越小，代表优先级越高，1 级最高、15 级最低，计算时按照优先级由高到低进行。

2. 结合性

优先级相同的情况下，从左向右运算还是从右向左运算，取决于运算符的结合性。四则运算时，通常都是从左向右运算，这叫左结合性，反之，从右向左运算称为右结合性。C 语言中除个别运算符是右结合性，大部分是左结合性。

表 2-5 从优先级和结合性的角度列出 C 语言运算符。

表 2-5　运算符的优先级和结合性

<table>
<tr><th>优先级</th><th>运算符</th><th>结合性</th></tr>
<tr><td>1</td><td>( ) [ ] . -></td><td>左结合</td></tr>
<tr><td>2</td><td>+ -（正、负号）++ -- &（取地址）* !（类型标识符）sizeof() ~</td><td>右结合</td></tr>
<tr><td>3</td><td>* / %</td><td rowspan="10">左结合</td></tr>
<tr><td>4</td><td>+ -</td></tr>
<tr><td>5</td><td><< >></td></tr>
<tr><td>6</td><td>> < >= <=</td></tr>
<tr><td>7</td><td>== !=</td></tr>
<tr><td>8</td><td>&（按位与）</td></tr>
<tr><td>9</td><td>^</td></tr>
<tr><td>10</td><td>|</td></tr>
<tr><td>11</td><td>&&</td></tr>
<tr><td>12</td><td>||</td></tr>
<tr><td>13</td><td>?:</td><td>右结合</td></tr>
<tr><td>14</td><td>基本赋值：=
复合赋值：+=-= *= /= %= &= |= ^= <<= >>=</td><td>右结合</td></tr>
<tr><td>15</td><td>,</td><td>左结合</td></tr>
</table>

按照运算时需要操作数的个数，运算符又分为单目运算符、双目运算符和三目运算符。单目运算符是只需要一个操作数的运算符，比如 -5 中的负号、a++ 中的自增运算符 ++、--b 中的自减运算符等；双目运算符指需要两个操作数的运算符，比如 3+a 中的加法运算，5%8 中的模运算符 % 等；三目运算符指需要三个操作数的运算符，C 语言中只有一个三目运算符，就是条件运算符，比如表达式 a>b?a:b，表示求 a 和 b 中的最大值。

从表 2-5 中，不难发现，单目运算符优先级高于双目运算符和三目运算符。

2.3.1 算术运算

1. 基本算术运算符

C 语言中，基本算术运算符有 5 个：+（加法）、-（减法）、*（乘法）、/（除法）和 %（模运算），都是双目运算符，都是左结合性。

（1）+、-、*、/ 运算中，运算符两边的操作数可以是整数、实数和字符型数据（用 ASCII 码值参与运算，ASCII 码值是整数）。如果两个操作数为整数，结果也为整数；只要两个操作数中有一个是实数，则结果一定为 double 型（因为所有实数均默认为 double 类型）。当不同类型的数据进行混合运算时，编译系统会自动按照图 2-7 所示的转换规则进行类型转换。

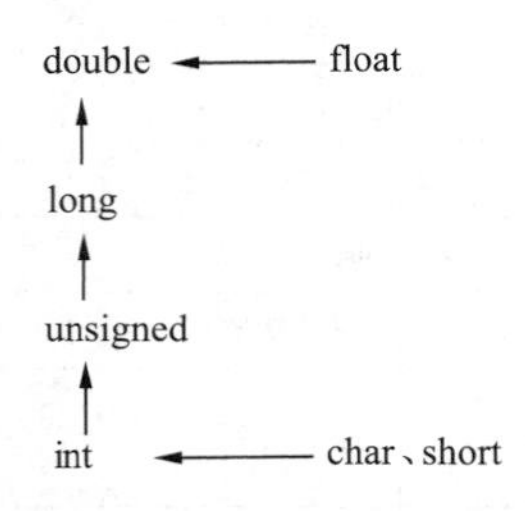

图 2-7　数据类型转换规则

横向箭头表示必然的转换，纵向箭头表示转换方向，纵向转换时可以直接越级转。

例如，表达式中有 float 型变量 f，有 int 型变量 a，则计算表达式 3.5-f+a 时，先将 f 转换成 double 型，将 a 由 int 型直接越级转换成 double 型，然后进行运算，最终结果为 double 型。

（2）关于除法运算 /。C 语言中，当两个整数相除时结果为整数，即结果为商，相当于整除运算；只有实数参与“/”运算（只要被除数和除数中有一个是实数即可）时，结果才是实数。比如 7/2 结果为 3，而 7.0/2 或 7/2.0 或 7.0/2.0，结果都是 3.5。

（3）关于模运算 %。模运算又称求余运算，即两数相除后结果取余数，余数的符号与被除数的符号相同。只有整型数据（整型常量或整型变量）才可以进行模运算。

例如，7%2 结果为 1，7%-2 结果仍为 1，-7%2 结果为 -1，而 7.0%2，会出现语法错误，错误信息如下：

```
"%": 非法，左操作数包含"double"类型
```

如果想让实数参与模运算，则先需进行强制类型转换，然后进行模运算，后面介绍强制类型转换时再详述。

2. 自增、自减运算符

自增运算（++，又称自加运算）和自减运算都是单目运算，右结合性。注意：自增和自减运算的对象只能是变量，每次使变量自增 1 或自减 1。比如：假设 a 和 b 是提前定义好的变量，则 a++ 或 ++a 均表示 a=a+1，b-- 或 --b 均表示 b=b-1，也就是说操作对象 a 和 b 既要参与运算，又要存放运算结果，能存放运算结果的只能是内存单元，故运算对象只能是变量，不能是常量或表达式，比如 3++、--(a+b) 都是非法表达式。

根据运算符放置在变量前还是放置在变量后，自增、自减运算又分为前缀运算和后缀运算两种形式。

1）前缀运算

将 ++、-- 放置在变量前就是前缀运算。

【例 2.5】阅读下列程序写出运行结果。

【程序代码】

```
#include<stdio.h>
void main()
{
    int i,j,m,n;
    i=1;
    j=5;
    m=++i;
    n=--j;
    printf("i=%d,j=%d,m=%d,n=%d\n",i,j,m,n);
}
```

【运行结果】

例 2.5 运行结果如图 2-8 所示。

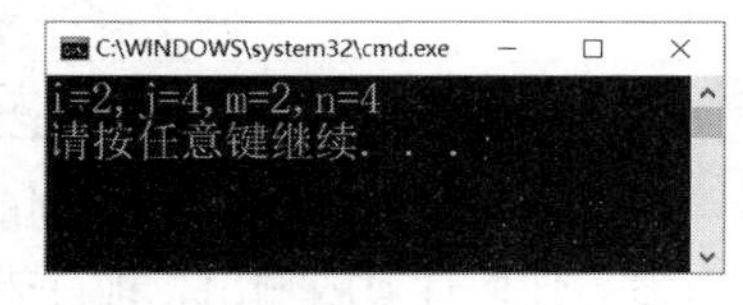

图 2-8　例 2.5 运行结果

【程序分析】

m=++i; 语句中，++ 在变量前，表示先自加，后使用。本题中“使用”是指参与赋值运算。++i 相当于 i=i+1，所以 i 变成 2；++i 的结果是 i 自加后的 2，所以 m 值为 2。

同理，--j 表示先自减后使用。j 自减后变成 4，将自减后的 4 赋值给 n，所以 n 值为 4。

2）后缀运算

将 ++、-- 放置在变量后就是后缀运算。

【例 2.6】阅读下列程序写出运行结果。

【程序代码】

```
#include<stdio.h>
void main()
{
    int i,j,m,n;
    i=1;
    j=5;
    m=i++;
    n=j--;
    printf("i=%d,j=%d,m=%d,n=%d\n",i,j,m,n);
}
```

【运行结果】

例 2.6 的运行结果如图 2-9 所示。

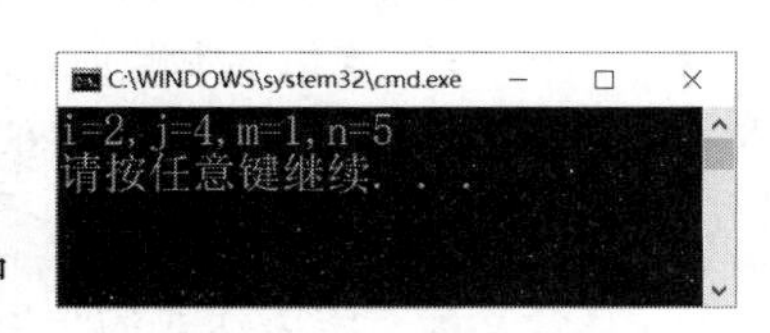

图 2-9　例 2.6 运行结果

【程序分析】

m=i++; 语句中，++ 在变量后，表示先使用，后自加。本题中“使用”是指参与赋值运算。先把 i 自加前的值赋值给 m，所以 m 的值为 1；然后 i 再自加，i 变成 2。

同理，j-- 表示先使用后自减。把 j 自减前的值先赋值给 n，所以 n 的值为 5；然后 j 再自减，变成 4。

通过以上两例不难看出，不论是前缀运算还是后缀运算，对参与自增、自减的变量本身而言，没有任何影响，都要做增 1 或减 1 的操作，区别仅在于自增 / 自减运算表达式参与使用时是使用自增 / 自减前的值还是使用自增 / 自减后的值，这里“使用”包括参与运算或输出等。请看以下两段代码：

```
int i=10;
printf("%d\n",i++);
```

这段代码运行结果输出 10。

```
int i=10;
printf("%d\n",++i);
```

而这段代码运行结果输出 11。

使用自增、自减运算需要注意以下几点：

（1）只有用在表达式中前缀运算和后缀运算才有区别。前缀运算和后缀运算的关系见表 2-6。

表 2-6　前缀运算和后缀运算的关系

关系	前缀运算 (++i 或 --i)	后缀运算 (i++ 或 i--)
相同点	对变量 i 本身而言，均相当于 i=i+1/i=i-1	
不同点	先自加 / 自减、后使用	先使用、后自加 / 自减

如果单独作为一条语句则前缀运算和后缀运算效果等同。例如，i++; 和 ++i; 语句中表达式没有参与任何计算或输出，即并未使用，所以都相当于 i=i+1;，故不用考虑前缀还是后缀。

（2）变量值和表达式值是两个不同的概念。

如有定义：int i=10;

则 ++i 后，变量 i 的值是 11，表达式 ++i 的值是 11；

而 i++ 后，变量 i 的值是 11，表达式 i++ 的值是 10。

（3）尽量避免使用容易产生歧义的表达式，如 a+++b 可以有两种理解形式：(a++)+b 和 a+(++b)。C 语言规定：进行混合运算时，要自左向右尽可能多的符号组成运算符，所以这里应按第一种形式理解。建议大家遇到复杂的表达式形式，可以写成易于理解的形式，比如加上必要的小括号或分解成简单的表达式。

2.3.2　赋值运算

赋值运算就是将数据存放到变量所对应的内存单元中，以供计算机做进一步的处理。C 语言中，所有变量要先定义后使用，使用时变量必须有确定的值，这些值就是通过“赋值”操作“送”到变量中的。赋值运算符分为基本赋值运算符和复合赋值运算符，由赋值运算符将运算对象连接起来的式子称为赋值表达式。

1. 基本赋值运算

一个“=”就是基本赋值运算符。

基本赋值运算表达式的一般形式为：

```
变量 = 表达式
```

其含义为：将表达式的结果赋值给“=”左边的变量。例如：

```
a=5                /* 将 5 赋值给变量 a*/
b=3+a/6            /* 将 3+a/6 的结果赋值给变量 b*/
```

2. 复合赋值运算

任意一个双目运算符和一个“=”就构成了复合赋值运算符。

复合赋值运算表达式的一般形式为：

```
变量双目运算符 = 表达式
```

等价于

```
变量 = 变量 双目运算符 表达式
```

例如：

```
a+=5        /* 等价于  a=a+5*/
b/=3+a      /* 等价于  b=b/(3+a)*/
```

复合赋值运算的特点是：双目运算符左边的变量既要参与运算，又要存放最终结果。所以只有具备这个特点才可用复合赋值运算。

C 语言采用复合赋值运算有以下两个优点：

（1）简化程序，使程序精练。

（2）提高编译效率，产生较高质量的目标代码。

无论是基本赋值运算还是复合赋值运算，使用时都需要注意以下几点：

（1）对同一个变量进行多次赋值时，最后一次赋值有效。例如：

```
int a;
a=3;
a=5;
```

最终 a 值为 5，即新值 5 把原来的值 3“覆盖了”。

（2）赋值运算表达式也有结果。

像算术表达式要有计算结果一样，赋值运算等其他运算也会有计算结果。赋值表达式的结果是被赋值的变量的值，比如赋值表达式 a=5 的结果是变量 a 的值 5。例如：

```
int a,b,c;
c=(a=10)+(b=20);
printf("%d\n",c);
```

分析：小括号优先级最高，先算 a=10 和 b=20，再进行加法运算，最后赋值给变量 c。a=10 的结果是 a 的值 10，b=20 的结果是 b 的值 20，10+20 得 30，赋值给 c，所以 c 的值为 30。

（3）赋值运算的结合性是右结合。例如：

```
int a,b;
a=b=5;
printf("%d,%d\n",a,b);
```

分析：因赋值运算为右结合性，故先计算 b=5，然后把 b=5 的结果 5 赋值给 a，即 a=b=5 等价于 a=(b=5)，所以 a 和 b 最终结果均为 5。

（4）赋值运算中的数据类型转换规则：

赋值运算时，“=”两侧数据类型相同称为“赋值兼容”。

若不兼容，系统先自动把“=”右边表达式值的类型转换成“=”左侧变量的数据类型，再赋值给左边的变量。具体规则如下：

① 整型赋值给实型：数值不变，增加小数部分且小数部分值为 0，以浮点形式存储到“=”左边变量中。

② 实型赋值给整型：小数部分硬性舍弃，不四舍五入。比如：int a; a=3.9; 则 a 值为 3。

③ 字符型赋值给整型：由于字符型占 1 字节，而整型占 2 或 4 字节，所以会将字符的 ASCII 码值存储到变量的低 8 位中，其余位用 0 补齐。

④ 整型赋值给字符型：字符型只占 1 字节，放不下，所以只能把整型变量的低 8 位存入字符型变量。

（5）注意区分“=”和“==”。

“=”是赋值运算，“==”是判断两个数相等的关系运算。

2.3.3 求字节运算

各种不同类型的数据在分配内存时占内存空间数不尽相同，那如何验证不同类型数据占的内存空间数量或如何知道自己定义的变量在内存中实际分配的空间数量呢？这就要用到求字节运算。求字节运算的一般形式是：

```
sizeof(类型名)
```

或

```
sizeof(变量名)
```

其中，sizeof 是单目运算符，其后一对小括号不能省，运算结果是整数，单位是字节，表示占几字节的内存空间。

【例 2.7】 阅读下列程序，写出运行结果。

【程序代码】

```
#include<stdio.h>
void main()
{
    int a;
    float b;
    char c;
    printf("%d,%d,%d\n",sizeof(int),sizeof(float),sizeof(char));
    printf("%d,%d,%d\n",sizeof(a),sizeof(b),sizeof(c));
}
```

【运行结果】

例 2.7 的运行结果如图 2-10 所示。

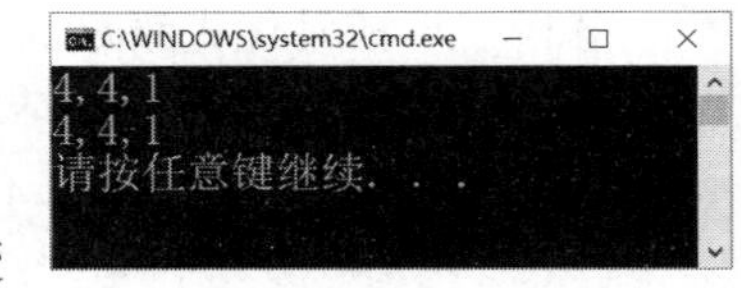

图 2-10 例 2.7 运行结果

【程序分析】

例 2.7 用于测试 int、float 和 char 三种类型和这三种类型的变量 a、b、c 在内存中分别占 4、4、1 字节。

2.3.4 强制类型转换运算

模运算中，实数不能参与模运算，否则编译时会出现语法错误，如 7.0%2 是不允许的，如果想让实数参与模运算如何操作？尽管数据进行混合运算时，编译系统会自动进行数据类型的转换，但转换规则是有转换方向的，比如 7.0%2 中，系统不会自动将实型数据 7.0 转换成整型数据 7，此时要想得到需要的类型，就要用到强制类型转换运算。

强制类型转换运算的一般形式如下：

```
(类型名)(表达式)
```

其中，小括号必须有，类型名是转换后的类型名。其含义是得到表达式转换类型后的值。

关于使用强制类型转换运算的说明：

（1）如果表达式是单个常数或变量，则表达式的括号可加可不加。

例如，7.0%2 可以写成 (int)7.0%2 或 (int)(7.0)%2，表示先将 7.0 转换成整型值 7 后再用 7%2。

再如，假设 x 是实型变量，则 (int)(x) 和 (int)x 等价。

（2）如果表达式较复杂，若想将表达式最终计算结果的类型进行转换，表达式必须加小括号，否则只转换紧跟“(类型名)”后面内容的类型。

例如，(int)(x+y) 表示先求 x+y，然后将 x+y 的结果强制转换成整型。

而 (int)x+y 则表示只将 x 强制转换成整型，用 x 转换成整型后的值同 y 做加法运算。

（3）需要特别注意的是，无论是系统自动转换还是人为强制转换，都只是为了本次运算的需要而对变量或表达式结果的数据长度进行临时性的转换，被强制类型转换的变量本身其数据类型和值并未发生变化。

【例 2.8】阅读下列程序，写出运行结果。

【程序代码】

```
#include<stdio.h>
void main()
{
    float f=7.8;
    printf("%d\n",(int)f%2);
    printf("%d\n",(int)(f+6.5));
    printf("%f\n",(int)f+6.5);
    printf("%d,%f\n",sizeof(f),f);
}
```

【运行结果】

例 2.8 的运行结果如图 2-11 所示。

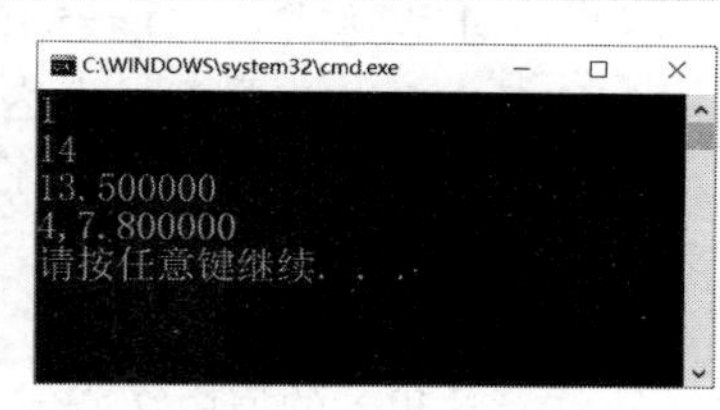

图 2-11　例 2.8 运行结果

【程序分析】

（1）(int)f%2，用 f 的整数部分进行模运算，即 7%2 结果为 1，注意硬性舍弃小数部分，不四舍五入。

（2）(int) (f+6.5) 先计算 f+6.5，值为 14.3，求 14.3 的整数部分，故结果为 14。

（3）(int) f+6.5，只对 f 进行强制类型转化，f 的整数部分是 7，7+6.5 结果为 13.5。

（4）虽然对 f 做过强制类型转化，但只是为了得到它的整数部分而已，本质上，变量 f 的数据类型仍然是 float 型，占 4 字节内存，f 的值仍然是 7.8。

2.3.5　逗号运算

顾名思义，逗号运算符的符号就是一个逗号。通过逗号可连接多个表达式，构成一个更长的表达式，这个更长的表达式称为逗号表达式。逗号表达式的一般形式是：

```
表达式 1，表达式 2，…，表达式 n
```

其中每个表达式都可以是任意类型的表达式。

关于逗号运算的说明：

（1）逗号表达式的执行过程。求解逗号表达式时，计算机会从左向右依次计算每个表达式的值，先计算表达式 1，再计算表达式 2，依此类推，最后计算表达式 n 的值，即对用逗号分开的表达式分别求值。

（2）逗号表达式的值。逗号表达式作为一种运算表达式也是有结果的，即将最后一个表达式的值作为整个逗号表达式的结果。

注：通常逗号主要起到分隔多个表达式、分别得到各个表达式值的作用，并非一定要得到和使用整个逗号表达式的值，因此逗号运算符又称顺序求值运算符。

【例 2.9】阅读下列程序，写出运行结果。

【程序代码】

```
#include<stdio.h>
void main()
{
    int a,b,c;
```

```
    a=2;
    b=(a,a*4);
    c=((5,4),a=5,10);
    printf("%d,%d,%d\n",a,b,c);
}
```

【运行结果】

例 2.9 的运行结果如图 2-12 所示。

C:\WINDOWS\system32\cmd.exe

5,8,10
请按任意键继续. . .

图 2-12　例 2.9 运行结果

【程序分析】

（1）求表达式 (a,a*4) 的过程。

小括号中表达式是逗号表达式：

① 计算机会先求解第一个表达式 a（a 没重新赋值，仍为 2）；

② 再执行 a*4 即 2*4 得 8。

把最后一个表达式 a*4 的值 8 作为逗号表达式“a,a*4”的结果赋值给 b，所以 b 值为 8。

（2）求表达式 ((5,4),a=5,10) 的过程。

(5,4),a=5,10 也是逗号表达式：

① 先执行表达式 1“(5,4)”，里面的表达式“5,4”又是逗号表达式，结果为 4（但这个结果并未使用）。

② 再计算表达式 2“a=5”，a=5 的结果也是 5（赋值表达式的结果也并未使用）。

注意这里 a 的值由 2 变成了 5，所以 a 值为 5。

③ 最后计算表达式 3“10”，结果自然是 10。

整个逗号表达式的结果是最后一个表达式的值 10，把 10 赋值给 c，所以 c 值为 10。

纵观本程序，a 被重新赋过值，b 和 c 通过赋值运算分别得到了两个逗号表达式的结果。

2.3.6　关系运算

关系运算用于对两个操作数进行比较，其结果只有两种可能，真（成立）或假（不成立）。在一些高级语言如 Pascal 语言中，用逻辑值 True 表示“真”，False 表示“假”。但是在 C 语言中，并未提供这两个逻辑值。那该如何表示真假呢？ C 语言规定：用数值 1 代表逻辑真的值，数值 0 代表逻辑假的值；而且所有非零数据作为条件时都认为是真。

1. 关系运算符

C 语言提供了 6 种关系运算符：

>（大于）>=（大于或等于）<（小于）<=（小于或等于）==（等于）!=（不等于）

说明：

（1）两个符号构成的关系运算符在书写时两符号之间不能加空格，如“<=”中，小于号和等于号要连写，中间不能有空格。

（2）关系运算符都是双目运算符，其结合性均为左结合，但优先级却分成两个级别，前四个运算符（>、>=、<、<=）的优先级相同，后两个运算符（==、!=）优先级相同，前四个优先级高于后两个。

2. 关系表达式

由关系运算符将若干表达式（包括算术、关系、逻辑、赋值、字符表达式等任意类型的表达式）连接起来的式子构成了关系表达式。

若关系表达式成立，结果为 1；若关系表达式不成立，结果为 0。

注意：

（1）关系表达式的结果只有两种可能，成立为 1，不成立为 0。

例如：假设有变量定义 int a=3,b=2,c=1; 则表达式 f=a>b>c 执行后，变量 f 的值是多少？

分析：关系运算优先级高于赋值运算，先算 a>b>c，再把结果赋值给 f。“>”的结合性是左结合，所以先算 a>b，再算后面的“>”。

a>b 结果是 1，1>c 结果为 0，最后把 0 赋值给 f，故 f 值为 0。

值得一提的是，这里要用前面表达式 a>b 的结果与 c 继续进行比较，并非用 b 与 c 比较。

（2）C 语言中，“=”表示赋值，“==”表示相等的比较，使用时要格外注意。

例如，执行 int a=1; 语句后出现表达式 a=3，因为 a=3 是赋值表达式，表示把 3 赋值给变量 a，表达式 a=3 的结果是 3，此时变量 a 的值发生变化，不再是 1，而是 3。

而执行 int a=1; 语句后如果出现表达式 a==3，因为 a==3 是关系表达式，表示 a 与 3 进行比较，看二者是否相等，此时 a 和 3 不相等，故表达式 a==3 的结果为 0。

2.3.7　逻辑运算

程序中如果需要通过多种条件进行组合以决定接下来的程序流程，就可以用到逻辑运算。

1. 逻辑运算符

C 语言提供了以下 3 种逻辑运算符：

&&（逻辑与）

||（逻辑或）

!（逻辑非）

说明：

（1）优先级和结合性。

三个逻辑运算符优先级各不相同。其中，逻辑非“!”优先级最高，逻辑与“&&”其次，逻辑或“||”优先级最低。

只有逻辑非“!”是单目运算符，结合性由右到左；逻辑与“&&”和逻辑或“||”都是双目运算符，结合性由左到右。

（2）运算规则。

&&：只有当两个操作数均为真时，结果才为真，否则为假。

||：只有当两个操作数均为假时，结果才为假，否则为真。

!：取反运算，非真即假，非假即真。

具体运算规则见表 2-7（表中，x 和 y 可以代表任意类型的表达式）。

表 2-7　逻辑运算符的运算规则

x	y	!x	!y	x&&y	x||y
非 0（真）	非 0（真）	0（假）	0（假）	1（真）	1（真）
非 0（真）	0（假）	0（假）	1（真）	0（假）	1（真）
0（假）	非 0（真）	1（真）	0（假）	0（假）	1（真）
0（假）	0（假）	1（真）	1（真）	0（假）	0（假）

（3）C 语言规定：非零为“真”，“真”用 1 表示；零为“假”，“假”用 0 表示。例如：

```
!5.34      /*5.34 是非零数据，认为真，！真即假，结果为 0*/
'a'&&'b'   /* 字符 'a' 和 'b' 的 ASCII 码值为非零值，相当于 97&&98，结果为 1*/
```

2. 逻辑表达式

用逻辑运算符将关系表达式和逻辑量（可以是任意类型表达式）连接起来的式子称为逻辑表达式。

从逻辑运算符运算规则不难发现，同关系表达式一样，逻辑表达式的结果只有 1 和 0 两种可能，表达式成立结果为 1，不成立结果为 0。

【例 2.10】阅读下列程序，写出运行结果。

【程序代码】

```
#include<stdio.h>
void main()
{
    int a=4;
    printf("%d\n",4||2&&0);
    printf("%d\n",5>3&&8<4-!0);
}
```

【运行结果】

例 2.10 的运行结果如图 2-13 所示。

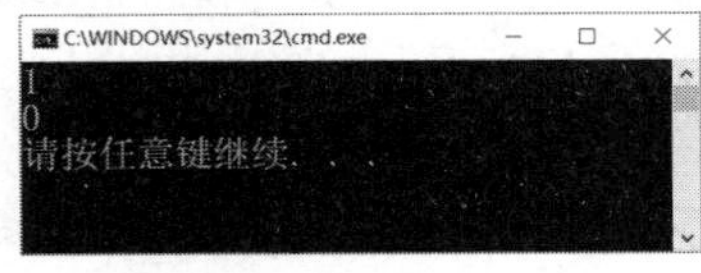

图 2-13　例 2.10 运行结果

【程序分析】

求解表达式“4||2&&0”：逻辑与优先级高于逻辑或，所以先算 2&&0，结果为 0，再算 4||0（4 非零，认为真），最终结果为 1。

求解表达式“5>3&&8<4-!0”：先看优先级，单目运算高于双目运算，算术运算高于关系运算，关系运算高于逻辑运算，所以优先级从高到低依次是：“!”、“-”（减法）、“>”和“<”、“&&”，即先算“!0”，结果为 1；再算“4-!0”结果为 3；然后依次算“5>3”和“8<3”，结果分别为 1 和 0，最后算“1&&0”，最终结果为 0。

注意：

（1）逻辑表达式的求解中，不是所有的逻辑运算符都被执行，只是在必须执行下一个逻辑运算符才能求出最终表达式的解时，才执行该运算符。

【例 2.11】分析下面程序的运行结果。

【程序代码】

```
#include<stdio.h>
void main()
{
    int a=1,b=2,c=3,d=4,m=5,n=6;
    printf("%d\n",(m=a>b)&&(n=c>d));
    printf("m=%d,n=%d\n",m,n);
    printf("%d\n",(m=a<b)||(n=c>d));
    printf("m=%d,n=%d\n",m,n);
}
```

【运行结果】

例 2.11 的运行结果如图 2-14 所示。

图 2-14　例 2.11 运行结果

【程序分析】

小括号优先级最高，先算小括号中的“m=a>b”，“>”优先级又高于“=”，先算“a>b”，结果为 0，然后 0 赋值给 m，m 为 0，表达式“m=a>b”的结果就是 m 的值 0。因为 0 逻辑与任何表达式结果均为 0，所以不再执行逻辑与运算后的表达式，即计算机并未执行“n=c>d”，故 n 值不变。

类似的，“m=a<b”的结果是 1（m 值也为 1），1 逻辑或任何表达式结果均为 1，所以不再执行逻辑或运算后的表达式，即计算机也没有执行“n=c>d”，故 n 值也没变。

（2）数学区间表达式的书写。

数学上，“0<x<20”能正确表达 x 在哪个区间内，但在 C 语言中，这个表达式虽然没有语法错误，

但表示的含义跟数学上完全不一样。在 C 语言中，“<” 结合性是从左向右，所以先算 “0<x”，然后用 “0<x” 的结果再去与 20 比较，而 “0<x” 是关系表达式，结果不是 1 就是 0，1 和 0 都满足小于 20，这样，表达式永远成立，最终结果始终为 1，显然背离了原意。

此外，在 C 语言中 “≤” 和 “≥” 都是非法字符，必须用 “<=” 和 “>=”。

例如，写出判断字符型数据是否为数字字符的表达式。

分析：字符间比较，比较的是 ASCII 码。

假设有变量定义 char c; 那么判断 c 是否为数字字符的表达式如下：

```
c>='0'&&c<='9'
```

该表达式含义是看 c 的 ASCII 码是否在 '0' 的 ASCII 码 48 和 '9' 的 ASCII 码 57 之间。

注意： 字符型常量要用一对单引号括起来。数字作为字符型数据，书写时要将数字用一对单引号括起来。如果误写成：c>=0&&c<=9，则表示看 c 的 ASCII 码是否在 0 和 9 之间，此区间对应的是 ASCII 码表的前 10 个字符。

例如，写出判断字符型数据是否为英文字母的表达式。

分析：一个英文字母既可能是小写字母，也可能是大写字母，所以要用逻辑或运算。

假设有变量定义 char c; 那么判断 c 是否为英文字母的表达式如下：

```
(c>='a'&&c<='z')||(c>='A'&&c<='Z')
```

由于关系运算优先级高于 &&，&& 高于 ||，所以上面的表达式也可以简写成：

```
c>='a'&&c<='z'||c>='A'&&c<='Z'
```

注意： 'a' 表示字符型常量，写成 a 就不是常量了，系统会将其看作用户定义的标识符。

2.3.8　条件运算

以上介绍的都是单目运算符或双目运算符，最后介绍一个三目运算符，也是 C 语言中唯一的三目运算符，即条件运算符 “?:”，它由 “?” 和 “:” 两个符号构成。

条件运算符的优先级在所有运算符中排倒数第三，结合性由右至左。

由条件运算符构成的条件表达式的一般形式如下：

```
表达式 1? 表达式 2: 表达式 3
```

其中，三个表达式均可为任意合法的表达式。

其含义是：先求解表达式 1，看表达式 1 结果为真吗？如果为真，则执行表达式 2，并将表达式 2 的结果作为整个条件表达式的结果；如果为假，则执行表达式 3，并将表达式 3 的结果作为整个条件表达式的结果。例如：

```
假设有变量定义 int a=10,b=20;
则条件表达式 a>b?a:b 的结果就是 20。
```

从条件运算符的含义可以看出，表达式 2 和表达式 3 只能执行一个，即条件表达式的结果不是表达式 2 的值就是表达式 3 的值。

2.4　数据的输入与输出

2.4.1　数据输入 / 输出概述

计算机执行程序时，往往需要人为输入一些数据，供计算机处理，计算机再将处理结果返回给用户，这个过程就是人机交互过程。程序设计中，数据的输入与输出是最基本也是最常用的操作。所谓数据输入，是指从输入设备（如键盘、扫描仪等）向计算机输送待处理数据。所谓数据输出，是指将计算机的处理结果输出到外部输出设备（如显示器、磁盘等）进行显示或存储。这里介绍的输入/输出主要是指从标准输入设备——键盘中输入数据，向标准输出设备——显示器上输出结果，当然，第 11 章会专门介绍如何从磁盘文件中读取数据以及如何向磁盘文件中输出数据。

在 C 语言中，没有提供专门的输入/输出语句，数据的输入/输出是通过调用系统的库函数实现的，从而使 C 编译系统简单、可移植性好。

C 语言提供的函数已经分门别类以库的形式存放好，使用时只要把函数所在的库包含到自己的程序中来，该库中的所有函数即可使用，通常把存放系统函数的库称为头文件。若想调用这些现成的函数，需在程序的开始处用 #include 编译预处理命令将其所在的头文件包含到程序中，其格式如下：

```
#include<头文件>
```

或

```
#include "头文件"
```

比如下面要介绍的输入/输出函数都在头文件 "stdio.h" 中，所以用这些函数前，一定在程序的开始处写上

```
#include<stdio.h>
```

或

```
#include "stdio.h"
```

因为输入/输出的数据可能有整型、实型、字符型、字符串等各种类型的数据，因此，C 语言提供了专门的格式输入/输出函数，以方便这些基本数据类型数据的输入与输出，同时还可根据用户需要对输入/输出数据进行格式上的控制，比如输入时截取数据的前几位输入、输出时数据占几位字符空间、左对齐还是右对齐输出等。

2.4.2 格式化输出函数

printf() 函数的功能是将输出值参数列表按指定的格式输出到标准输出设备（显示器）上。

1. printf() 函数调用格式

```
printf(格式控制字符串，输出值参数表);
```

书写时，参数用逗号分隔，即格式控制字符串和输出值参数表之间、输出值参数表有多个输出项时均用逗号分隔。例如：

```
printf("%d,%f\n",a,b);
```

表示将变量 a 和 b 的值分别以整型（十进制）格式和实型格式输出到显示器上。

2. 使用说明

（1）格式控制字符串：是双引号括起来的字符串，包括格式说明和普通字符。

① 不同类型数据输出时要用不同的格式说明符，格式说明符必须以 % 开始，格式说明一般形式如下：

```
%[修饰符]格式字符
```

例如，整型数据用 %d 格式输出，实型数据用 %f 格式输出，字符型数据用 %c 格式输出等。

注：格式字符由输出数据的类型决定，修饰符由用户对输出结果的格式控制要求（如输出占几位场宽、左对齐还是右对齐等）决定，也可以不加修饰符。

printf() 函数用到的格式字符和格式修饰符分别见表 2-8 和表 2-9。

表 2-8　printf() 函数的格式字符

格式字符	格式字符含义	举例	输出结果
d 或 i	输出有符号十进制整数（正数不输出正号）	printf("%d",8); 或 printf("%i",8);	8
u	输出无符号十进制整数	printf("%u",8);	8
o	输出无符号八进制整数	printf("%o",8);	10
x 或 X	输出无符号十六进制整数 （x：字母用小写；X：字母用大写）	printf("%x",200);	c8
		printf("%X",200);	C8
f	以小数形式输出带符号的浮点数（包括单精度和双精度，默认保留 6 位小数）	printf("%f",126.58);	126.580000
c	输出一个字符	printf("%c",'A'); 或 printf("%c",65);	A
s	输出一个字符串	printf("%s","China!");	China!
e 或 E	输出指数形式浮点数	printf("%e",126.58);	1.2658e+002
		printf("%E",126.58);	1.2658E+002
g 或 G	自动选用 %f 和 %e 中较短格式，且不输出无意义的 0	printf("%g",126.58); 或 printf("%G",126.58);	126.58

表 2-9　printf() 函数的格式修饰符

修饰符	修饰符含义	举例	输出结果
l （字母 l）	与 d 连用，输出长整型数据	long a=123456789; printf("%ld",a);	123456789
	与 f 连用，输出双精度型数据	double f=12345.6789012; printf("%lf",f);	12345.678901
h	与 d 连用，输出短整型数据	short a=123; printf("%hd",a);	123
m （正整数）	指定输出项占 m 个字符的宽度（场宽） 若场宽 <= 输出项位数，按实际位数输出 若场宽 > 输出项位数，默认左补空格，补够场宽位数	int a=123; printf("%2d",a);	123 （注：按实际位数输出，不补空格）
		printf("%3d",a);	123 （注：按实际位数输出，不补空格）
		printf("%5d",a);	123 （注：5 位场宽，123 前有 2 个空格）
.n （正整数）	用于实数时，保留 n 位小数 （需四舍五入）	float f=123.456; printf("%6.1f",f);	123.5 （注：123.5 前有 1 个空格）
		printf("%.2e",f);	1.23e+002
	用于字符串，截取字符串的前 n 个字符	printf("%5.3s","Liu nan");	Liu （注：5 位场宽，Liu 前有 2 个空格）
+	正数前输出 + 号	int a=123; printf("%+d",a);	+123
-	输出项左对齐 若场宽 > 输出项位数，右补空格，补够场宽位数	int a=123; printf("%-6d",a);	123 （注：6 位场宽，123 后有 3 个空格）
0 （数字 0）	场宽 > 输出项位数且右对齐时空格用 0 填充 （注：左对齐时仍以空格占位）	int a=123; printf("%05d",a);	00123
		printf("%-05d",a);	123 （注：123 后有 2 个空格，不是 0）

② 普通字符（包括转义字符）：原样输出的字符，可以使输出含义更清晰。例如：

```
int a=1,b=2,sum;
sum=a+b;
printf("%d\n",sum);
```

仅输出 3，若改成

```
printf("a+b=%d\n",sum);
```

则输出：

```
a+b=3
```

或改成：

```
printf("a与b之和是：%d\n",sum);
```

则输出：

```
a与b之和是：3
```

可见，后两种形式含义更清楚。

（2）输出值参数表：待输出的数据项，可以是常量、变量、表达式等（只要能算出具体的值即可）。

【例 2.12】分析下面的程序。

【程序代码】

```
#include<stdio.h>
void main()
{
    int a=1;
    float b=2.6;
    printf("a=%d,b=%f\n",a,b);
    printf("%d,a=%d\n",3,a+5);
}
```

【运行结果】

例 2.12 的运行结果如图 2-15 所示。

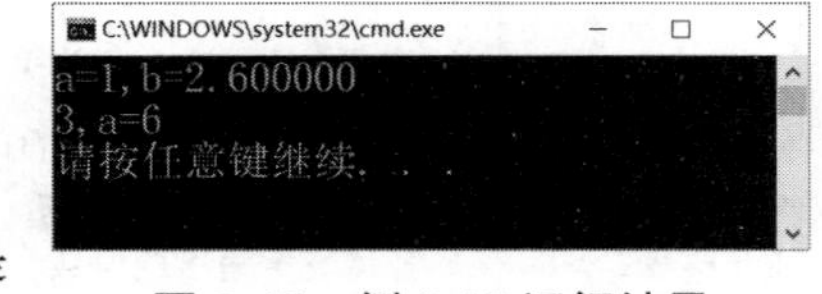

图 2-15　例 2.12 运行结果

【程序分析】

在图 2-15 中，第一行的“a=,b=”和第二行的“a=”都是普通字符，原样输出。

a 是整型变量，所以以整型格式 %d 输出；b 是实型变量，所以以实型格式 %f 输出；输出的内容可以是变量，也可以是常量或表达式。

3. 使用 printf() 函数时的注意事项

（1）格式字符与数据的类型要保持一致（整型和字符型通用时例外），如不能用 %f 输出整型数据，也不能用 %d 输出实型数据。

（2）准备输出几个数据、对应就要有几个格式说明符，且输出时格式说明符同输出项从左到右要逐一对应。

（3）Visual C++ 规定，用 printf() 函数输出多个数据项时，各输出项的运算采用从右到左的顺序，而输出顺序仍是从左到右。

【例 2.13】分析下面代码的运行结果。

【程序代码】

```
#include<stdio.h>
void main()
```

```
{
    int a=0;
    printf("%d,%d\n",a+5,a=1);
}
```

【运行结果】

例 2.13 的运行结果如图 2-16 所示。

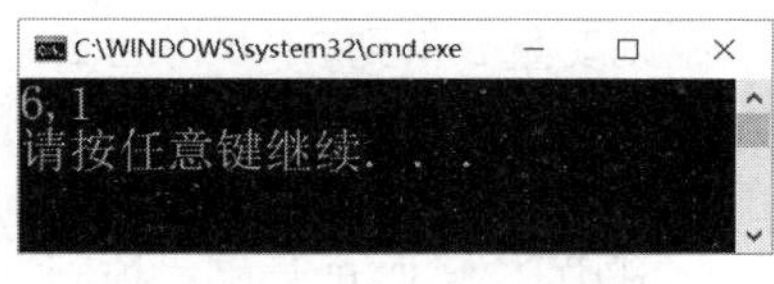

图 2-16　例 2.13 运行结果

【程序分析】

执行顺序是先执行 a=1，后执行 a+5，但输出顺序仍是由左到右，先输出 a+5 的值，然后输出 a=1 的值。先执行 a=1，a 已由 0 变成 1，赋值表达式 a=1 的结果也是 1；再执行 a+5，即 1+5，所以输出 6,1。

（4）用于 printf() 函数的格式字符和修饰符大部分都是小写，有些大写可能不能正确输出。

【例 2.14】 分析下面程序的运行结果。

【程序代码】

```
#include<stdio.h>
void main()
{
    int a=1;
    float b=2.6;
    char c='A';
    printf("%d,%f,%c\n",a,b,c);
    printf("%f,%d,%d\n",a,b,c);
    printf("%d\n",a,b,c);
    printf("%D\n",a);
}
```

【运行结果】

例 2.14 的运行结果如图 2-17 所示。

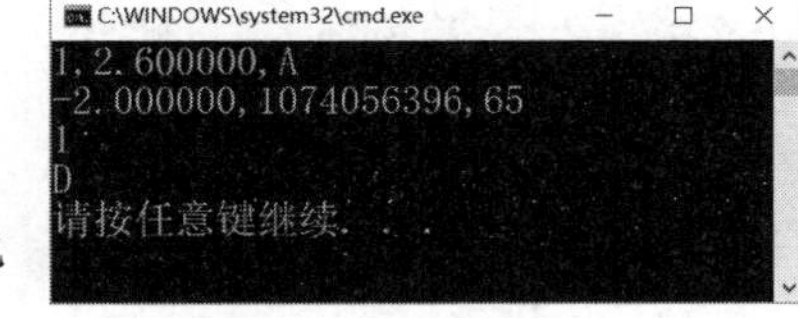

图 2-17　例 2.14 运行结果

【程序分析】

运行结果中第 1 行说明不同类型的数据对应不同的格式说明符。

第 2 行说明整型数据不能以 %f 格式输出，反之亦然。

第 3 行有 3 个数据项，却只给了一个格式说明符，虽然也有输出，但只能输出第 1 项，其余项输不出来。

第 4 行输出时格式字符不能写成 %D，得改成 %d。

2.4.3　格式化输入函数

scanf() 函数的功能是按指定格式，将从标准输入设备（键盘）输入的数据送到对应的变量（内存单元）中。

1. scanf() 函数调用格式

```
scanf(格式控制字符串,输入项地址表);
```

书写时，参数用逗号分隔，即格式控制字符串和输入项地址表间、输入项地址表有多个地址时均用逗号分隔。

例如，有程序段：

```
int a;
float b;
```

```
scanf("%d%f",&a,&b);
```

执行时从键盘输入：

```
3 2.6
```

则变量 a 得到 3，b 得到 2.6。

上述代码表示先定义整型变量 a 和实型变量 b，然后分别以 %d 格式和 %f 格式把从键盘输入的两个数分别送到变量 a 和 b 中，以备进一步处理。

其中，"%d%f" 是格式控制字符串。

&a,&b 是输入项地址表，& 在这里表示取地址运算符，&a 表示计算机自动求出给变量 a 分配的内存单元的物理地址，然后把从键盘输入的整数送到该地址所对应的内存单元中，即变量 a 中。

2. 使用说明

1）格式控制字符串

格式控制字符串包括格式说明和普通字符。

scanf() 函数的格式说明和格式字符含义与 printf() 函数类似，格式说明符也是以 % 开始，格式说明一般形式如下：

```
%[修饰符]格式字符
```

scanf() 函数的格式字符和格式修饰符分别见表 2-10 和表 2-11，常用格式字符有以下几种形式：%d、%f、%c、%s。

修饰符视情况而定，可以没有修饰符。

表 2-10 scanf() 函数的格式字符

格式字符	格式字符含义	举例	输入数据	输出结果

d 或 D	输入有符号十进制整数	int a;
		scanf("%d",&a);
		printf("%d\n",a);
			123	123

u 或 U	输入无符号十进制整数	unsigned a;
		scanf("%u",&a);
		printf("%u\n",a);
			123	123

o 或 O	输入无符号八进制整数	int a;
		scanf("%o",&a);
		printf("%o,%d\n",a,a);
			10	10,8

x 或 X	输入无符号十六进制整数	int a;
		scanf("%x",&a);
		printf("%x,%d\n",a,a);
			f	f,15

f	以小数形式输入带符号的单精度数	float f;
		scanf("%f",&f);
		printf("%f",f);
			12.6	12.600000

lf	以小数形式输入带符号的双精度数	double f;
		scanf("%lf",&f);
		printf("%f",f);
		或 printf("%lf",f);
			12.6	12.600000

c	输入一个字符	char a;
		scanf("%c",&a);
		printf("%c\n",a);
			d	d

续表

格式字符	格式字符含义	举例	输入数据	输出结果

s	输入一个字符串	char str[20];
		scanf("%s",str);
		printf("%s\n",str);
			China!	China!

e 或 E	输入指数形式的浮点数	float f;
		scanf("%e",&f);
		printf("`%e\n",f);
			123
			或
			1.23e2
				1.230000e+002

i 或 I	输入十进制整数	int a;
		scanf("%i",&a);
		printf("%d\n",a);
			10	10

	输入以数字 0 为前导符的八进制整数		010	8
	输入以 0x（或 0X）为前导符的十六进制整数		0xf 或 0Xf	15

注：

（1）双精度型数据输入时必须用 %lf（是字母 l，不是数字 1），但输出时可以用 %lf 也可以用 %f。

（2）格式控制字符串若有普通字符，需要用户原样输入。

```
int a,b;
scanf("%d,%d",&a,&b);
```

对这段代码，假设想给 a 和 b 分别赋值 3 和 5，执行时需输入：

```
3,5
```

若直接输入：

```
3 5
```

则 a 和 b 不能正确接收到 3 和 5。

表 2-11　scanf() 函数的格式修饰符

修饰符	修饰符含义	举例	输入数据	输出结果

l	与 d、D、i、I、u、U、o、O、x、X 连用时，表示 long 型	long a;
		scanf("%ld",&a);
		printf("%ld\n",a);
			123	123

	与 f、e、E 连用时，表示 double 型	double f;
		scanf("%lf",&f);
		printf("%lf\n",f);
			3.5	3.500000

h	与 d、D、i、I、u、U、o、O、x、X 连用时，表示 short 型	short a;
		scanf("%hd",&a);
		printf("%hd\n",a);
			123	123

m（正整数）	m 是十进制正整数，表示截取 m 位数据输入到对应变量中	int a;
		scanf("%2d",&a);
		printf("%d\n",a);
			12345	12

*	表示对应的输入项不赋给相应的变量，即跳过该数据不读	int a,b; scanf("%*d%d%d",&a,&b); printf("a=%d,b=%d\n",a,b);	12 345 67	a=345,b=67

2）输入项地址表

根据输入数据的需要，输入项地址表列出 1 个或多个变量地址，变量的地址通过取地址“&”运算可求，其形式是：

```
&变量名
```

计算机会自动求出该变量对应内存单元的物理地址。

3. 使用 scanf() 函数时的注意事项

（1）用 scanf() 函数输入时，输入项地址表中要求给出待输入变量的地址形式，所以必须在变量（整型、实型、字符型变量）前加取地址运算符“&”。例如：

```
scanf("%d,%d",a,b); /*初学者最容易犯的错误，一定要写成如下形式*/
scanf("%d,%d",&a,&b);
```

（2）“格式控制”串中的普通字符，必须原样输入。例如：

```
int a,b;
scanf("a=%d,b=%d",&a,&b);
```

执行时必须输入：

```
a=3,b=5
```

变量 a 和 b 方能正确接收数据，否则，可能造成接收错误，对于这段代码来说，下面都是错误的输入形式：

```
3 5
3,5
a=3,5
3,b=5
```

这四种形式中，除了第三种形式 a 能正确接收到 3、b 不能正确接收 5 外，其余三种形式两个变量都不能得到期望的值。

（3）输入实型数据时不能规定精度，即不可以用 %.nf（n 为正整数）格式输入。

例如：%.2f 格式输入是非法的，对应变量不能正确接收数据。

注：%.2f 与 %2f 要区分开，输入时 %2f 表示截取数据的前 2 位送到对应变量中。

（4）用 %c 输入时，空格算有效字符，可以被接收到字符型变量中。

【例 2.15】分析下面程序代码。

【程序代码】

```
#include<stdio.h>
void main()
{
    char c1,c2,c3;
    scanf("%c%c%c",&c1,&c2,&c3);
    printf("%c%c%c\n",c1,c2,c3);
}
```

【运行结果】

例 2.15 运行结果如图 2-18 所示。

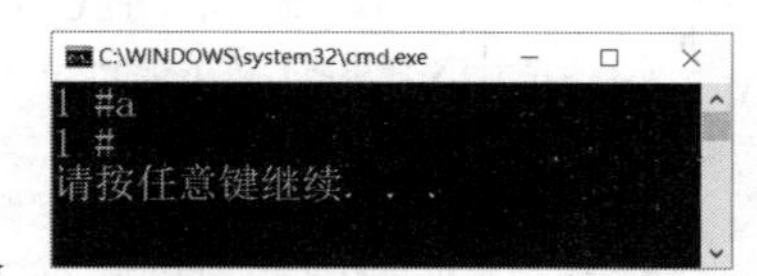

图 2-18 例 2.15 运行结果

【程序分析】

连续接收字符型数据时，必须连续输入，不能用空格作为输入数据的分隔，因为空格也是有效字符，可以被接收到字符型变量中。

（5）数据输入结束确认标记。

从键盘输入数据时，遇到以下情况之一即认为数据输入结束。

① 输入数值型数据时，遇“空格”或“回车”或“跳格（【Tab】键）”即认为一个数据输入完毕。例如：

```
int a,b,c;
scanf("%d%d%d",&a,&b,&c);
```

对这段代码以下四种输入形式，变量a、b、c都能对应接收1、2、3。

（a）用空格分隔：

```
1 2 3
```

（b）点【Tab】键分隔

```
1	2	3
```

（c）空格和回车混用

```
1
2 3
```

（d）回车分隔

```
1
2
3
```

② 遇非法输入。例如：

```
int a,b;
char c;
scanf("%d%c%d",&a,&c,&b);
printf("a=%d,c=%c,b=%d\n",a,c,b);
```

执行上面代码时输入：

```
123F45
```

则输出结果是：

```
a=123,c=F,b=45
```

输入非十六进制整型数据时，遇到字母即认为是遇到非法字符，所以变量a在接收到123后遇到字母F，认为数据输入结束。

注：本题中变量c要想得到字符F，必须紧随第一个数值123之后，一旦123和F之间出现空格，则空格会作为有效字符接收到变量c中。如输入改为：

```
123 F45
```

则a接收123，c接收空格字符，而b遇到F认为是非法字符，所以b不能正确接收45。

2.4.4　字符输入/输出函数

除了格式化输入/输出函数，C语言标准库还提供了专门供字符型数据输入/输出的函数getchar()和putchar()函数。这两个函数均在头文件<stdio.h>中，因此，调用这两个函数时需在程序前方加上文件包含命令：

```
#include<stdio.h>
```

或

```
#include"stdio.h"
```

1. getchar()函数

getchar()函数的功能是从标准输入设备上读取一个字符，并将其作为函数结果值返回。

1）getchar() 函数调用格式

```
getchar()
```

例如：

```
char c;
c=getchar();
```

这段代码表示将从键盘接收的一个字符存放到变量 c 中。

2）使用说明

① getchar() 函数的小括号内没有任何参数，但括号不能省。

② 一个 getchar() 函数只能接收一个字符。例如：

```
char c1,c2;
c1=getchar();
c2=getchar();
```

这段代码要接收两个字符，需用两个 getchar() 函数。

【例 2.16】分析下面程序的运行结果。

【程序代码】

```
#include<stdio.h>
void main()
{
    int a;
    char c;
    printf("Please Input a:\n");
    scanf("%d",&a);
    printf("a=%d\n",a);
    getchar();
    printf("Please Input c:\n");
    c=getchar();
    printf("c=%c\n",c);
}
```

【运行结果】

例 2.16 的运行结果如图 2-19 所示。

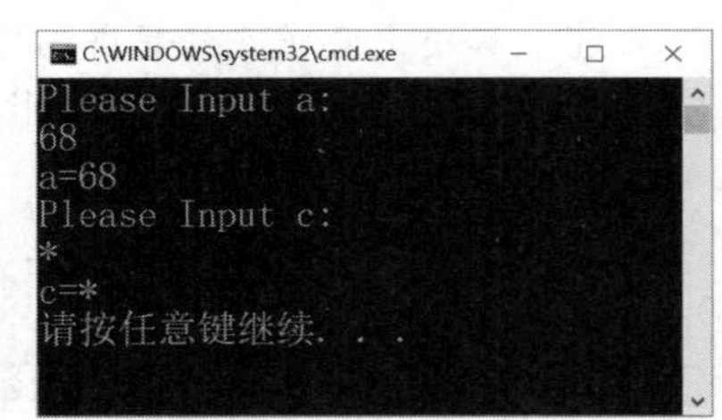

图 2-19　例 2.16 运行结果

【程序分析】

例 2.16 的本意是通过 scanf() 函数给 a 输入一个整数，通过 getchar() 函数给 c 一个字符型数据，本来仅需要一个 getchar() 函数即可,为什么在输入 c 之前还要用到一个 getchar() 函数呢？这里需要大家了解一下输入函数的执行过程。当从键盘输入数据后，并不是直接把数据存入变量中，而是经过了一个称为输入缓冲区的地方，键盘输入的数据先存放到输入缓冲区中，然后每执行一次输入再从输入缓冲区中读取数据送到变量中。需要注意，本程序输入 68 后按【Enter】键，相当于一个换行符，这也是一个字符，会通过 getchar() 函数接收，如果直接执行 c=getchar()，那么 c 就会接收到这个换行符。所以如果不想给 c 输入换行符，那么在执行 c=getchar() 前需要用 getchar() 函数先把换行符从缓冲区中取走。假设不取走，执行结果将如图 2-20 所示。

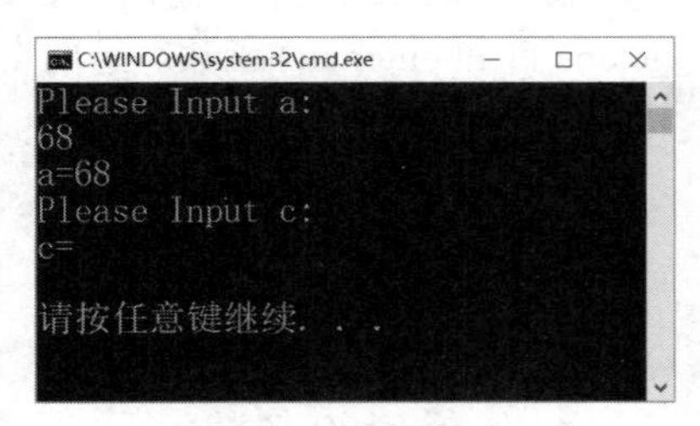

图 2-20　例 2.16 不加语句 getchar(); 的运行结果

2. putchar() 函数

putchar() 函数的功能是将一个字符输出到标准输出设备（显示器）上。

putchar() 函数的调用格式：

```
putchar(c)
```

参数 c 在类型上可以是一个字符型数据也可以是整型数据，在形式上可以是常量、变量或表达式。当 c 是一个整型参数时，表示以该整数为 ASCII 码所对应的字符。例如：

```
char c='A';
putchar('A');
putchar(c);
putchar('\101');
putchar('\x41');
```

以上四种形式都表示输出大写字母 A。

【例 2.17】分析下面程序的运行结果。

【程序代码】

```
#include<stdio.h>
void main()
{
    char ch1,ch2;
    int a=65;
    printf("请输入：");
    ch1=getchar();
    ch2=getchar();
    putchar(ch1);
    putchar(ch2);
    putchar(getchar());         /* getchar() 函数可以作为 putchar() 函数的参数，
                                表示将从键盘输入的字符直接输出到屏幕上 */
    putchar('\n');
    printf("1234567890\n");     /* 方便看清后续代码输出占位用 */
    putchar('A');
    putchar('A'+1);
    putchar('\t');
    putchar(a);
    putchar(a+2);
}
```

【运行结果】

例 2.17 的运行结果如图 2-21 所示。

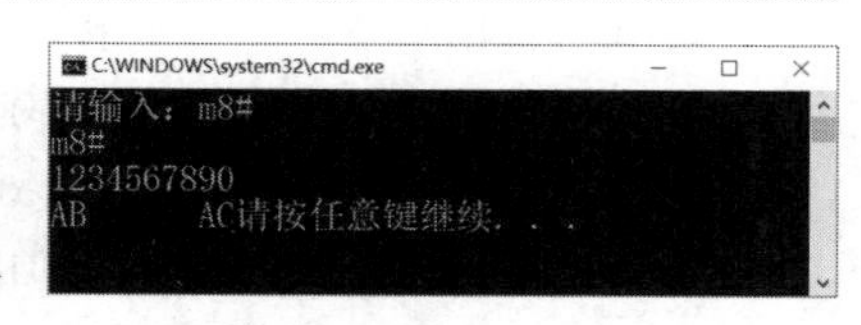

图 2-21　例 2.17 运行结果

【程序分析】

需要注意，执行多个 getchar() 函数时，数据是一次性输入的（按【Enter】键表示输入完毕），不是输入一个接收一个然后再输入下一个。输入完毕后，字符先送入键盘缓冲区，然后每执行一次 getchar() 函数就取出一个字符赋值给相应的变量。本题中共有 3 个 getchar() 函数，所以一次性输入 3 个字符，如“m8#”，然后才有后续的输出。

小　结

（1）C 语言中有两类主要符号：关键字和标识符。关键字又称保留字，是系统预留有特定含义的符号。标识符就是用户给常量、变量、数组、函数或文件等对象起的名字，命名规则是由字母、数字或下划线组成，不能以数字开头。

（2）常量是程序运行中，其值不能被改变的量。从类型上常量分为整型常量、实型常量、字符型常量和字符串常量。

（3）变量就是分配的内存单元，其中存放待运算的数据或运算的结果，其值在程序运行中可以随时被改变。从类型上变量分为整型变量、实型变量和字符型变量，注意没有字符串变量，字符串常量存储在字符数组中。

（4）C 语言中运算符丰富，包括算术运算符、关系运算符、逻辑运算符、条件运算符、赋值运算符、逗号运算符和位运算符等，由这些运算符和运算量构成表达式。表达式中出现多个运算符时，涉及优先级和结合性问题。

（5）C 语言不提供输入 / 输出语句，输入输出由函数实现。主要包括格式化输入 / 输出函数 scanf() 和 printf() 函数、字符输入 / 输出函数 getchar() 和 putchar() 函数等。

习　题　二

一、单选题

1. 以下（　　）是 C 语言提供的合法关键字。

　A. integer　　B. Float　　C. Char　　D. signed

2. 以下用户标识符合法的是（　　）。

　A. A.dat　　B. long　　C. _2Test　　D. 3Dmax

3. 下列不能作为 C 语言常量的是（　　）。

　A. 0593　　B. 0XB3　　C. 3e2　　D. 2.5e-2

4. 下列可以正确表示字符型常量的是（　　）。

　A. "c"　　B. "\n"　　C. "\t"　　D. '\167'

5. 以下正确的字符串常量是（　　）。

　A. 'abc'　　B. China　　C. ""　　D. "\\\"

6. 以下选项中正确的定义语句是（　　）。

　A. double ,a,b;　　B. double a;b;　　C. double a=b=7;　　D. double a=7,b=7;

7. 设有说明语句：char c='\101';，则变量 c（　　）。

　A. 包含 1 个字符　　B. 包含 2 个字符　　C. 包含 3 个字符　　D. 说明不合法

8. 运算符有优先级，在 C 语言中关于运算符优先级的正确叙述是（　　）。

　A. 逻辑运算符高于算术运算符，算术运算符高于关系运算符

　B. 算术运算符高于关系运算符，关系运算符高于逻辑运算符

　C. 算术运算符高于逻辑运算符，逻辑运算符高于关系运算符

　D. 关系运算符高于逻辑运算符，逻辑运算符高于算术运算符

9. 若有定义：int m=7;float x=2.5,y=4.7; 则表达式 x+m%3*(int)(x+y)%2/4 的值是（　　）。

　A. 2.500000　　B. 2.750000　　C. 3.500000　　D. 0.000000

10. 假设所有变量均为整型，则表达式 (x=2,y=5,y++,x+y) 的值是（　　）。

A. 7　　B. 8　　C. 6　　D. 2

11. 假设 a、b 是整型变量，执行语句 scanf("a=%d,b=%d",&a,&b); 使 a 和 b 的值分别为 1 和 2，正确的输入是（　　）。

A. 1 2　　B. 1,2　　C. a=1,b=2　　D. a=1 b=2

12. 下列程序的输出结果是（　　）。

```
#include<stdio.h>
void main()
{
    int x=2,y=3;
    printf("x=%%d,y=%%d\n",x,y);
}
```

A. x=2,y=3　　B. x=%%d,y=%%d　　C. x=%2,y=%3　　D. x=%d,y=%d

二、填空题

1. 设有变量定义 int i=5;，执行 i+=012; 语句后整型变量 i 的十进制值是________。

2. 假设 a、b 均为整型变量，执行 b=(a=6,a*3); 语句后整型变量 b 的值是________。

3. 设有变量定义 int x=10,y=3;，则执行 printf("%d,%d\n",x−−,−−y); 语句后的输出结果是________。

4. 若已知 int i=123;float x=−45.678;，则执行 printf("i=%5d x=%7.4f\n",i,x); 语句后输出结果是________。

5. 设有变量定义 char c;，则执行 c=('z'−'a')/2+'A'; 语句后变量 c 的值是________。

三、程序设计题

1. 从键盘输入长方形的长与宽，求该长方形的周长和面积。

2. 将字符串 "Hello" 译成密码，密码规律是：用原来字母后第 3 个字母代替原来字母。比如：字母 H 后第 3 个字母是 K，则用 K 代替 H。按此规律，"Hello" 的密码是 "Khoor"。

第 3 章

选择结构程序设计

3.1 算　法

什么是算法？算法就是用于计算的方法，通过这种方法可以得到预期的计算结果。通俗地讲，算法就是一种方案。例如，在现有的利率情况下，怎样存钱最划算？这时，可根据各种利率情况，以及今后一段时间对现金的使用情况，分别计算出各种情况下利息的收益，最后可得出最合算的一种存钱方案，这就是一种算法。

3.1.1 算法的定义

算法（Algorithm）是对特定问题求解步骤的一种描述，即解决一个问题而采取的方法和步骤。算法设计的任务就是：对一个具体问题，设计一种良好的算法，获取最佳的结果。例如：

商家给客户打折，规定一种商品一次消费金额超过 200 元的客户可以获得折扣（10%）。

首先，把单价和数量相乘，然后判断相乘后所得的结果，即消费金额是否超过 200 元？显然，问题有两种答案，即是或不是。如果消费金额不大于 200 元，则将消费金额赋值给应收金额，这种情况下没有折扣；如果消费金额大于 200 元，则首先计算折扣金额（本例中，存在 10% 的折扣），然后将消费金额减去折扣金额，所得结果就是应收金额。

具体算法描述如下：

（1）计算消费金额，消费金额 = 单价 × 数量。

（2）判断消费金额是否大于 200，如果不大于 200，则执行步骤（3），否则执行步骤（4）、（5）。

（3）将消费金额赋值给应收金额。

（4）计算折扣金额，折扣金额 = 消费金额 ×0.1。

（5）计算应收金额，应收金额 = 消费金额 − 折扣金额。

3.1.2 算法的特征

（1）有穷性：一个算法必须总是在执行有穷步之后结束，且每一步都在有穷时间内完成。无论算法有多么复杂，都必须在有限个步骤之后结束并终止运行，即算法的步骤必须是有限的。在任何情况下，算法都不能陷入无限循环中。

例如，数学中的无穷级数，当 n 趋向于无穷大时，求 2n*n!。

显然，这是无终止的计算，这样的算法没有意义。

（2）确定性：算法中每一条指令必须有确切的含义，不存在二义性，且算法只有一个入口和一个出口。算法的每一个具体步骤都能够被计算机所理解和执行，而不是抽象和模糊的概念。例如，在进行汉字读音辨认时，汉字“解”在“解放”中读作“jiě”，但它作为姓氏时读作“xiè”，这就是多义性，如果算法中存在多义性，计算机将无法正确地执行。

（3）可行性：即算法描述的操作都可以通过已经实现的基本运算执行有限次来实现。一个算法，即使在数学理论上是正确的，但如果在实际的计算工具上不能执行，该算法也是不具有可行性的。例如，如果某计算工具具有 7 位有效数字，则在计算下列 3 个量和时：

$$A=10^{12}，B=1，C=-10^{12}$$

如果采用不同的运算顺序，就会得到不同的结果：

$$A+B+C=10^{12}+1+(-10^{12})=0$$

$$A+C+B=10^{12}+(-10^{12})+1=1$$

而在数学上 A+B+C 与 A+C+B 是等价的。

（4）输入：一个算法有零个或多个输入，这些输入取自于某个特定的对象集合。算法在拥有足够多的输入信息和初始化信息时，才是有效的；当提供的情报不够时，算法可能无效。例如，A=3，B=5，求 A+B+C。特殊情况下，算法也可以没有输入，零个输入就是算法本身确定了初始条件或只有输出无须输入。

（5）输出：一个算法有一个或多个输出，没有输出的算法毫无意义。

3.1.3　算法的表示方法

1. 自然语言

自然语言通常是指一种自然地随文化演化的语言，例如汉语、英语、日语等均为自然语言。

自然语言就是用人们日常使用的语言来描述解决问题的方法和步骤，例如：商家给客户打折算法的描述。这种描述方法通俗易懂，即使是不熟悉计算机语言的人也很容易理解程序。但是，自然语言在语法和语义上往往具有多义性，并且比较烦琐，对程序流向等描述不明了、不直观。

具体算法描述如下：

步骤 1：计算消费金额（txtSum），消费金额（txtSum）= 单价（txtPrice）× 数量（txtQYT）。

步骤 2：判断消费金额（txtSum）是否大于 200，如果不大于 200，则执行步骤 3，否则执行步骤 4、步骤 5。

步骤 3：将消费金额（txtSum）赋值给应收金额（txtRsum）。

步骤 4：计算折扣金额（txtDisCount），折扣金额（txtDisCount）= 消费金额（txtSum）×0.1。

步骤 5：计算应收金额（txtRsum），应收金额（txtRsum）= 消费金额（txtSum）－折扣金额（txtDisCount）。

步骤 6：输出应收金额（txtRsum），算法结束。

2. 传统流程图

传统流程图是采用有特定含义的图框来表示各种操作。美国国家标准化协会 ANSI 定义了一些常用的流程图符号，如图 3-1 所示。

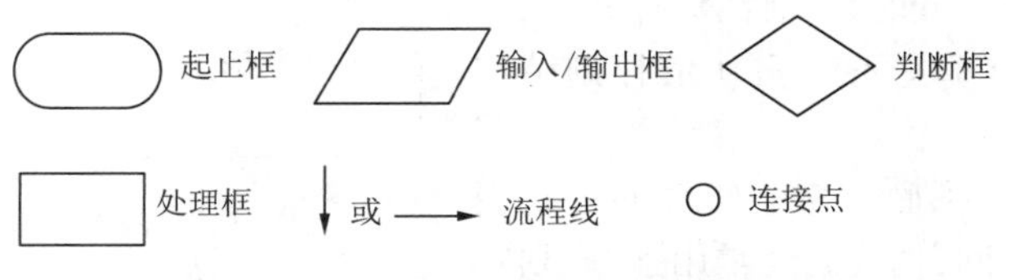

图 3-1　几种常用的传统流程图符号

下面使用传统流程图描述商家给客户打折的算法，如图 3-2 所示。

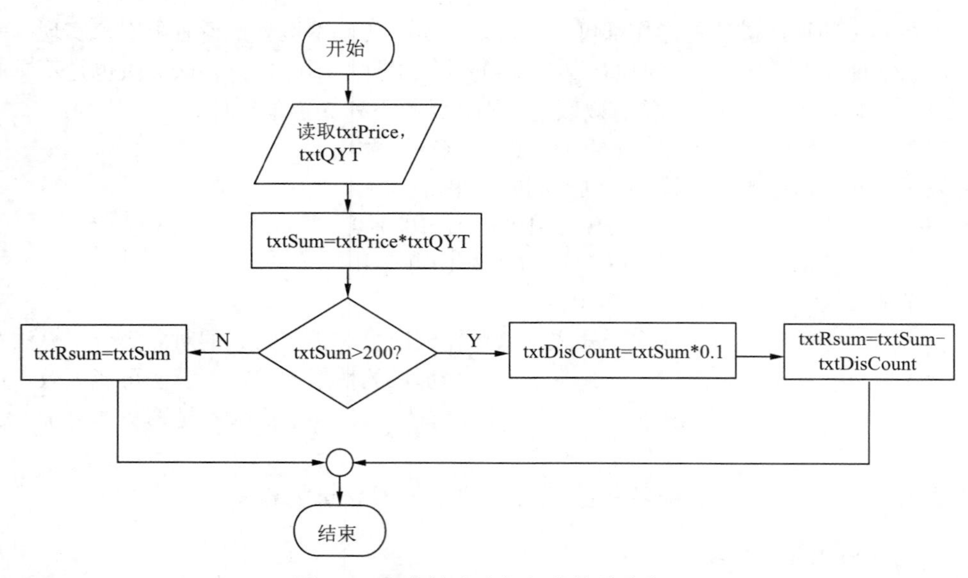

图 3-2　商家给客户打折的传统流程图

3. N-S 图

N-S 图是无线的流程图，又称盒图。1973 年由美国学者 I.Nassi 和 B.Shneiderman 提出，它把整个程序写在一个大框图内，这个大框图由若干个小的基本框图构成，在该种流程图中完全省略了带箭头的流程线，具有简单、占用面积小的优势，如图 3-3 所示。

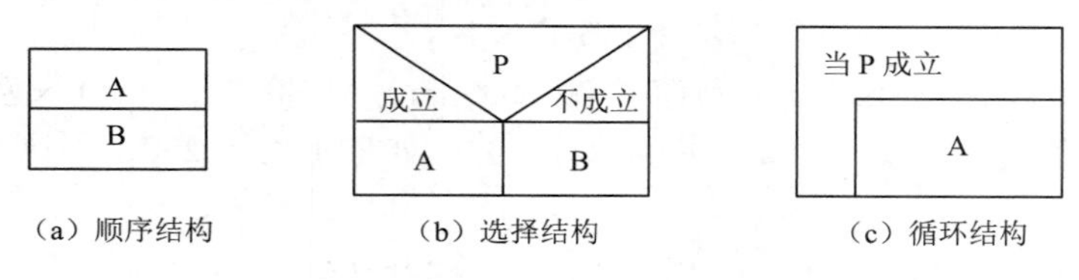

图 3-3　N-S 图

图 3-4 用 N-S 图描述了商家给客户打折的算法。

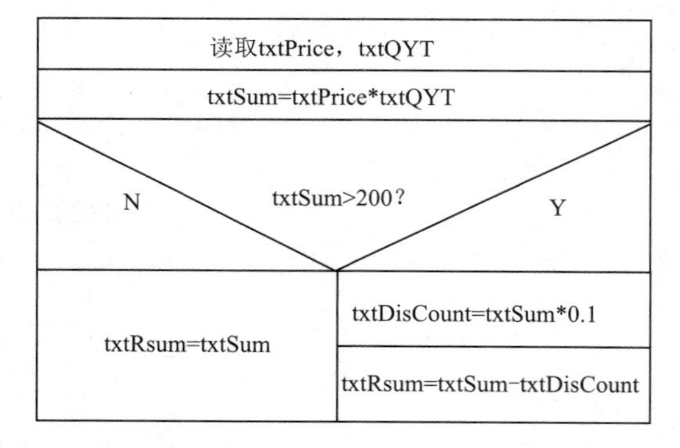

图 3-4　商家给客户打折的 N-S 图

4. 伪代码

伪代码是一种非正式语言，它使用几种基本的程序控制结构与自然语言结合起来描述算法，但它并不在计算机上实际执行，而是帮助程序员构思程序。伪代码通常采用自然语言、数学公式和符号来描述算法的操作步骤，同时采用计算机高级语言（如 C、Pascal、VB、C++、Java 等）的控制结构描述算法的执行步骤。

伪代码用一种从顶到底、易于阅读的方式表示算法。在程序开发期间，伪代码经常用于“规划”一个程序，然后再转换成程序。

下面用伪代码描述商家给客户打折的算法：

```
txtSum=txtQYT* txtPrice
IF txtSum>200 THEN
    txtDisCount=txtSum*0.1
    txtRsum=txtSum-txtDisCount
```

```
ELSE
    txtRsum=txtSum
END IF
```

5. 计算机高级语言

利用某种计算机高级语言对算法进行描述，计算机程序就是算法的一种表示方法。

3.1.4　算法设计的基本方法

（1）列举法：基本思想就是列举出所有可能的情况，并用满足问题的条件一一进行比较和检验，从中找出符合要求的解。通常解决“是否存在”或“有哪些可能”等问题。比如，比如“百钱买百鸡”“鸡兔同笼”等问题。

（2）归纳法：根据一些有限的特殊实例，得出一般规律的方法。

（3）递推法：递推算法是利用问题本身所具有的一种递推关系求问题解的一种方法，通过按照一定的规律来计算序列中的每个项，以得到后续序列中指定项的值。比如“斐波那契数列”。

（4）递归法：是指一个过程或函数在其定义或说明中有直接或间接调用自身的一种方法，递归算法包括直接递归和间接递归两部分。直接递归是一个算法直接调用自己；间接递归是一个算法 A 调用另一个算法 B，而算法 B 又调用算法 A。

（5）回溯法：在搜索包含问题的所有解的解空间树中，按照深度优先的策略，从根结点出发搜索解空间树。算法搜索至解空间树的任一结点时，先判断该结点是否肯定不包含问题的解，如果肯定不包含，则跳过对以该结点为根的子树的系统搜索，逐层向其父结点回溯。比如，人工智能机器人“八皇后问题”。

3.1.5　算法的评价标准

（1）正确性：指算法应满足具体问题的需求，算法的执行结果应该满足预先规定的功能和性能要求。这是算法的最基本要求。

（2）可读性：算法应该好读，以有利于阅读者对程序的理解。

（3）健壮性：算法应具有容错处理。当输入非法数据时，算法应对其作出反应，而不是产生莫名其妙的输出结果。

（4）效率与存储量需求：效率指的是算法执行的时间，也就是执行算法所需要的计算工作量。算法的时间复杂度如下：$T(n)=O(f(n))$，式中，n 为问题的规模；$f(n)$ 为基本操作的重复执行次数；大写字母 O 表示 $f(n)$ 与 $T(n)$ 相差一个常数倍。

存储量需求指算法执行过程中所需要的最大存储空间。算法的空间复杂度表示为 $S(n)=O(f(n))$。式中，n 为问题的规模；$f(n)$ 为基本操作的重复执行次数；大写字母 O 表示 $f(n)$ 与 $S(n)$ 相差一个常数倍。

3.2　C 语句的分类

语句的作用是向计算机系统发出操作指令，要求执行相应的操作。一个 C 语句经过编译后产生若干条机器指令。在 x=0、i++ 等表达式之后或 printf(…) 等函数调用之后加上一个分号“;”，它们就变成了语句，如下所示：

```
x=0;                                /* 表达式语句 */
i++;                                /* 表达式语句 */
printf(…);                          /* 函数调用语句 */
```

在 C 语言中，分号是语句结束符，而 Pascal 等语言却把分号用作语句之间的分隔符。

C 语句分为以下五类：

1. 控制语句

控制语句用于完成一定的控制功能。C 语言只有几种控制语句，它们的形式是：

条件语句：if ()…else…

循环语句：for()…、while()…、do…while()

结束本次循环语句：continue

终止执行 switch 语句或循环语句：break

多分支选择语句：switch

从函数返回语句：return

转向语句：goto（在结构化程序中基本不使用 goto 语句）

上面几种语句表示形式中的 () 表示括号中是一个“判别条件”，“…”表示内嵌的语句。例如“if()…else…”的具体语句可以写成 if (x>y) z=x; else z=y; 其中，x>y 是一个“判别条件”，z=x; 和 z=y; 是 C 语句，这两个语句是内嵌在 if…else 语句中的。这个 if…else 语句的作用是：先判别条件 x>y 是否成立，如果 x>y 成立，就执行内嵌语句 z=x;，否则执行内嵌语句 z=y;。

2. 函数调用语句

函数调用语句由一个函数调用加一个分号构成，例如：printf("This is a C statement. "); 其中 printf("This is a C statement.") 是一个函数调用，加一个分号构成一个语句。

3. 表达式语句

表达式语句由一个表达式加一个分号构成，最典型的是由赋值表达式构成一个赋值语句。例如：a=3 是一个赋值表达式，而 a=3; 是一个赋值语句。可以看到，在一个表达式的最后加一个分号就成了一个语句。一个语句必须在最后有一个分号，分号是语句中不可缺少的组成部分，而不是两个语句间的分隔符号。

4. 空语句

此语句只有一个分号，计算机执行空语句时什么也不做。那么空语句有什么用呢？它可以作为流程的转向点，也可用来作为循环语句中的循环体。

5. 复合语句

用一对花括号“{”与“}”把一组声明和语句括在一起就构成了一条复合语句（又称程序块），复合语句在语法上等价于单条语句。右花括号用于结束程序块，其后不需要加分号。复合语句中最后一个语句末尾的分号不能忽略不写。下面就是一条复合语句：

```
{
    float pi=3.14159,r=2.5,area;
    area=pi*r*r;
    printf("area=%f",area);
}
```

在顺序结构中，各语句是按自上而下的顺序执行的，执行完上一条语句就自动执行下一条语句，是无条件的，不必作任何判断，这是最简单的程序结构。实际上，在很多情况下，需要根据某个条件是否满足来决定是否执行指定的操作任务，或者从给定的两种或多种操作选择其一，这就是选择结构要解决的问题。

条件控制语句选择结构分为 if…else 结构与 switch…case 结构。

3.3 if 语 句

3.3.1 if 语句的三种形式

if 语句用来判定所给定的条件是否满足，根据判定结果（真或假）决定执行给出的操作。if 语句的三种形式如下：

1. if 语句——单分支结构

在 if 语句中，如果满足 if 后的条件，就进行相应的处理。在 C 语言中，if 语句的具体语法格式如下：

```
if(判断条件) 语句                    /* 没有else子句部分 */
```

也可以写成：

```
if(判断条件)
{
    程序块
}
```

上述语法格式中，判断条件的值只能是 0 或非 0。若判断条件的值为非 0，按“真”处理，执行其后的语句或 {} 中的语句；若判断条件的值为 0，按“假”处理，不执行其后的语句，直接退出 if 语句顺序往下执行。

if 语句的执行流程如图 3-5 所示。

图 3-5　if 语句流程图

【例 3.1】 输入两个整数，按代数值由大到小次序输出这两个数。

【程序代码】

```
#include<stdio.h>
int main()
{
    int a,b,t;
    scanf("%d,%d",&a,&b);
    if(a<b)
    {
        t=b;
        b=a;
        a=t;
    }
    printf("从大到小为: %d,%d\n",a,b);
    return(0);
}
```

【运行结果】

例 3.1 运行结果如图 3-6 所示。

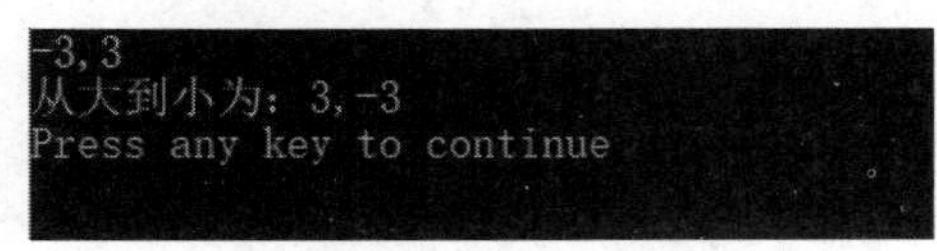

图 3-6　例 3.1 运行结果

【程序分析】

输入 -3 和 3 两个数给变量 a 和 b，用 if 语句进行判断，如果 a<b，使 a 和 b 的值互换，否则不互换。

请熟练掌握交换两个变量的值的方法，经过 if 语句的处理后，变量 a 是大数，b 是小数。依次输出 a 和 b，就实现了由大到小顺序的输出。

【例 3.2】 三只小猪的故事。

假设三只小猪的体重为整数，从键盘任意输入，编写程序使这三个整数从小到大排序，并将排序结果显示在屏幕上。

【解题思路】

（1）可先定义三个整型变量存储三只小猪的体重，然后定义一个整型变量作为交换两个整数时用到的中间变量；

（2）依次输入三只小猪的体重，输入值均为 int 型；

（3）之后对这三个数进行两两比较，使之从小到大排序，并输出到屏幕上。可以使用 if 条件判断语句进行判断。

在日常生活中也有此类问题需要做判断，比如，疫情防控期间健康码和行程码均为绿色时才可通过安检，若有一码为红色则不能通过安检。同样，在 C 语言中也经常需要对一些条件做判断决定执行哪一段代码，这时就需要使用选择结构语句。

不妨这样考虑：

（1）定义变量 a、b、c，它们均为 int 类型；

（2）使用输入函数获取三个数值，依次赋给 a、b、c；

（3）使用 if 语句进行条件判断，如果 a 大于 b，则借助中间变量 t 交换 a 和 b 的值，同理可以比较 a 和 c、b 和 c，最终得到的结果便是 a、b、c 的升序排列；

（4）使用输出函数将 a、b、c 依次输出。

【程序代码】

```
#include<stdio.h>
int main()
{
    int a,b,c,t;
    printf("请输入 a,b,c 的值：");
    scanf("%d,%d,%d",&a,&b,&c);
    if(a>b)
    {
        t=a;
        a=b;
        b=t;
    }
    if(a>c)
    {
        t=a;
        a=c;
        c=t;
    }
    if(b>c)
    {
        t=b;
        b=c;
        c=t;
    }
    printf("%d,%d,%d\n",a,b,c);
    return 0;
}
```

【运行结果】

例 3.2 的运行结果如图 3-7 所示。

```
请输入 a,b,c的值：12,25,3
3,12,25
Press any key to continue
```

图 3-7　例 3.2 运行结果

注意：当 if 后面有两条或两条以上语句时，加上 {}，不然程序运行往往无法达到预期效果。

【程序分析】

经过第 1 次互换值后，$a \leqslant b$，经过第 2 次互换值后，$a \leqslant c$，这样 a 已是三者中最小的（或最小者之一），但是 b 和 c 谁大还未解决，还需要进行比较甚至互换。经过第 3 次比较甚至交换后，$a \leqslant b \leqslant c$。此时，$a$、$b$、$c$ 三个变量已按由小到大顺序排列。顺序输出 a、b、c 的值即实现了由小到大输出这三个数。

2. if…else 语句——双分支结构

在 if…else 语句中，如果满足 if 后的条件，就进行相应的处理，否则就进行另一种处理。if…else 语句的具体语法格式如下：

```
if(判断条件)                              /*有else子句部分*/
    语句 1
else
    语句 2
```

也可以写成：

```
if(判断条件)
{
    语句 1
    …
}
else
{
    语句 2
    …
}
```

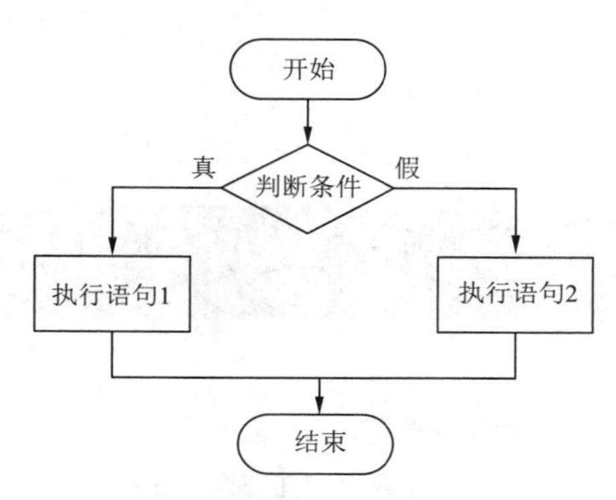

图 3-8　if…else 语句流程图

上述语法格式中，判断条件的值只能是 0 或非 0，若判断条件的值为非 0，按“真”处理，if 后面 {} 中的语句 1 部分会被执行；若判断条件的值为 0，按“假”处理，else 后面 {} 中的语句 2 部分会被执行。if…else 语句的执行流程如图 3-8 所示。

【例 3.3】按照 if…else 语句形式改写例 3.1，按代数值由大到小次序输出这两个数。

【程序代码】

```
#include<stdio.h>
void main()
{
    int a,b;
    printf("请输入a,b的值:\n");
    scanf("%d,%d",&a,&b);
    if(a>=b)
        printf("从大到小为：%d,%d\n",a,b);
    else
        printf("从大到小为：%d,%d\n",b,a);
}
```

【运行结果】

例 3.3 运行结果如图 3-9 所示。

```
请输入a,b的值:
5,8
从大到小为: 8,5
Press any key to continue
```

图 3-9　例 3.3 运行结果

【例 3.4】任意输入一个三位数，如果有且仅有两个数字相同，则输出 1，否则输出 0。

```
测试输入：123
预期输出：0
测试输入：555
预期输出：0
测试输入：252
预期输出：1
```

【程序代码】

```
#include<stdio.h>
int main()
{
    int a,b,c,d;
    scanf("%3d",&a);
    b=a/100;c=a/10%10;d=a%10;
    if((b==c&&c!=d)||(b==d&&d!=c)||(c==d&&d!=b))
        printf("1\n");
    else
        printf("0\n");
    return(0);
}
```

【运行结果】

例 3.4 的运行结果如图 3-10 所示。

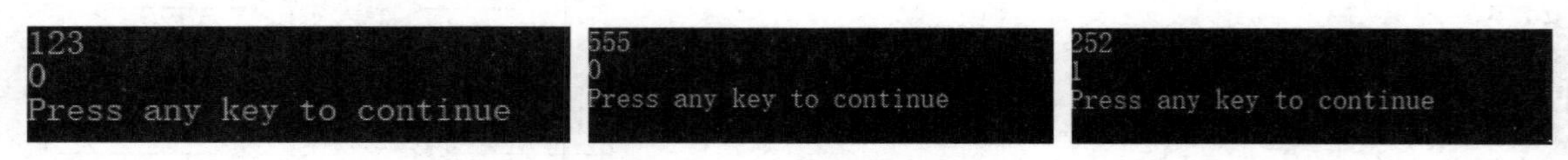

图 3-10　例 3.4 运行结果

【程序分析】

本题首先要将 3 位数的百位、十位、个位分解出来。如 3 位数为 a，则百位为 a/100；十位为 (a/10)%10；个位为 a%100；然后再比较这三个数。

【例 3.5】判断一个整数是否能被 3 整除或者百位数是 3，满足条件则输出该数，不满足条件输出提示信息。

【程序代码】

```
#include<stdio.h>
int main()
{
   int n;
   scanf("%d",&n);
   if((n%3)==0||(n/100)==3)
      printf("%d\n",n);
   else
      printf("排除此数\n");
   return(0);
}
```

【运行结果】

例 3.5 的运行结果如图 3-11 所示。

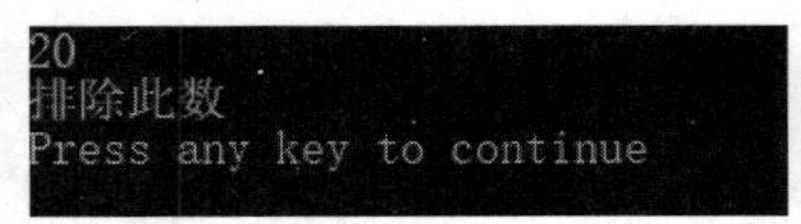

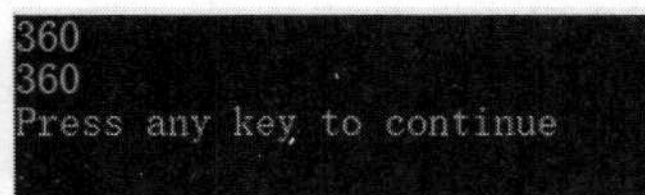

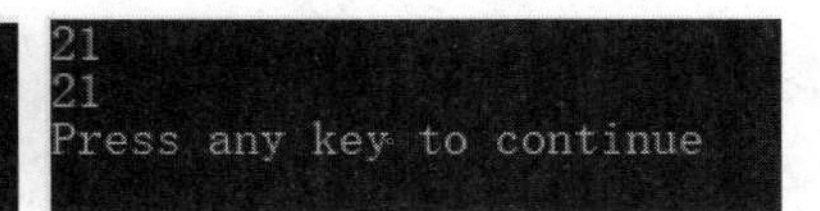

图 3-11　例 3.5 运行结果

【程序分析】

本题的关键是如何将能被 3 整除和百位数是 3 的数字表示出来，即用 n%3==0 代表数字 n 能被 3 整除，用 n/100 代表百位数是 3。

3. if…else if…else 语句——多分支结构

if…else if…else 语句用于对多个条件进行判断，从而进行多种不同的处理。if…else if…else 语句的具体语法格式如下：

```
if(判断条件 1)  语句 1                    /* 在 else 部分又嵌套了多层的 if 语句 */
else if(判断条件 2) 语句 2
    else if(判断条件 3) 语句 3
        …
        else if(判断条件 n) 语句 n
            else  语句 n+1
```

也可以写成：

```
if(判断条件 1)
{   语句 1     }
else if(判断条件 2)
{   语句 2    }
            …
    else  if(判断条件 n)
    {   语句 n     }
        else
        {   语句 n+1     }
```

上述语法格式中，判断条件的值只能是 0 或非 0，若判断条件的值为非 0，按“真”处理，if 后面 {} 中的语句 1 会被执行；若判断条件的值为 0，按“假”处理，继续执行判断条件 2；若判断条件 2 的值为非 0，则执行语句 2，依此类推。如果所有判断条件的值都为 0，意味着所有条件都不满足，else 后面 {} 中的执行语句 n+1 会被执行。if…else if…else 语句的执行流程如图 3-12 所示。

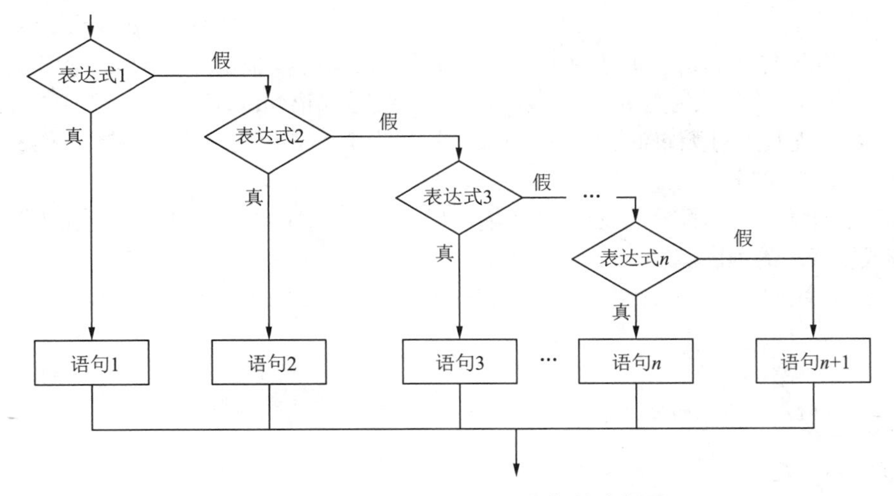

图 3-12　if…else if…else 语句的流程图

【例 3.6】输入三个数，按由大到小顺序输出。

【程序代码】

```
#include<stdio.h>
int main()
{
    int a,b,c;
    scanf("%d,%d,%d",&a,&b,&c);
    if(a>b&&a>c)
    {
        printf("%d,",a);
        if(b>c)
            printf("%d,%d\n",b,c);
        else
            printf("%d,%d\n",c,b);
    }else if(b>a&&b>c)
    {
        printf("%d,",b);
        if(a>c)
            printf("%d,%d\n",a,c);
        else
            printf("%d,%d\n",c,a);
    }else {
        printf("%d,",c);
        if(a>b)
            printf("%d,%d\n",a,b);
        else
            printf("%d,%d\n",b,a);
    }
    return(0);
}
```

【运行结果】

例 3.6 运行结果如图 3-13 所示。

图 3-13　例 3.6 运行结果

【程序分析】

（1）if 语句无论写在一行或几行上，都是一个整体，属于同一个语句。

（2）else 子句不能作为语句单独使用，它必须是 if 语句的一部分，与 if 配对使用。

（3）不要一看见“;”就认为是 if 语句结束了。在系统对 if 语句编译时，若发现内嵌语句结束（出现分号），还要检查其后有无 else，如果无 else，就认为整个 if 语句结束，如果有 else，则把 else 子句作为 if 语句的一部分。

【例 3.7】给出学生一个百分制成绩，要求输出成绩等级 A、B、C、D、E，根据学生的百分制成绩，编写判断其成绩等级的程序。

具体要求是：90 分以上为 A；80 ～ 89 分为 B；70 ～ 79 分为 C；60 ～ 69 分为 D；60 分以下为 E。

例如：

```
测试输入：89
预期输出：成绩是：89，相应的等级是 B
测试输入：56
预期输出：成绩是：56，相应的等级是 E
```

【程序代码】

```
#include <stdio.h>
int main()
{
    int score;
    scanf("%d",&score );
    if(score>=90)
        printf(" 成绩是：%d，相应的等级是 A\n", score);
    else if(score>=80 && score<90)
        printf(" 成绩是：%d，相应的等级是 B\n", score);
    else if(score>=70 && score<80)
        printf(" 成绩是：%d，相应的等级是 C\n", score);
    else if(score >=60 && score<70)
        printf(" 成绩是：%d，相应的等级是 D\n", score);
    else
        printf(" 成绩是：%d，相应的等级是 E\n", score);
    return(0);
}
```

【运行结果】

例 3.7 的运行结果如图 3-14 所示。

```
89
成绩是：89，相应的等级是B
Press any key to continue
```

```
56
成绩是：56，相应的等级是E
Press any key to continue
```

图 3-14　例 3.7 运行结果

3.3.2　if 语句的嵌套

当一个 if 语句中存在一个或者多个 if 语句时，称为 if 语句的嵌套，其形式如下：

```
if()
    if()   语句 1  ┐
    else() 语句 2  ┘ 内嵌 if
else
    if()   语句 3  ┐
    else() 语句 4  ┘ 内嵌 if
```

一定要注意 if 与 else 的配对关系。从最内层开始，else 总是与它上面最近的（尚未配对的）if 配对。假如写成：

```
if()
    if()   语句 1  ┐
else               │
    if()   语句 2  │ 内嵌 if
else()     语句 3  ┘
```

把 else 写在与第一个 if（外层 if）同一列上，希望 else 与第一个 if 对应，但实际上 else 是与第二个 if 配对，因为它们相距最近。因此最好使内嵌 if 语句也包含 else 部分，这样 if 的数目和 else 的数目相同，从内层到外层一一对应。

如果 if 与 else 的数目不一样，可以加“{ }”确定配对关系。例如：

```
if()
{
    if() 语句 1  } 内嵌 if
}
else     语句 2
```

这时“{}”限定了内嵌 if 语句的范围，因此 else 与第一个 if 配对。

【例 3.8】有一函数：

$$y=\begin{cases}-1, & x<0\\ 0, & x=0\\ 1, & x>0\end{cases}$$

编写程序，输入一个 x 值，输出 y 值。

方法 1：

【程序代码】

```
#include<stdio.h>
void main()
{
    float x;
    int y;
    printf(" 请输入 x 的值：");
    scanf("%f",&x);
    if(x<0)
       y=-1;
    else
       if(x==0)
          y=0;
       else y=1;
    printf("y 的值为：%d \n",y);
}
```

【运行结果】

例 3.8 方法 1 的运行结果如图 3-15 所示。

```
请输入x的值：1
y的值为：1
Press any key to continue
```

图 3-15　例 3.8 方法 1 运行结果

方法 2：将上面程序的 if 语句改为：

【程序代码】

```
#include<stdio.h>
void main()
{
    float x;
    int  y;
    printf(" 请输入 x 的值：");
    scanf("%f",&x);
    if(x==0)
      y=0;
    else{
      if(x>0)
         y=1;
      else
         y=-1;
    }
    printf("y 的值为：%d\n",y);
}
```

【运行结果】

例 3.8 方法 2 的运行结果如图 3-16 所示。

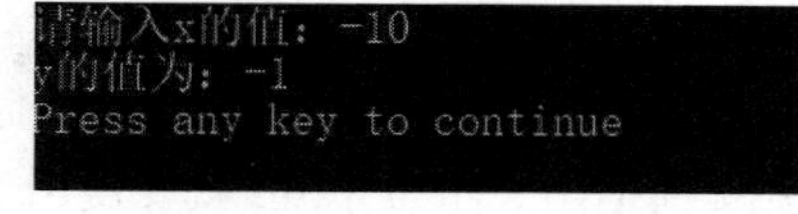

图 3-16　例 3.8 方法 2 运行结果

一定认真判别嵌套 if 中各个 if 与 else 的配对关系以及在程序中对嵌套 if 的书写格式。为保证准确性及格式清晰，一般把内嵌的 if 语句放在外层的 else 子句中，这样由于有外层的 else 相隔，内嵌的 else 不会被误认为和外层的 if 配对，而只能与内嵌的 if 配对。同时写程序时也应注意整体格式，在进行选择结构和循环结构的书写时应采用锯齿形的缩进为最佳。

3.4　switch 语句

switch 语句是多分支选择语句，也是一种很常用的选择语句，和 if 条件语句不同，它只能针对某个表达式的值做出判断，从而决定程序执行哪一段代码。在 switch 语句中，switch 关键字后面有一个表达式，case 关键字后面有目标值，当表达式的值和某个目标值相等（称为匹配）时，会执行对应的 case 语句。

现实生活中常常需要用到多分支的选择。例如，学生成绩分类（90 分以上为 A 等、80 ～ 89 分为 B 等、70 ～ 79 分为 C 等……），人口统计分类（按年龄分为老、中、青、少、儿童），工资统计分类，银行存款分类等。当然这些都可以用嵌套的 if 语句来处理，但如果分支较多，则嵌套的 if 语句层数多，程序冗长而且可读性降低。

C 语言提供 switch 语句直接处理多分支选择结构，它的一般形式如下：

```
switch(表达式)
{
    case  常量表达式 1: 语句 1
    case  常量表达式 2: 语句 2
    …
    case  常量表达式 n: 语句 n
    default: 语句 n+1
}
```

其执行过程是：先计算“表达式”的值，然后自上而下将它与 case 后面的常量表达式比较。若等于某个常量表达式（由常量和运算符构成的表达式），控制就转向该常量表达式后面的语句去执行。若“表达式”的值与每个常量表达式的值都不相等，而其中有 default 子句，则控制转向这个子句去执行；若没有 default 子句，则该 switch 语句无结果，相当于空语句。其控制流程图如图 3-17 所示。

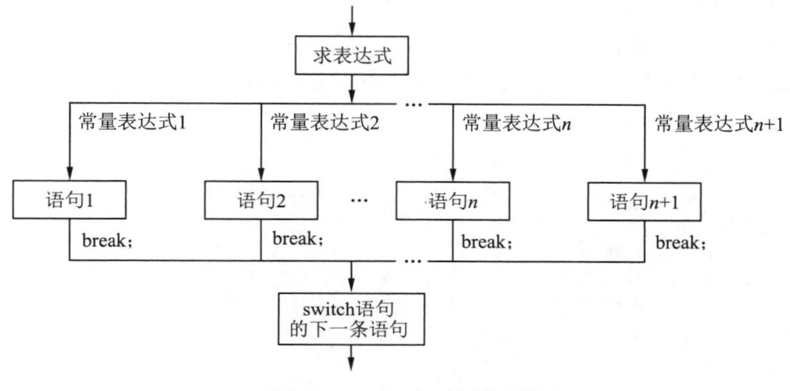

图 3-17　switch 控制流程图

case 后的语句，既可以是单条语句，也可以是多条语句，多条语句时，不用加花括号将多条语句括起来。case 常量表达式和 default 子句可以按任意顺序出现，并不改变控制流程。在运行中要提前退出 switch 语句，就要使用 break 语句。一般地，使用带 break 语句的 switch 语句格式如下：

```
switch(表达式)
{
    case  常量表达式 1: 语句 1;break;
    case  常量表达式 2: 语句 2;break;
    …
    case  常量表达式 n: 语句 n;break;
    default: 语句 n+1;break;
}
```

一个 switch 语句可以测试一个变量等于多个值的情况（每个值对应一个 case），被测试的变量会对 switch 下的每个 case 进行检查。当被测试的变量等于某个 case 后的常量时，该 case 后的语句将被执行，直至遇到 break 语句或 switch 语句最后的右花括号为止。当遇到 break 语句时，switch 终止，控制流将跳转到 switch 语句后的下一条语句。不是每一个 case 都需要包含 break。如果分支后不包含 break，控制流将会继续执行后续 case 后的语句，直至遇到 break 语句或 switch 语句最后的右花括号为止。

关于 switch 语句的说明：

（1）switch 后面括号内的“表达式”，可以是整型、字符型或枚举型，不能是实型。

（2）当表达式的值与某一个 case 后面的常量表达式的值相等时，就执行此 case 后面的语句，若所有 case 中的常量表达式的值都没有与表达式的值匹配，就执行 default 后面的语句。

（3）每一个 case 后的常量表达式（只能是常量或者常量表达式）的值互不相同，否则就会出现互相矛盾的现象（对表达式的同一个值，有两种或多种执行方案）。

（4）各个 case 的出现次序不影响执行结果。例如，可以先出现“case '4': …”，然后是“case '1': …”。

（5）为了在执行一个分支后，使流程跳出 switch 结构（即终止 switch 语句的执行），可以用 break 语句达到此目的，否则执行完一个分支后面的语句后，流程控制会转移到下一个分支继续执行。因此，解决应用问题时，应注意在每个分支后面的语句中，都要加 break 语句（除最后一个分支可以不加），以结束 switch 语句。

注意：“case 常量表达式 :”只是起语句标号作用，并不是在该处进行条件判断。在执行 switch 语句时，根据 switch 后面表达式的值找到匹配的入口标号，就从此标号开始执行下去，不再进行判断。

（6）在 case 后面允许出现多条语句，可以不用 {} 括起来，计算机会顺序执行每一条语句。

（7）default 可以省略不写，若 switch 后表达式的值与所有 case 后常量表达式的值都不相同时，直接退出 switch 语句顺序往下执行。

前面使用 if 语句实现了根据考试百分制成绩打印成绩等级的功能，下面使用 switch 语句实现相同的功能。

```
switch(rank)
{
    case 1:printf(" 成绩等级为 :A\n"); break;
    case 2:printf(" 成绩等级为 :B\n"); break;
    case 3:printf(" 成绩等级为 :C\n"); break;
    case 4:printf(" 成绩等级为 :D\n"); break;
    case 5:printf(" 成绩等级为 :E\n"); break;
    default:printf(" 输入值错误 \n");
}
```

等级 rank 定义为字符变量，从键盘输入一个成绩，赋给变量 s，switch 得到 rank 的值并把它和各 case 中给定的值（'1'，'2'，'3'，'4'，'5'）逐一比较，如果和其中之一相同，则执行该 case 后面的语句（即 printf() 函数调用语句），输出相应的信息。如果输入的字符与 '1'、'2'、'3'、'4'、'5' 都不相同，就执行 default 后面的语句，输出“输入值错误”信息。

【例 3.9】 输入 x，求分段函数：

x ∈ [0,10) 时，y=cos(x+3.0)；

x ∈ [10,20) 时，y=cos^2(x+7.5)；

x ∈ [20,30) 时，y=cos^4(x+4.0)。

如果 x 不在定义域内，输出“No define”，否则输出 y，并保留 5 位小数。

测试输入：40

预期输出：No define

测试输入：11.26

预期输出：0.99200

【程序代码】

```
#include<stdio.h>
#include<math.h>
int main()
{
    float a;
    int x;
    scanf("%f",&a);
    x=(a/10)+1;
    switch(x)
    {
        case 1: printf("%.5f\n",cos(a+3.0)); break;
        case 2: printf("%.5f\n",pow(cos(a+7.5),2)); break;
        case 3: printf("%.5f\n",pow(cos(a+4.0),4)); break;
        default: printf("No define\n");
    }
    return(0);
}
```

【运行结果】

例 3.9 的运行结果如图 3-18 所示。

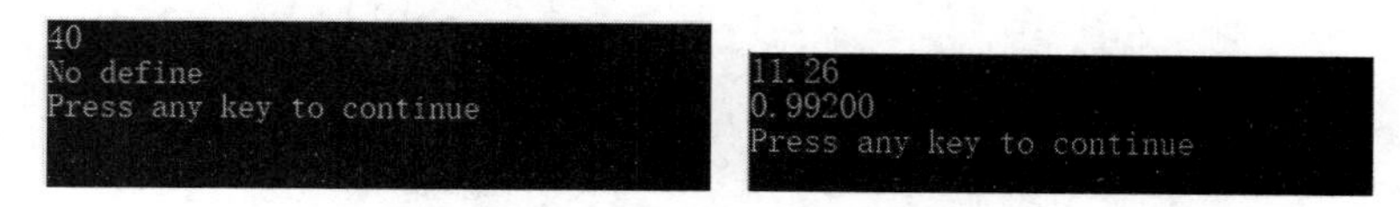

图 3-18 例 3.9 运行结果

【例 3.10】 用 switch 结构改写根据考试成绩打印出五分制成绩等级。

【程序代码】

```
#include<stdio.h>
int main()
{
    int score;
    char grade;
    scanf("%d", &score);
    switch(score/10)
```

```
    {
        case 10:
        case 9:    grade='A';   break;
        case 8:    grade='B';   break;
        case 7:    grade='C';   break;
        case 6:    grade='D';   break;
        default:   grade='E';
    }
    printf("成绩是：%d，相应的等级是 %c\n",score,grade);
    return 0;
}
```

【运行结果】

例 3.10 的运行结果如图 3-19 所示。

```
成绩是：89,相应的等级是B
Press any key to continue
```

```
56
成绩是：56,相应的等级是E
Press any key to continue
```

图 3-19　例 3.10 运行结果

说明：

（1）最后一个分支可以不加 break 语句。

（2）在 case 后面虽然包含一条以上执行语句，但不必用花括号将这些语句括起来，会自动顺序执行本 case 后面所有语句，当然加上花括号也可以。

【例 3.11】 简易计算器：先输入两个整数和一个运算符（+ - * / %），然后输出这两个数字进行该运算的结果。

【程序代码】

```
#include<stdio.h>
int main()
{
    int a,b;
    char ch;
    scanf("%d%c%d",&a,&ch,&b);
    switch(ch)
    {
        case '+':  printf("%d+%d = %d\n",a,b,a+b);    break;
        case '-':  printf("%d-%d = %d\n",a,b,a-b);      break;
        case '*':  printf("%d*%d = %d\n",a,b,a*b);    break;
        case '/':  printf("%d/%d = %d\n",a,b,a/b);      break;
        case '%':  printf("%d%% %d = %d\n",a,b,a%b);   break;
        default:   printf("input error\n");
    }
    return 0;
}
```

【运行结果】

例 3.11 的运行结果如图 3-20 所示。

```
3-1
3-1 = 2
Press any key to continue
```

图 3-20　例 3.11 运行结果

switch 语句与 if 语句在使用方面的不同：

（1）switch 语句只进行相等与否的判断；而 if 语句还可以进行大小范围上的判断。

（2）switch 无法直接处理浮点数，case 后标签值必须是常量；而 if 语句则可以对浮点数进行判断。

（3）若要根据几个常量，如"1，2，3，…"或"A，B，C，…"进行选择时，可优先使用switch语句，使用switch构造的代码结构清晰，可读性较好。虽然使用if嵌套语句可以实现同样的功能，但是其可读性较差，容易出现漏判或重复判断等情况。

（4）当需要处理逻辑表达式时，只能使用if语句，因为switch无法进行逻辑判断。

分支结构的执行是依据一定的条件选择执行路径，而不是严格按照语句出现的物理顺序，适合带有逻辑或关系比较等条件判断的计算。编程之前，需要先分析程序中所处理的数据、构造合适的分支条件以及程序流程，再将程序流程用程序流程图绘制出来，最后根据程序流程写出源程序。这样可以把程序的分析、算法流程与程序实现分开，使得问题简单化，易于理解。

下面学习几个常见的程序实例。

3.5 程序举例

【例3.12】编写程序，判断某一年是否为闰年。

【程序代码】

```
#include<stdio.h>
void main()
{
    int year;
    printf("请输入年份：\n");
    scanf("%d",&year);
    if((year%4==0&&year%100!=0)||year%400==0)
        printf("%d是闰年\n",year);
    else
        printf("%d不是闰年\n",year);
}
```

【运行结果】

例3.12的运行结果如图3-21所示。

图3-21 例3.12运行结果

【程序分析】

（1）判断年份是闰年的条件是：能被4整除但不能被100整除或能被4整除且又能被400整除。假设用变量year表示年份，当((year%4==0&&year%100!=0)||year%400==0)为1时，year为闰年，否则为非闰年。如果要判别非闰年可在上述表达式前加逻辑非运算符。即：当!((year%4==0&&year%100!=0)||year%400==0)为1时，year为非闰年。

（2）在书写程序时要注意if与else的对应关系，并在书写时注意书写格式，尽量采取锯齿状排列，可直截了当地交代嵌套关系，避免发生错误。

【例3.13】求一元二次方程 $ax^2+bx+c=0$ 的解。

有以下几种可能：

① $a = 0$，不是二次方程。

② $b^2-4ac = 0$，有两个相等实根。

③ $b^2-4ac > 0$，有两个不等实根。

④ $b^2-4ac < 0$，有两个共轭复根。

【程序代码】

```
#include<stdio.h>
#include<math.h>
int main()
{
    double a,b,c,disc,x1,x2,realpart,imagpart;
    scanf("%lf,%lf,%lf",&a,&b,&c);
    printf("The equation ");
    if(fabs(a)<1e-8)
        printf("is not a quadratic\n");
    else{
        disc=b*b-4*a*c;
        if(fabs(disc)<1e-8)
            printf("has two equal roots:%8.4f\n",-b/(2*a));
        else
            if(disc>1e-8)
            {
                x1=(-b+sqrt(disc))/(2*a);
                x2=(-b-sqrt(disc))/(2*a);
                printf("has distinct real roots:%8.4f and %8.4f\n",x1,x2);
            }
            else{
                realpart=-b/(2*a);
                imagpart=sqrt(-disc)/(2*a);
                printf("has complex roots:\n");
                printf("%8.4f+%8.4fi\n",realpart,imagpart);
                printf("%8.4f-%8.4fi\n",realpart,imagpart);
            }
    }
    return 0;
}
```

【运行结果】

例 3.13 的运行结果如图 3-22 所示。

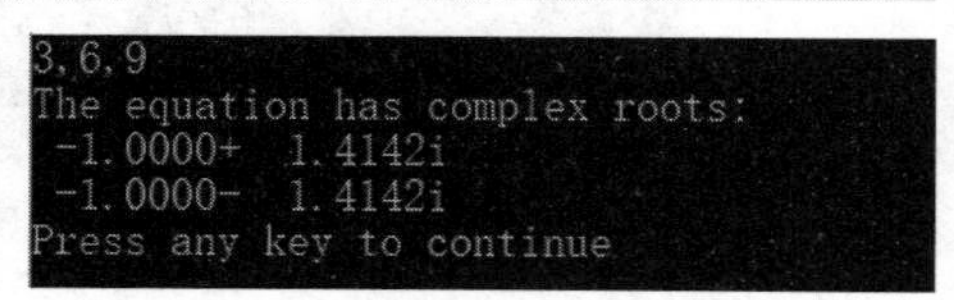

图 3-22 例 3.13 运行结果

【程序分析】

程序中 realpart 代表实部 p，imagpart 代表虚部 q，disc 代表 b^2-4ac。程序设计为先计算 disc 的值，根据 b^2-4ac 的值进行判断，此方法有效减少重复计算的次数。在对 b^2-4ac 进行判断是否等于 0 时，注意由于 disc（即 b^2-4ac）是实数，而实数在计算和存储时会有一些微小的误差，所以这里不能直接进行 if(disc==0) 的判断，因为这样可能会出现本来是零的量、由于上述误差而被判别为不等于零而导致结果出错。所以采取判别 disc 的绝对值 fabs(disc) 是否小于一个很小的数(如 10^{-8})的办法，如果小于此数，就认为 disc=0。

在输出复根时，先分别计算出其实部与虚部，为能输出“p+qi”这样的复数形式，在 printf() 函数的格式字符串中在输出虚部的格式声明（%8.4f）后面加一个普通字符 'i'。

【例 3.14】 运输公司对用户计算运费。距离（s）越远，每千米运费越低，标准如下：

$s < 250$	没有折扣
$250 \leqslant s < 500$	2% 折扣
$500 \leqslant s < 1\ 000$	5% 折扣
$1\ 000 \leqslant s < 2\ 000$	8% 折扣
$2\ 000 \leqslant s < 3\ 000$	10% 折扣
$3\ 000 \leqslant s$	15% 折扣

【解题思路】

设每吨每千米货物的基本运费为 p（price 的缩写），货物质量为 w（weight 的缩写），距离为 s，折扣为 d，则总运费 f 的计算公式为 $f=p \times w \times s \times (1-d)$。

经过仔细分析发现折扣的变化是有规律的：从已给标准可以看到，折扣的“变化点”都是 250 的倍数（250、500、1 000、2 000、3 000）。利用这一特点，可以在横轴上加坐标 c，c 的值为 s/250。c 代表 250 的倍数。当 c<1 时，表示 s<250，无折扣；$1 \leqslant c<2$ 时，表示 $250 \leqslant s<500$，折扣 d=2%；$2 \leqslant c<4$ 时，d=5%；$4 \leqslant c<8$ 时，d=8%；$8 \leqslant c<12$ 时，d=10%；$x \geqslant 12$ 时，d=15%。

【程序代码】

```
#include<stdio.h>
int main()
{
    int c,s;
    float p,w,d,f;
    printf("please enter price,weight,discount:");   /* 提示输入的数据 */
    scanf("%f,%f,%d",&p,&w,&s);                       /* 输入单价、质量和距离 */
    switch(s/250)
    {
        case 0:  d=0;   break;
        case 1:  d=2;   break;
        case 2:
        case 3:  d=5;   break;
        case 4:
        case 5:
        case 6:
        case 7:  d=8;   break;
        case 8:
        case 9:
        case 10:
        case 11: d=10;  break;
        default: d=15;
    }
    f=p*w*s*(1-d/100);                                /* 计算总费用 */
    printf("freight=%10.2f\n",f);                     /* 输出总费用，取两位小数 */
    return 0;
}
```

【运行结果】

例 3.14 的运行结果如图 3-23 所示。

```
please enter price,weight,discount:120,150,200
freight=3600000.00
Press any key to continue
```

图 3-23 例 3.14 运行结果

【程序分析】

（1）此例的重点是找出题目中给出的关系，比如折扣 z 与距离 s 的关系等。在找到关系的情况下，通过逻辑规律，细心观察分析，问题就变得简单清晰，容易解答。若没有找到任何规律，不建议使用 switch 语句处理，可以使用嵌套的 if 语句（if…else if…else 形式）处理。

（2）程序中 c 和 s 是整型变量，因此计算 c=s/250 的结果为整数。

（3）变量名尽量采用"见名知意"的取名方法，如在本例中用 price、weight 等作为变量名，这样可以很容易地理解各变量的含义，增强了程序的可读性。在其他例题中，考虑到多数读者的习惯，没有采用较长的变量名而采用长度较短的单词的首字母或缩写作为变量名，便于了解含义。在自主练习时，可根据实际情况自行决定变量名。

（4）printf(" 请输入运输的单价 :")、printf(" 请输入所要运输货物的质量 :")、printf(" 请输入所要运输货物的距离 :") 此类语句的作用是向用户提示应输入什么数据，以方便用户使用，避免出错，形成友好的界面。建议读者在编写程序（尤其是供别人使用的应用程序）时也这样做，在使用 scanf() 函数输入数据前，使用 printf() 函数输出必要的"提示信息"。

【例 3.15】编写程序，将 24 小时制转换成 12 小时制。要求用户输入 24 小时制的时间，然后显示 12 小时制的时间。

输入格式：

输入中间带有":"（半角的冒号）的 24 小时制的时间，如 12:34 表示 12 点 34 分。当小时或分钟数小于 10 时，均没有前导的零，如 5:6 表示 5 点零 6 分。

提示： 在 scanf() 函数的格式字符串中加入":"，让 scanf() 函数处理该冒号。

输出格式：

输出该时间对应的 12 小时制的时间，数字部分格式与输入的相同，然后跟上空格，再跟上表示上午的字符串 AM 或表示下午的字符串 PM。如 5:6 PM 表示下午 5 点零 6 分。

注意： 在英文的习惯中，中午 12 点被认为是下午，所以 24 小时制的 12:00 就是 12 小时制的 12:0 PM；而 0 点被认为是第二天的时间，所以是 0:0 AM。

【程序代码】

```
#include<stdio.h>
int main()
{
    int hour,minute;
    scanf("%d:%d",&hour,&minute);
    if(hour>=0&&hour<=11)
        printf("%d:%d AM\n",hour,minute);
    else  if(hour>11&&hour<24)
        if(hour==12)
            printf("%d:%d PM\n",hour,minute);
        else
            printf("%d:%d PM\n",hour-12,minute);
    return 0;
}
```

【运行结果】

例 3.15 的运行结果如图 3-24 所示。

```
16:30
4:30 PM
Press any key to continue
```

图 3-24　例 3.15 运行结果

【程序分析】

此程序通过 if 语句判断区分输入时间的形式，将 24 小时划分成小于 12、等于 12、大于 12 三部分，下一步对输入的 24 小时制转化成 12 小时制。

【例 3.16】三天打鱼两天晒网。

中国有句俗语叫“三天打鱼两天晒网”。假设某人从某天起，开始“三天打鱼两天晒网”，问这个人在以后的第 N 天中是“打鱼”还是“晒网”？

输入格式：输入一个不超过 1 000 的正整数 N。

输出格式：输出此人在第 N 天中是“Fishing”（即“打鱼”）还是“Drying”（即“晒网”），并且输出“这天在打鱼”或“这天在晒网”。

【程序代码】

```
#include<stdio.h>
int main()
{
    int N;
    printf("请输入所选天数:");
    scanf("%d",&N);
    if(N%5==1||N%5==2||N%5==3)
        printf("这天在打鱼\n",N);
    else
        printf("这天在晒网\n",N);
    return 0;
}
```

【运行结果】

例 3.16 的运行结果如图 3-25 所示。

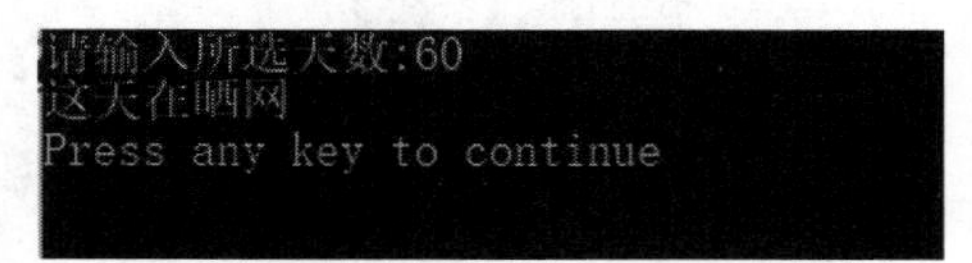

图 3-25　例 3.16 运行结果

【程序分析】

此程序主要通过简单数学公式将输入的天数对 5 取余，余数为 1 ～ 3 时则在“打鱼”；余数为 0 或者 4 时则在“晒网”。

小　　结

（1）算法是对特定问题求解步骤的一种描述，具有有穷性、确定性、可行性、输入和输出特征，主要有自然语言、传统流程图、N-S 图、伪代码以及计算机高级语言集中表示方法。

（2）算法设计的基本方法主要有：列举法、归纳法、递推法、递归法和回溯法；算法的评价标准主要有：正确性、可读性、健壮性和效率与存储量需求。

（3）C 语句主要分为控制语句、函数调用语句、表达式语句、空语句、复合语句五种。

（4）选择结构语句是 C 语言中最基本的流程控制语句之一。条件控制语句选择结构分为 if…else 和 switch…case 两种结构。

习　题　三

一、单选题

1. 下列叙述中正确的是（　　）。

A. 算法就是程序　　　　B. 设计算法时只需考虑结果的可靠性

C. 设计算法时只需考虑数据结构的设计　　D. 以上三种说法都不对

2. 算法的有穷性是指（　　）。

A. 算法程序的运行时间是有限的　　B. 算法程序所处理的数据量是有限的

C. 算法程序的长度是有限的　　D. 算法只能被有限的用户使用

3. if 语句的基本形式是：if(表达式) 语句，以下关于“表达式”值的叙述中正确的是（　　）。

A. 必须是逻辑值　　B. 必须是整数值

C. 必须是正数　　D. 可以是任意合法的数值

4. 执行以下程序段的输出结果是（　　）。

```
int x=5;
if(x--<5) printf("%d",x);
else printf("%d",x++);
```

A. 3　　B. 4　　C. 5　　D. 6

5. 以下不正确的 if 语句是（　　）。

A. if(x>y) printf(" %d\n",x);　　B. if(x==y)&&(x!=0) x+=y;

C. if(x!= y) scanf(" %d",&x);　　D. if(x>y) {x++; y++;}

6. 执行以下程序段的输出结果是（　　）。

```
char c='a';
if('a'<c<='z') printf("LOW");
else printf("UP");
```

A. LOW　　B. UP　　C. LOWUP　　D. 语法错误

7. 执行以下程序段后的输出结果是（　　）。

```
int i =-1;
if(i<=0)  printf("****  \n")
else  printf("%%%%\n");
```

A. ****　　B. 有语法错，不能正确执行

C. %%%%c　　D. %% %%

8. 下列描述正确的是（　　）。

A. 在 switch 中必须使用 break 语句

B. break 语句只能用于 switch 中

C. 在 switch 中可根据需要使用或不使用 break 语句

D. break 语句是 switch 的一部分

9. 以下不正确的 if 语句形式是（　　）。

A. if (x>y && x!=y);

B. if (x= =y) x+=y;

C. if (x!=y) scanf("%d",&x) else scanf("%d",&y);

D. if (x<y) {x++;y++;}

10. 执行以下程序段的输出结果是（　　）。

```
int i=1,j=2,k=3;
if(i++==1 && (++j==3||k++==3))
   printf("%d,%d,%d",i,j,k);
```

A. 1,2,3　　B. 2,3,4　　C. 2,2,3　　D. 2,3,3

11. 已知 int x=10,y=20,z=30;，执行以下语句后 x、y、z 的值是（　　）。

```
if(x>y)
z=x;x=y;y=z;
```

A. x=10,y=20,z=30　B. x=20,y=30,z=30　C. x=20,y=30,z=10　D. x=20,y=30,z=20

12. 以下语法正确的 if 语句是（　　）。

A. if(x>0)
printf("%f",x)
else printf("%f", -x);

B. if(x>0)
{x=x+y;printf("%f",x)};
else printf("%f", -x);

C. if(x>0)
{x=x+y;printf("%f", x) ;)};
else printf("%f", -x);

D. if(x>0)
{x=x+y;printf("%f"),x}
else printf("%f",-x);

13. 以下程序（　　）。

```
#include<stdio.h>
int main()
{
    int a=5,b=0,c=0;
    if(a=b+c)  printf(" *** \n");
    else  printf("$ $ $ \n");
    return 0;
}
```

A. 有语法错不能通过编译　B. 可以通过编译但不能通过连接
C. 输出 ***　D. 输出 $ $ $

14. 以下程序段的输出结果是（　　）。

```
int a=10,b=50,c=30;
if(a>b)  a=b,
b=c; c=a;
printf("a=%d b=%d c=%d\n",a,b,c);
```

A. a=10 b=30 c=10　B. a =10 b= 50 c=10　C. a=50 b=30 c=10　D. a=50 b=30 c=50

15. 当 a=1、b=3、c=5、d=4 时，执行以下程序段后 x 的值是（　　）。

```
if(a<b)
    if(c<d)  x=1;
    else
        if(a<c)
            if(b<d)  x=2;
            else  x=3;
        else  x=6;
    else x=7;
```

A. 1　B. 2　C. 3　D. 6

16. 以下程序的输出结果是（　　）。

```
#include<stdio.h>
int main()
{   int a=100,x=-10,y=20,ok1=5,ok2=0;
    if(x<y)
    if(y!=10)
        if(!ok1)
            a=1;
        else
            if(ok2) a=10;
```

```
    a=-1;
    printf("%d\n",a) ;
    return 0;
}
```

A. 1　　B. 0　　C. -1　　D. 值不确定

17. 以下程序的输出结果是（　　）。

```
#include<stdio.h>
int main()
{   int x=2,y=-1,z=2;
    if(x<y)
    if(y<0)  z=0;
    else   z+=1;
    printf("%d\n",z);
    return 0;
}
```

A. 3　　B. 2　　C. 1　　D. 0

18. 为了避免在嵌套的条件语句 if…else 中产生二义性，C 语言规定 else 子句总是与（　　）配对。

A. 缩排位置相同的 if　　B. 其之前最近的 if

C. 其之后最近的 if　　D. 同一行上的 if

19. 以下程序的输出结果是（　　）。

```
#include<stdio.h>
int main()
{   int x=1;
    if(x==2)
        printf("OK");
    else if(x<2)  printf("% d\n",x);
        else  printf("Quit");
    return 0;
}
```

A. OK　　B. Quit　　C. 1　　D. 无输出结果

20. 以下程序的输出结果是（　　）。

```
#include<stdio.h>
int main()
{   int a=5,b=8,c=3, max;
    max=a;
    if(c>b)
    if(c>a)
        max=c;
    else if(b>a)
        max=b;
    printf("max=%d\n", max);
    return 0;
}
```

A. max=8　　B. max=5　　C. max=3　　D. 无输出结果

二、判断题

1. 在“if(表达式) 语句 1 else 语句 2”结构中，如果表达式为 a>10，则 else 的条件隐含为 a<10。（　　）

2. C 语言规定：else 总是与它上面的、最近的、尚未配对的 if 配对。（　　）

3. 在 if 语句的三种形式中，如果要想在满足条件时执行一组（多个）语句，则必须把这一组语句用 {} 括起来组成一个复合语句。　（　　）

4. 各种形式的 if 语句是不能互相嵌套的。　（　　）

5. if(a>b) printf("%d",a); else printf("%d",b); 语句可以用 printf("%d",a>b?a:b); 替代。　（　　）

三、填空题

1. 下面程序段中共出现了________处语法错误。

```
int a,b;
scanf("%d",a);
b=2a;
if(b>0)
    printf("%b",b);
```

2. 以下程序的输出结果是________。

```
#include<stdio.h>
int main()
{
    int m=5;
    if(m++>5)
       printf("%d\n",m);
    else
       printf("%d\n",m--);
    return 0;
}
```

3. 若通过键盘输入 6 和 8 时，执行下述程序的结果为________。

```
#include<stdio.h>
int main()
{
    int a,b,s;
    scanf("%d%d",&a,&b);
    s=a;
    if(a<b)
       s=b;
    s*=s;
    printf("%d",s);
    return 0;
}
```

4. 以下程序段的运行结果是________。

```
#include<stdio.h>
int main()
{
    float a=3.1,b;
    if(a<3)
       b=0;
    else  if(a<6)
       b=a*=a+1;
    else  if(a<9)
       b=a*10;
    else
       b=10.0;
    printf("%f\n",b);
    return 0;
}
```

5. 以下程序段的运行结果是________。

```
#include<stdio.h>
int main()
{
    int x=1,y=0;
    if(!x) y++;
    else if(x==0)
        if(x) y+=2;
        else y+=3;
    printf("%d\n",y);
    return 0;
}
```

6. 若运行以下程序时输入：2<回车>，则程序的运行结果是________。

```
#include<stdio.h>
int main()
{
    char class:
    printf("Enter 1 for 1st class post or 2 for 2nd post");
    scanf("%c", &class);
    if(class=='1')
        printf("1st class postage is 19p");
    else
        printf("2nd class postage is 14p");
    return 0;
}
```

7. 若运行以下程序时输入：1605<回车>，则程序的运行结果是________。

```
#include<stdio.h>
int main()
{
    int t, h, m;
    scanf("%d", &t);
    h=(t /100)%12;
    if(h==0)
       h=12 :
           printf("%d:", h);
    m=t%100;
    if(m<10)
       printf("0");
    printf("%d", m);
    if(t<1200 || t==2400)
       printf("AM");
    else printf(" PM");
    return(0);
}
```

8. 若运行以下程序时输入：5999<回车>，则程序的运行结果（保留小数点后一位）是________。

```
#include<stdio.h>
int main()
{
    int x;
    float y;
    scanf("%d", &x);
    if(x>=0&&x<=2999)
```

```
        y=18+0.12*x;
    if(x>=3000&&x<=5999)
        y=36+0.6*x;
    if(x>=6000&&x<=10000)
        y=54+0.3*x;
    printf("%6.1f", y);
    return(0);
}
```

9. 以下程序的运行结果是________。

```
#include<stdio.h>
int main()
{
    int  a, b.c, d, x;
    a=c=0;
    b=1;
    d=20;
    if(a)
       d=d-10;
    else if(!b)
       if(!c)
           x=15;
       else  x=25;
    printf("%d\n",d);
    return(0);
}
```

10. 若从键盘输入53，则以下程序输出的结果是________。

```
#include<stdio.h>
void main()
{
    int a;
    printf("请输入数字:");
    scanf("%d", &a);
    if(a>50)
        printf("%d",a);
    if(a>40)
        printf("%d",a);
    if(a>30)
        printf("%d\n",a);
}
```

四、简答题

1. C语言中，什么基本数据类型不能做switch()的参数？
2. C语言中的语句有几类？控制语句有哪些？
3. 什么是算法？算法有哪些特性？从日常生活中举出几个算法的例子。
4. 算法有哪些描述方法？各有哪些优缺点？

五、程序设计题

已知x（x从键盘随机输入）求y，请根据下面x和y的关系编写程序。

（1）x==0时y保持-1；

（2）x!=0&&x>0时y=1；

（3）x!=0&&x<0时y=0。

提示: 根据题目要求不要急于上机运行程序，先分析两个程序的逻辑，构思出它们的流程图，分析它们的运行情况，然后上机运行程序，观察和分析结果。

第 4 章

循环结构程序设计

4.1 概　　述

1. 循环的应用

首先来求解一个简单的数学问题，求从 1 加到 100 的和，根据之前所学的知识，该问题的具体算法如下：

（1）定义一个整型变量 sum，用于存储每一步得到的累加和。

（2）给累加变量 sum 赋初值 0。

（3）在 sum 原有值的基础上逐步加入 1，2，3，…，100。

（4）输出计算结果，即输出 sum 的值。

部分程序代码如下：

```
#include<stdio.h>
void main()
{   int sum;                          /* 定义存储累加值的变量 sum*/
    sum=0;                            /* 给累加变量 sum 赋初值 */
    sum=sum+1;                        /* 累加过程 */
    sum=sum+2;
    …
    sum=sum+100;
    printf("sum=%d\n",sum);           /* 输出计算结果 */
}
```

这段代码虽然长一些，但是毕竟还是能够完成任务的，但是如果加到 1 000、10 000 时还能使用这种做法吗？显然不能，此时需要换一个思路去解决问题。

由于累加过程的这些语句（sum=sum+1 等）相似度很高，无非就是所加的数值不同，而且这些数值还具有规律（每次累加后都加 1），那么把每次累加的数值定义为 i，发现该累加过程可以总结为 sum=sum+i 的形式，如果每累加完一次把 i 都自加 1，那么只需要反复执行 sum=sum+i 这条语句，直到加完 100 结束，那么这个问题就变得简单了，具体过程如图 4-1 所示。

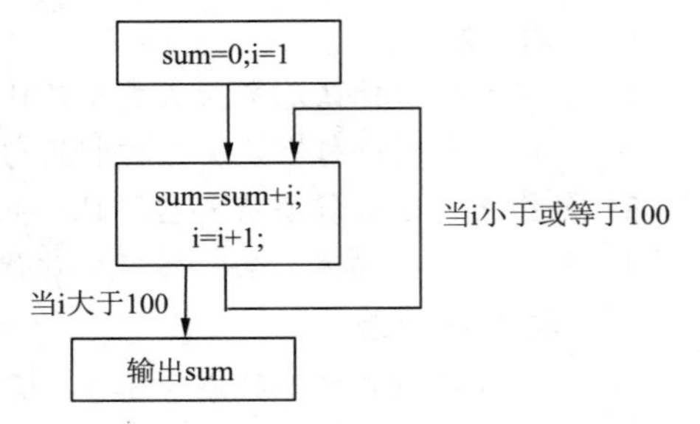

图 4-1　求和问题的过程

通过图 4-1 不难发现，这里就有一段需要反复执行的代码，而本章要学习的循环结构，就是用来控制具有这种特征的代码段的，它可以大大简化程序的编写。

2. 循环结构的作用

顺序结构、选择结构、循环结构是结构化程序设计的三种基本结构，一个程序的任何逻辑问题均可用这三种基本结构来描述。所以在高级语言程序设计中，掌握这三种结构是学好程序设计的基础。而循环结构是这三者中最复杂的一种结构，几乎所有程序都离不开循环结构。循环重在强调重复，我们现实生活中的很多活动都是周而复始的、重复的，为了研究问题本质，只要找出规律，将重复频率高的相同部分作为重点进行突破，可以为我们的研究节省时间，提高工作效率。

循环结构程序设计的任务就是设计一种能让计算机周而复始地重复地执行某些相同代码的程序。也就是说相同语句程序员只编写一次代码，并让计算机多次重复执行。将程序员从大量重复编写相同代码的工作中解放出来，而计算机的工作量并没有减少。利用循环的好处很多，节省编程的书写时间，减少程序源代码的存储空间，减少代码的错误，提高程序的质量等，这些也正是循环结构所起的作用。

循环结构的特点是，在给定条件成立时，反复执行某程序段，直到条件不成立为止。给定的条件称为循环条件，反复执行的程序段称为循环体。C 语言中用下列语句实现循环：

（1）用 goto 语句和 if 语句；

（2）用 while 语句；

（3）用 do…while 语句；

（4）用 for 语句。

下面逐一介绍循环控制语句。

4.2　goto 语句及其构成的循环

goto 语句的一般形式：

```
goto 语句标号；
…
语句标号：语句；
```

其执行过程为：

（1）当执行到 goto 语句时，程序将转到语句标号指定的位置继续执行。

（2）语句标号用标识符表示，它的命名规则与变量相同，即由字母、数字和下划线组成，其第一个字符必须为字母或下划线，不能使用关键字作为语句标号，C 语言不限制程序中使用语句标号的次数，但各语句标号不得重名。

（3）标号必须与 goto 语句同处于一个函数中，但可以不在一个循环层中。

（4）结构化程序设计方法主张限制 goto 语句的使用。因为滥用 goto 语句将使程序流程无规律，可读性差。一般来说，goto 语句用于以下两种情况：

① 与 if 语句一起构成循环结构。

② 从深层循环中跳出。

【例 4.1】编写程序，在计算机屏幕上输出 50 个“#”。

【解题思路】

要在计算机屏幕上输出 50 个“#”，可以使用 printf 语句一次完成，但是程序中要重复输入 50 次“#”。其工作量和烦琐程度可想而知。对于这个操作可以让计算机重复 50 次输出一个“#”，而输出一个“#”的工作可以很容易地用 printf 语句实现。

首先定义变量 i,并赋初始值为 1,用 i 作为计数器。接着使用循环结构重复执行输出一个“#”的过程。每次输出一个“#”，就让 i 增 1，一直到 i 累计超过 50 就停止重复工作。

【程序代码】

```
#include<stdio.h>
void main()
{
    int i=1;
    loop: if(i<=50)                    /* 用于控制重复次数 */
    {
        printf("#");                   /* 输出一个“#” */
        i++;                           /* 计数器增 1*/
        goto loop;
    }
}
```

【运行结果】

例 4.1 的运行结果如图 4-2 所示。

图 4-2　例 4.1 运行结果

【程序分析】

从这个程序可以看到，循环就是重复执行某些操作，本例用 goto 语句实现这一循环过程，其中条件 i<=50 成立与否，决定着循环是否继续进行，被称为循环条件，程序中被重复执行的语句（如 {printf("#"); i++;}）称为循环体。

循环结构的特点就是重复执行某一段语句。用循环结构解决问题的关键就是找出循环继续与否的条件和需要重复执行的操作即循环体语句。

程序设计中任何循环都必须是有条件或有限次的循环，一定要注意避免无限次数的循环，即死循环的发生，所以在程序中就必须要有循环条件控制循环的次数。在上面的程序当中如果去掉 i++ 语句，就会出现死循环现象。

在 C 语言中还有三种可以构成循环结构的语句，分别是：while 语句、do…while 语句和 for 语句，下面逐一进行介绍。

4.3　while 语句

while 语句用来实现“当型”循环结构，其一般形式如下：

```
while(表达式)
{
    循环体语句;
}
```

while 语句的执行过程如图 4-3 所示。

（1）计算 while 后表达式的值。当其值为非零（真）时，执行步骤（2），当其值为零（假）时，执行步骤（4）。

（2）执行循环体中的语句。

（3）转去执行步骤（1）。

（4）退出 while 循环。

关于 while 语句的几点说明：

（1）while 循环的特点是先判断条件后执行循环体语句，因此循环体语句有可能一次也不执行（条件一开始就不成立）。

（2）while 循环中的表达式一般是关系表达式或逻辑表达式，但也可以是数值表达式或字符表达式，只要其值非零，就可执行循环体。

（3）循环体语句可以是一条语句，也可以是多条语句。当只有一条语句时，外层的大括号可以省略，如果循环体是多条语句时，一定要用大括号“{}”括起来，以复合语句的形式出现。

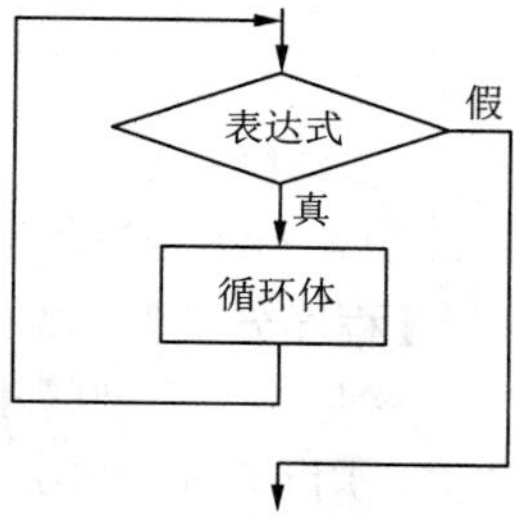

（4）在进入 while 循环之前必须给循环条件（即 while 后的表达式）中包含的所有变量先赋值，这些语句称为循环先导语句。

图 4-3　while 循环流程图

（5）循环体内一定要有改变循环条件的语句，使循环趋于结束，否则循环将无休止地进行下去，即形成“死循环”。其中表达式是循环条件，循环语句为循环体。

（6）while 循环的循环次数事前可能并不知道。

【例 4.2】用 while 语句求 1+2+3+4+…+100。

【解题思路】

（1）定义两个变量，用 i 表示累加数，用 sum 存储累加和。

（2）给累加数 i 赋初值 1，表示从 1 开始进行累加，给累加变量 sum 赋初值 0。

（3）使用循环结构反复执行加法，在 sum 原有值的基础上再增加新的 i 值，加完后再使 i 自动加 1，使其成为下一个要累加的数。

（4）在每次执行完循环后判断是否 i<=100，如果超过 100 就停止循环累加。

（5）输出计算结果，即输出 sum 的值。

用传统流程图和 N-S 图表示本题算法，如图 4-4 所示。

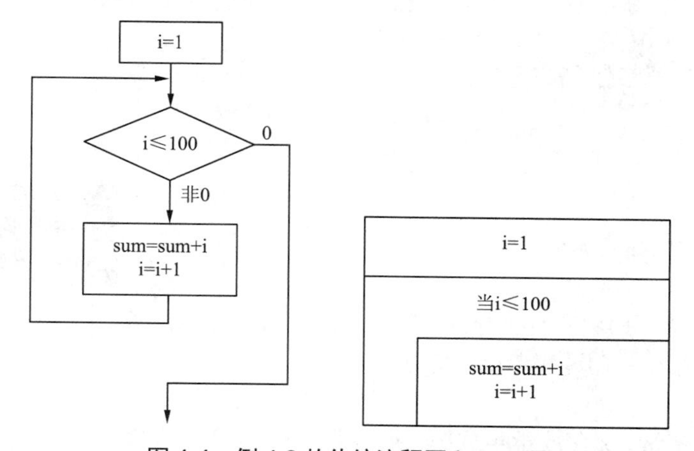

图 4-4　例 4.2 的传统流程图和 N-S 图

【程序代码】

```
#include<stdio.h>
main()
{
    int i,sum=0;
    i=1;                                /* 循环先导语句 */
    while(i<=100)
    {                                   /* 循环体复合语句 */
        sum=sum+i;
        i++;                            /* 改变循环条件的语句 */
    }
```

```
    printf("%d\n",sum);
}
```

【运行结果】

例 4.2 的运行结果如图 4-5 所示。

```
5050
Press any key to continue
```

图 4-5 例 4.2 运行结果

【程序分析】

这是一个典型的累加问题。程序中用 sum 存储每次累加后的和值，用 i 表示要累加的数。第一次先计算 0+1 的值，并将其存入 sum 中，第二次再计算 sum+2 的值，并将结果再次存入 sum 中，第三次计算 sum+3，再将结果存入 sum 中，如此重复，直到 sum+100 结束，即 i 大于 100 退出循环。

【思路拓展】

请大家思考一下，如果是求从键盘上任意输入的 100 个数的和，上述程序应该如何改动？若上述程序中“sum=sum+i;”和“i++;”两语句的顺序调换一下，会是什么结果？若还想得到正确的输出结果，程序应该如何改写？

【例 4.3】求从键盘任意输入的数字的和，输入 0 表示输入结束。

【程序代码】

```
#include<stdio.h>
main()
{
    int n,sum=0;
    printf("input n:");
    scanf("%d",&n);
    while(n)
    {
        sum+=n;
        scanf("%d",&n);
    }
    printf("sum=%d\n",sum);
}
```

【运行结果】

例 4.3 的运行结果如图 4-6 所示。

```
input n:1 2 3 0
sum=6
Press any key to continue
```

图 4-6 例 4.3 运行结果

【程序分析】

本例程序只要n不为0将一直执行，直到用户输入0，程序结束。

【例 4.4】统计学生一门课程考试平均分。

【解题思路】

（1）定义 5 个变量，x 存放学生成绩，v 是平均分，s 用于存放成绩之和，赋初值为 0，k 用于循环计数，赋初值为 1，n 为学生人数。

（2）先由键盘输入学生人数 n。

（3）当 k 小于或等于学生人数 n 时，执行循环体。即输入学生成绩，然后让 s 在原有值的基础之上增加 x，加完后要使 k 加 1。

（4）在每次执行完循环后判断 k 的值是否到达 n，若超过 n 则退出循环。

（5）求平均值，然后输出结果。

【程序代码】

```
#include<stdio.h>
void main()
{
```

```
    int x,s=0,k=1,n;
    float v;
    printf(" 输入学生人数 =");
    scanf("%d",&n);
    while(k<=n)
    {  printf(" 输入第 %d 名学生成绩 =",k);
       scanf("%d",&x);
       s=s+x;
       k=k+1;
    }
    v=(float)s/n;
    printf(" 平均成绩 v=%f\n",v);
}
```

【运行结果】

例 4.4 的运行结果如图 4-7 所示。

```
输入学生人数=5
输入第 1 名学生成绩=87
输入第 2 名学生成绩=65
输入第 3 名学生成绩=72
输入第 4 名学生成绩=93
输入第 5 名学生成绩=57
平均成绩 v=74.800000
```

图 4-7　例 4.4 运行结果

【例 4.5】统计从键盘输入一行字符的个数。

【程序代码】

```
#include<stdio.h>
main()
{
    int n=0;
    printf("input a string:\n");
    while(getchar()!='\n')
        n++;
    printf("%d\n",n);
}
```

【运行结果】

例 4.5 的运行结果如图 4-8 所示。

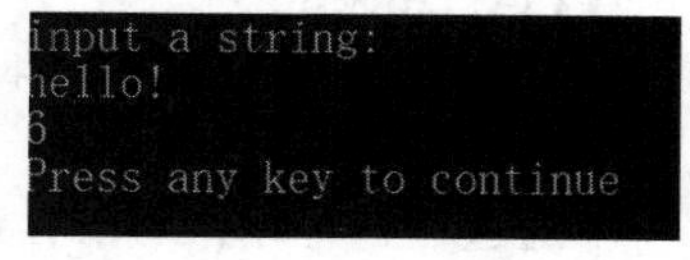

图 4-8　例 4.5 运行结果

【程序分析】

本例程序中的循环条件为 getchar()!='\n'，其意义是：只要从键盘输入的字符不是回车就继续循环。循环体 n++ 完成对输入字符个数计数。从而实现对输入一行字符的字符个数计数。

4.4　do…while 语句

do…while 语句用来实现“直到型”循环结构，其一般形式如下：

```
do
    循环体语句;
while (表达式);
```

do…while 语句的执行过程如图 4-9 所示。

（1）执行 do 后面循环体中的语句。

（2）计算 while 后表达式的值，当其值为非零（真）时，转去执行步骤（1）；当其值为零（假）时，执行步骤（3）。

（3）退出 do…while 循环。

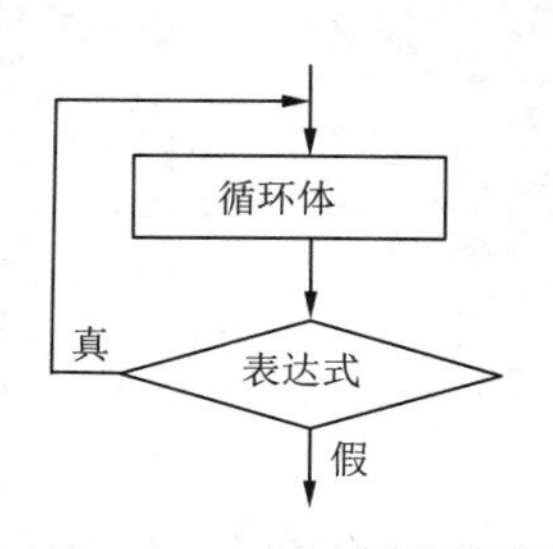

图 4-9　do…while 循环流程图

关于 do…while 语句的几点说明：

（1）do…while 循环结构的特点是先执行循环体后判断条件，因此不管循环条件是否成立，循环体语句都至少被执行一次。这是它与 while 循环的本质区别。

（2）按语法要求，在 do 和 while 之间的循环体只能是一条可执行语句，若循环体需包含多条语句时，应用花括号“{ }”括起，组成复合语句。

（3）在循环体中应有使循环趋于结束的语句，避免出现“死循环”。

（4）注意 do…while 循环最后的分号“;”不能省略不写，它表示 do…while 语句的结束。

【例 4.6】把例 4.2 用 do…while 语句改写。

【解题思路】

用传统流程图和 N-S 图表示算法，如图 4-10 所示。

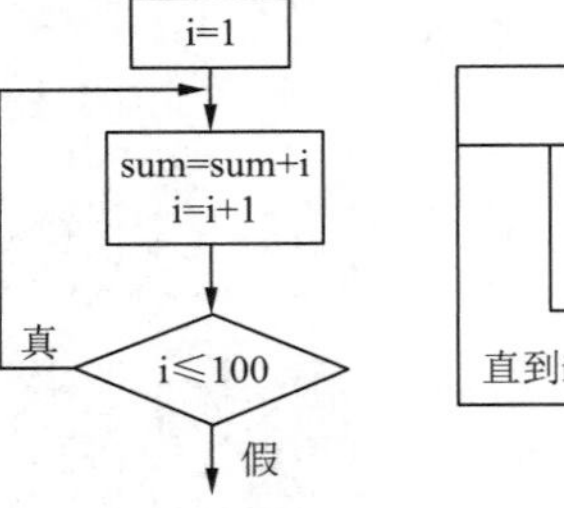

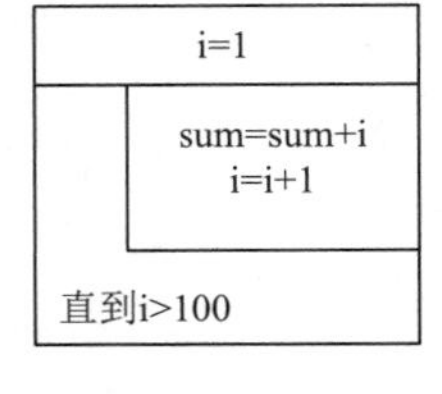

图 4-10　例 4.6 的传统流程图和 N-S 图

【程序代码】

```
#include<stdio.h>
main()
{
    int i,sum=0;
    i=1;
    do
    {
        sum=sum+i;
        i++;
    }while(i<=100);
    printf("%d\n",sum);
}
```

【运行结果】

例 4.6 的运行结果如图 4-11 所示。

```
5050
Press any key to continue
```

图 4-11　例 4.6 运行结果

【程序分析】

通过运行程序，可以看到，对同一个问题可以用 while 语句处理，也可以用 do…while 语句处理。若两者的循环体部分是一样的，它们的结果也是一样的。但是如果 while 后面的表达式一开始就为假（零值）时，两种循环的结果是不同的。

【例 4.7】计算 $s=1+1/2^2+1/3^2+1/4^2+\cdots$，直到某项的值小于 0.5×10^{-4} 为止。

【程序代码】

```
#include<stdio.h>
void main()
{
    float i=2,p,s=1;
    do
    {  p=1/i/i;
       s=s+p;
       i++;
    }while(p>=0.5e-4);
    printf("s=%f\n",s);
}
```

【运行结果】

例 4.7 的运行结果如图 4-12 所示。

```
s=1.637916
```

图 4-12　例 4.7 运行结果

【例 4.8】while 和 do…while 循环的比较。

（1）【while 程序代码】

```
#include<stdio.h>
void main()
{
    int i,sum=0;
    scanf("%d",&i);
    while(i<=5)
    {   sum=sum+i;
        i++;
    }
    printf("sum=%d\n",sum );
}
```

【运行结果】

例 4.8 while 程序代码运行结果如图 4-13 所示。

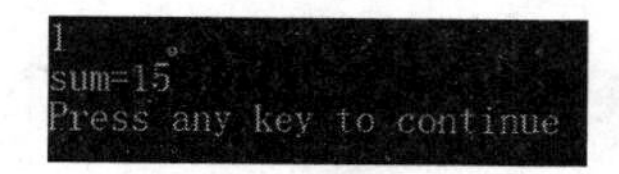

图 4-13　例 4.8 while 程序代码运行结果

（2）【do…while 程序代码】

```
#include<stdio.h>
void main()
{   int i,sum=0;
    scanf("%d",&i);
    do
    {   sum=sum+i;
        i++;
    }while(i<=5);
    printf("sum=%d\n",sum);
}
```

【运行结果】

例 4.8 do…while 程序代码运行结果如图 4-14 所示。

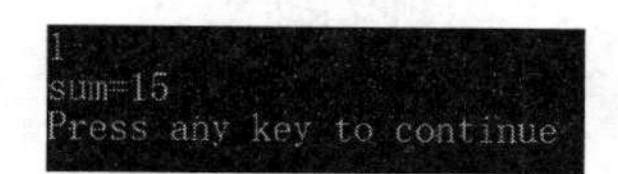

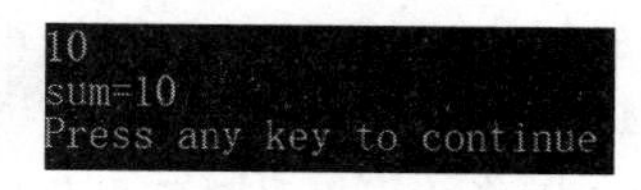

图 4-14　例 4.8 do…while 程序代码运行结果

【程序分析】

当输入 i 值小于或等于 5 时，两者得到的结果相同。当 i>5 时，二者结果就不同了。这是因为在 while 循环中，由于表达式 i<=5 为假，循环体一次也没有执行，而对于 do…while 循环语句来说则要执行一次循环。由此可知：当 while 和 do…while 循环具有相同的循环体，while 后面表达式第一次的值为真时，两种循环得到的结果相同，否则，二者结果不相同。

while 和 do…while 循环的比较如下：

（1）相同点：

① 一般用于循环次数未知的情况下；

② 循环体要想执行的前提条件是表达式必须为“真”；

③ 循环体如果包含两条或两条以上的语句，循环体用花括号括起来，形成复合语句；

④ 循环体结束前应有使循环趋于结束的语句。

（2）不同点：

do…while 语句至少执行一次循环体，而 while 语句的循环体可能一次都不执行。

4.5 for 语句

C 语言中的 for 语句使用最为灵活，不仅可以用于循环次数已经确定的情况，而且可以用于循环次数不确定而只给出循环结束条件的情况，它完全可以代替 while 语句。

for 语句的一般形式如下：

```
for(表达式 1;表达式 2;表达式 3)
    语句;
```

例如，下面是一个可以输出 50 个“#”的 for 语句：

```
for(i=1;i<=50;i++)
    printf("#");
```

其中：

（1）表达式 1：给循环变量赋初值，一般是赋值表达式，指定循环的起点。也允许在 for 语句外给循环变量赋初值，此时可以省略该表达式。

（2）表达式 2：给出循环的条件，决定循环的继续或结束，一般为关系表达式或逻辑表达式。

（3）表达式 3：通常用来修改循环变量的值，控制变量每循环一次后按什么方式变化，从而改变表达式 2 的真假，一般是赋值表达式。

for 语句的执行过程如下：

（1）执行表达式 1 部分。

（2）执行表达式 2 部分，若其值为真（即值非 0），则执行 for 语句中循环体内的语句，然后执行第（3）步；若其值为假（即值为 0），则循环结束，转到第（5）步。

（3）执行表达式 3 部分。

（4）转回第（2）步继续执行。

（5）循环结束，执行 for 语句后面的语句。

其执行过程如图 4-15 所示。

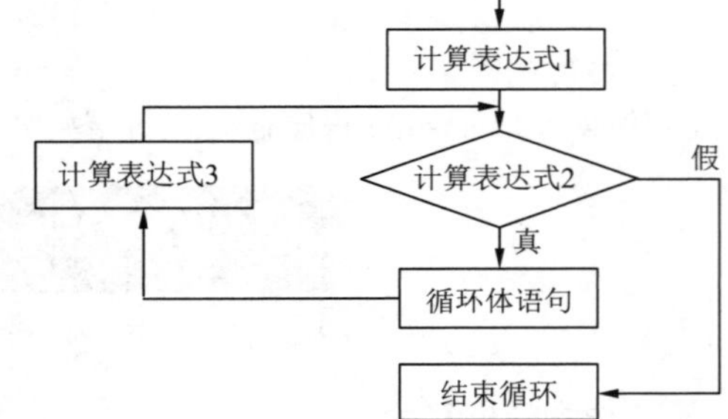

图 4-15　for 循环的流程图

for 语句最简单的应用形式，也是最容易理解的形式如下：

```
for(循环变量赋初值;循环条件;循环变量增量)
    语句;
```

循环变量赋初值总是一个赋值表达式，它用来给循环控制变量赋初值；循环条件一般情况下是一个关系表达式（理论上可以是任何类型的表达式），它决定什么时候退出循环；循环变量增量，定义循环控制变量每循环一次后按什么方式变化。

【例 4.9】把例 4.2 用 for 语句改写。

【程序代码】

下面用四种方法实现，注意表达式的用法。

方法一：

```
#include<stdio.h>
void main()
```

```
{
    int s,i;
    s=0;
    for(i=1;i<=100;i++)
        s=s+i;
    printf("%d\n",s);
}
```

方法二：

```
#include<stdio.h>
void main()
{
    int s=0,i=1;
    for(;i<=100;)
    {   s=s+i;
        i=i+1;
    }
    printf("%d\n",s);
}
```

此种用法与 while 语句功能相同。表达式 1 和表达式 3 都可以省略，但分号不能省略。表达式 1 可以放在循环之前，表达式 3 作为循环体最后一条语句。

方法三：

```
#include<stdio.h>
void main()
{
    int s,i;
    for(s=0,i=1;i<=100;i++)
        s+=i;
    printf("%d\n",s);
}
```

在表达式 1 和表达式 3 中经常使用逗号运算符。

方法四：

```
#include<stdio.h>
void main()
{
    int s,i;
    for(s=0,i=1;i<=100;s+=i,i++);
    printf("%d\n",s);
}
```

该程序中的循环体只有一个分号，又称空语句。虽然空语句什么也不做，但它是 for 的内嵌语句，在本程序中是不能省略的。

【运行结果】

例 4.9 的运行结果如图 4-16 所示。

```
5050
Press any key to continue
```

图 4-16　例 4.9 运行结果

【程序分析】

for 循环注意事项：

（1）for 循环中的表达式 1、表达式 2 和表达式 3 都是可以省略的，但分号不能省略。

（2）省略表达式 1，表示不对循环控制变量赋初值。

（3）省略表达式 2，则不做其他处理时便成为死循环。

（4）省略表达式 3, 则不对循环控制变量进行操作。

（5）省略表达式 1 和表达式 3。

例如：

```
for(;i<=1000;)
{
    sum=sum+i;
    i++;
}
```

相当于：

```
while(i<=1000)
{
    sum=sum+i;
    i++;
}
```

（6）3 个表达式都可以省略。例如：

```
for(;;) 语句；
```

相当于：

```
while(1) 语句；
```

（7）表达式 1 可以是设置循环变量初值的赋值表达式，也可以是其他表达式。例如：

```
for(sum=0;i<=100;i++)  sum=sum+i;
```

（8）表达式 1 和表达式 3 可以是一个简单表达式也可以是逗号表达式。

```
for(sum=0,i=1;i<=100;i++)  sum=sum+i;
```

或：

```
for(i=0,j=100;i<=100;i++,j--)  k=i+j;
```

（9）表达式 2 一般是关系表达式或逻辑表达式，但也可以是数值表达式或字符表达式，只要其值非零，就执行循环体。例如：

```
for(i=0;(c=getchar())!='\n';i+=c);
```

又如：

```
for(;(c=getchar())!='\n';)
    printf("%c",c);
```

从上面内容可知，C 语言中的 for 语句书写灵活，功能性较强。在 for 后的一对圆括号中，允许出现各种形式的与循环控制无关的表达式，虽然这在语法上是合法的，但这样会降低程序的可读性。建议初学者编程时，在 for 循环后面的一对圆括号内，只含有能对循环控制的表达式，其他操作尽量放在循环体中完成。

【例 4.10】 编写程序，计算半径为 0.5 mm、1.0 mm、1.5 mm、2.0 mm、2.5 mm 时的圆面积。

【解题思路】

本题要求计算 5 个不同半径的圆的面积，且半径值的变化是有规律的，从 0.5 mm 开始，每次以 0.5 mm 大小递增，所以可直接用半径 r 作为 for 循环的控制变量，每循环一次使 r 增 0.5，直到 r 大于 2.5 为止。

【程序代码】

```
#include<stdio.h>
```

```
void main()
{
    double r,s,PI=3.1416;
    for(r=0.5;r<=2.5;r+=0.5)
    {
        s=PI*r*r;
        printf("r=%3.1f  s=%f\n",r,s);
    }
}
```

【运行结果】

例 4.10 的运行结果如图 4-17 所示。

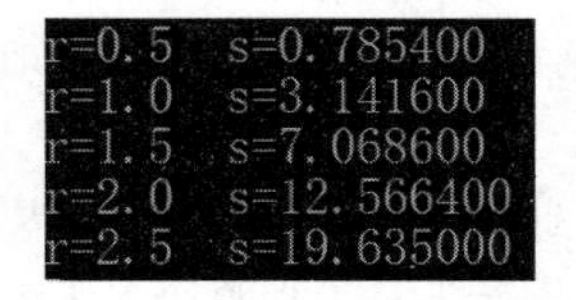

图 4-17　例 4.10 运行结果

【程序分析】

程序中变量 r 既作为循环控制变量，又是半径的值，它的值由 0.5 变化到 2.5，循环体共执行 5 次，当 r 增到 3.0 时，条件表达式 r<=2.5 的值为 0，从而退出循环。

几种循环的比较：

goto 语句、for、while 和 do…while 四种循环结构语句各有特点，归纳起来主要有以下几方面：

（1）三种循环都可以用来处理同一问题，一般情况下它们可以互相代替。

（2）在 while 循环和 do…while 循环中，只在 while 后面的括号内指定循环条件，因此为了使循环能正常结束，应在循环体中包含使循环趋于结束的语句（如 i++，或 i=i+1 等）。

for 循环可以在表达式 3 中包含使循环趋于结束的操作，甚至可以将循环体中的操作全部放到表达式 3 中。因此 for 语句的功能更强，凡用 while 循环能完成的，用 for 循环都能实现。

（3）用 while 和 do…while 循环时，循环变量初始化的操作应在 while 和 do…while 语句之前完成。而 for 语句可以在表达式 1 中实现循环变量的初始化。

（4）四种循环都可以用来处理同一个问题，一般可以互相代替。但一般不提倡用 goto 型循环。

 4.6　循环嵌套构成的多重循环

在循环结构中，如果一个循环体内又包含另一个或几个完整的循环结构，就构成了多重循环，又称循环的嵌套。

不仅循环结构之间可以嵌套，循环结构和选择结构之间也可以相互嵌套使用，既可以在循环结构嵌套选择结构，也可以在选择结构中嵌套循环结构。例如 for 语句中嵌套 if 语句，if 语句中嵌套 while 语句。

嵌套的原则：

（1）三种循环可互相嵌套，层数不限。

（2）外层循环可包含两个以上内循环，但不能相互交叉。

（3）在循环中可用转移语句把流程转到循环体外，但绝不能从外面转入循环体内。

例如：分析下面程序段，理解循环嵌套。

例 1：

```
for(i=1;i<=5;i++)                    /* 单层循环，输出 5 个“*”  */
    printf("*");                     /* 循环体 */
```

输出结果为：

```
*****
```

例 2：

```
for(i=1;i<=3;i++)                    /* 外层循环 */
    for(j=1;j<=5;j++)                /* 内层循环，也是外层循环的循环体 */
        printf("*");
```

输出结果为 15 个“*”：

```
***************
```

很明显，此程序中 for 循环内部又包含了一个 for 循环，属于两层循环。其中外层循环用循环变量 i 控制，i 的循环次数为 3 次；内层循环用循环变量 j 控制，循环次数为外循环每执行一次，内层循环 j 就循环 5 次，所以输出结果就为 15 个“*”。

例 3：

```
for(i=1;i<=3;i++)
{
    for(j=1;j<=5;j++)
        printf("*");
    printf("\n");
}
```

输出结果为：

```
*****
*****
*****
```

这个程序段因为加入了换行语句，所以输出的是 3 行 5 列的“*”。

【例 4.11】 打印九九乘法表。

1*1=1

1*2=2 2*2=4

1*3=3 2*3=6 3*3=9

1*4=4 2*4=8 3*4=12 4*4=16

1*5=5 2*5=10 3*5=15 4*5=20 5*5=25

1*6=6 2*6=12 3*6=18 4*6=24 5*6=30 6*6=36

1*7=7 2*7=14 3*7=21 4*7=28 5*7=35 6*7=42 7*7=49

1*8=8 2*8=16 3*8=24 4*8=32 5*8=40 6*8=48 7*8=56 8*8=64

1*9=9 2*9=18 3*9=27 4*9=36 5*9=45 6*9=54 7*9=63 8*9=72 9*9=81

【解题思路】

（1）图形中共有 9 行，定义变量 i 表示行数，使其从 1 递增到 9。

（2）每一行中的被乘数从 1 变化到和本行行号相同的数字，用变量 j 表示被乘数，让其从 1 递增到当前行号 i。

（3）用外层循环实现行的转换，内层循环输出一行中的内容，而内层循环的循环体是输出每行中的某一项。

【程序代码】

```
#include<stdio.h>
void main()
{
```

```
    int i,j;
    for(i=1;i<=9;i++)                                /* 外循环控制要输出的行数 */
    {
        for(j=1;j<=i;j++)                            /* 内循环控制要输出的项目数 */
            printf("%d*%d=%2d ",j,i,i*j);            /* 输出第 i 行第 j 项的内容 */
        printf("\n");                                /* 每行结束换行 */
    }
}
```

【运行结果】

例 4.11 的运行结果如图 4-18 所示。

```
1*1= 1
1*2= 2 2*2= 4
1*3= 3 2*3= 6 3*3= 9
1*4= 4 2*4= 8 3*4=12 4*4=16
1*5= 5 2*5=10 3*5=15 4*5=20 5*5=25
1*6= 6 2*6=12 3*6=18 4*6=24 5*6=30 6*6=36
1*7= 7 2*7=14 3*7=21 4*7=28 5*7=35 6*7=42 7*7=49
1*8= 8 2*8=16 3*8=24 4*8=32 5*8=40 6*8=48 7*8=56 8*8=64
1*9= 9 2*9=18 3*9=27 4*9=36 5*9=45 6*9=54 7*9=63 8*9=72 9*9=81
Press any key to continue
```

图 4-18　例 4.11 运行结果

【程序分析】

从程序中可以看出外循环循环一次，内循环要循环所有次数。

【例 4.12】有 m 名学生，每个学生学习了 n 门课程，求每个人的平均成绩。

【解题思路】

首先输入学生人数 m 和课程门数 n。外层循环控制变量为 i，每循环一次输入一名学生的各门成绩,并计算该学生的平均成绩。内循环次数由变量 j 控制,分别输入一名学生的 n 门课程成绩,并累加到变量 s 中去，内循环结束时计算并输出平均成绩。

在多层循环结构程序中，要特别注意循环体的控制范围，每条语句的位置关系。变量 s 赋初值的位置，必须在外层循环之内，内循环之前。计算和输出平均值的两条语句放在内循环结束后，外层循环结束之前。

【程序代码】

```
#include<stdio.h>
void main()
{
    int m,n,i,j;
    float x,s,v;
    printf(" 输入人数: ");
    scanf("%d",&m);
    printf(" 输入课程数: ");
    scanf("%d",&n);
    for(i=1;i<=m;i++)
    {
        printf(" 输入第 %d 个同学的各门成绩: ",i);
        for(s=0,j=1;j<=n;j++)
        {   scanf("%f",&x);
            s=s+x;
        }
        v=s/n;
        printf(" 第 %d 个同学的平均分为 %f\n",i,v);
    }
}
```

【运行结果】

例 4.12 的运行结果如图 4-19 所示。

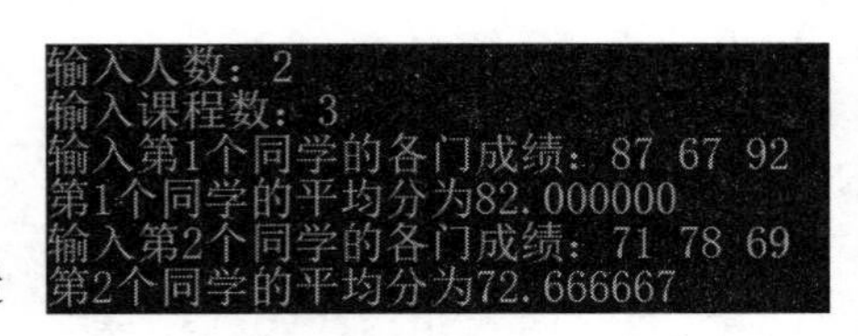

图 4-19　例 4.12 运行结果

【程序分析】

（1）循环嵌套的循环控制变量一般不应同名，以免造成混乱，不便于理解和控制。

（2）嵌套循环时应使用缩进，保持良好的书写格式，提高程序可读性。

4.7　break 和 continue 语句

4.7.1　break 语句

在前面所讲的 switch 语句中，曾使用 break 语句跳出 switch 结构。break 语句也可以出现在三种循环语句的循环体当中,使循环结束。如果是在多层循环体中使用 break 语句,只结束本层循环。

break 语句的一般格式为：

```
break;
```

功能：在循环体中遇见 break 语句，立即结束循环，跳到本层循环体外，执行循环结构后面的语句。

说明：

（1）break 只能用在循环语句和 switch 语句中。

（2）break 只能终止并跳出一层循环（或者一层 switch 语句结构）。

（3）break 语句对 if…else 的条件语句不起作用。

【例 4.13】计算若干名学生考试平均分，当输入 -1 时结束。

【程序代码】

```
#include<stdio.h>
void main()
{
    int s=0,k=0,x;
    float v;
    while(1)
    {
        scanf("%d",&x);
        if(x==-1)
            break;
        s=s+x;
        k=k+1;
    }
    v=(float)s/k;
    printf("人数 =%d, 平均分 =%f\n",k,v);
}
```

【运行结果】

例 4.13 的运行结果如图 4-20 所示。

图 4-20　例 4.13 运行结果

4.7.2　continue 语句

如果在循环体中遇到 continue 语句，则结束本次循环，继续下一次循环。即 continue 语句后面的语句不被执行，但不影响下次循环。

continue 语句的一般格式为：

```
continue;
```

功能：在循环体中遇到 continue 语句，则结束本次循环，跳过 continue 语句后面尚未执行的其他语句，准备进行下一次循环。

说明：

（1）continue 语句和 break 语句的区别是：continue 语句只结束本次循环，而不是终止整个循环的执行；而 break 语句则是彻底结束当前层的循环。

（2）continue 语句只用于循环结构，常与 if 语句联合起来使用，以便在满足条件时提前结束本次循环。

【例 4.14】计算 100 之内能被 7 或 9 整除的所有整数之和。

【程序代码】

```
#include<stdio.h>
void main()
{
    int i,sum=0;
    for(i=1;i<=100;i++)
    {
        if(i%7!=0&&i%9!=0)
            continue;
        sum=sum+i;
    }
    printf("sum=%d\n",sum);
}
```

【运行结果】

例 4.14 的运行结果如图 4-21 所示。

```
sum=1266
```

图 4-21　例 4.14 运行结果

【程序分析】

break 语句可以结束当前层的循环，而 continue 语句只能结束本次循环。

4.8　程 序 举 例

【例 4.15】计算 sum=1-1/3+1/5-1/7+…+1/19。

【程序代码】

```
#include<stdio.h>
void main()
{
    int i,t=1;
    float sum=0;
    for(i=1;i<=19;i=i+2)
    {
        sum+=1.0*t/i;
        t=-t;
```

```
    }
    printf("sum=%f\n",sum);
}
```

【运行结果】

例 4.15 的运行结果如图 4-22 所示。

sum=0.760460

图 4-22　例 4.15 运行结果

【程序分析】

在本程序的循环体中，变量 t 在 1 和 -1 之间切换。1.0*t/i 中的 1.0 是实型常数，主要是保证分式计算达到实型精度。

【例 4.16】输入 5 名学生一门课考试成绩及学号，输出平均成绩、最高分和学号。

【解题思路】

定义变量 num 表示学号，nummax 表示最高分同学的学号，max 表示最高分，v 表示平均分，s 表示 5 个同学的总分，x 表示依次输入的每个同学的分数，用循环找出 5 个同学中最高的分数，同时把学号记录下来赋给 nummax，5 个同学的总分 s 除以 5 即为平均分。

【程序代码】

```
#include<stdio.h>
void main()
{
    int i,num,nummax;
    float x,max,v,s;
    scanf("%d,%f",&num,&x);
    max=x;
    nummax=num;
    s=x;
    for(i=1;i<=4;i++)
    {
        scanf("%d,%f",&num,&x);
        s=s+x;
        if(x>max)
        {
            max=x;
            nummax=num;
        }
    }
    v=s/5;
    printf("v=%f\n",v);
    printf("nummax=%d,max=%f\n",nummax,max);
}
```

【运行结果】

例 4.16 的运行结果如图 4-23 所示。

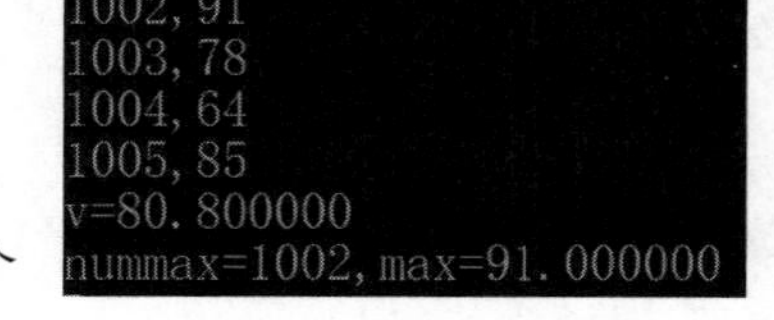

图 4-23　例 4.16 运行结果

【例 4.17】求两个整数的最大公约数、最小公倍数。

【解题思路】

求最大公约数的算法思想是辗转相除法：（最小公倍数 = 两个整数之积 / 最大公约数）

（1）对于已知的两个整数 m、n，使得 m>n；

（2）m 除以 n 得余数 r；

（3）若 r 为 0，则 n 为求得的最大公约数，算法结束；否则执行（4）；

（4）把 n 的值赋给 m，把 r 的值赋给 n，再重复执行（2）。

【程序代码】

```
#include<stdio.h>
main()
{
    int p,r,n,m,t;
    printf("please input two numbers:\n");
    scanf("%d,%d",&m,&n);
    p=n*m;
    if(m<n)
    { t=n; n=m; m=t; }
    r=m%n;
    while(r!=0)
    { m=n; n=r; r=m%n; }
    printf("最大公约数:%d\n",n);
    printf("最小公倍数:%d\n",p/n);
}
```

【运行结果】

例 4.17 的运行结果如图 4-24 所示。

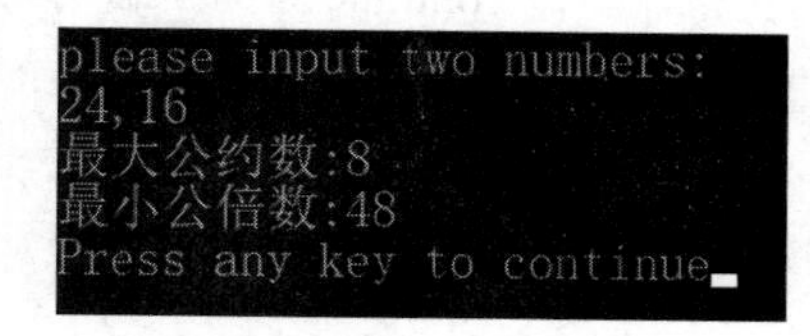

图 4-24　例 4.17 运行结果

【例 4.18】Fibonacci 数列为：

$$f_1=f_2=1$$

$$f_n=f_{n-1}+f_{n-2} \quad (n=3,\ 4,\ \cdots)$$

输出数列前 20 项的值。

【解题思路】

（1）定义循环变量 i，用来表示数列的项数。因为 i 从 1 递增到 20，不过数列的前两项已经给出，所以 i 的初值为 3。

（2）定义变量 f 存储每次计算出来的通项。定义变量 f1 和 f2，每次计算完通项后，那么在计算下一项时，原来的 f2 就成为新的 f1，刚计算出的 f1 就成为新的 f2。

（3）为了更清晰地输出数列，每行输出 5 个数。

【程序代码】

```
#include<stdio.h>
void main()
{
    int f1=1,f2=1,i,f;
    printf("%d\t%d\t",f1,f2);
    for(i=3;i<=20;i++)
    {
        f=f1+f2;
        printf("%d\t",f);
        if(i%5==0)
            printf("\n");
        f1=f2;
        f2=f;
    }
}
```

【运行结果】

例 4.18 的运行结果如图 4-25 所示。

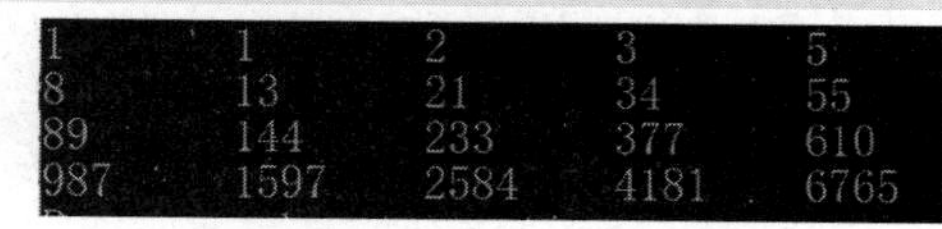

图 4-25　例 4.18 运行结果

小　结

（1）循环结构。循环结构的特点是重复执行某一段语句。用循环结构解决问题的关键是找出循环继续与否的条件和需要重复执行的操作，即循环体语句。

（2）三种循环语句。C 语言提供了三种实现循环结构的语句：while 语句，do…while 语句和 for 语句。三种循环可以用来处理同一个问题，但它们各有特点，所以要根据问题的实际情况选择合适的循环语句。一般来说，对于循环次数已知的大多使用 for 循环，而对循环次数不确定的大多使用 while 语句和 do…while 语句。

（3）多重循环。如果一个循环体中包含另一个完整的循环结构，称此为循环的嵌套，又称多重循环（多层循环）。使用循环嵌套时，三种循环语句可以自身嵌套，也可以互相嵌套。

（4）break 语句和 continue 语句。break 语句用于提前结束循环，如果是在多层循环体中使用 break 语句，只结束本层循环。而如果在循环体中遇到 continue 语句，则结束本次循环，继续下一次循环。即 continue 语句后面的语句不被执行，但不影响下次循环。

习　题　四

一、选择题

1. 执行 for(i=1;i++<4;); 语句后变量 i 的值是（　　）。

   A. 不定　　B. 3　　C. 4　　D. 5

2. 下面有关 for 循环的描述正确的是（　　）。

   A. for 循环只能用于循环次数已经确定的情况
   B. for 循环是先执行循环体语句，后判断表达式
   C. 在 for 循环中，不能用 break 语句跳出循环体
   D. for 循环的循环体语句中，可以包含多条语句，但必须用花括号括起来

3. C 语言中 while 和 do…while 循环的主要区别是（　　）。

   A. while 的循环控制条件比 do…while 的循环控制条件更严格
   B. do…while 的循环体至少无条件执行一次
   C. do…while 的循环体不能是复合语句
   D. do…while 允许从外部转到循环体内

4. 以下不是无限循环的语句为（　　）。

   A. for(;;x++=i);　　B. while(1){x++;}
   C. for(y=0,x=1;x>++y;x=i++) i=x;　　D. for(i=10;;i--) sum+=i;

5. 以下程序段的输出结果是（　　）。

```
int k, j, s;
for(k=2; k<6;k++,k++)
{   s=1;
    for(j=k;j<6;j++)
        s+=j;
}
printf("%d\n", s);
```

   A. 15　　B. 10　　C. 24　　D. 9

6. 以下程序的运行结果是（　　）。

```
main()
{   int n;
    for(n=1;n<=10;n++)
    {
        if(n%3==0) continue;
        printf("%d",n);
    }
}
```

A. 369　　B. 1234567890　　C. 12　　D. 12457810

二、填空题

1. 若所用变量均已正确定义，则执行下面程序段后的输出结果是________。

```
for(i=0;i<2;i++)
    printf("YES");
printf("\n");"
```

2. 以下程序段的输出结果是________。

```
int k,n,m;
n=10; m=1; k=1;
while(k<=n)
    m*=2;
printf("%d\n", m);
```

3. 以下 do…while 语句中循环体的执行次数是________。

```
a=10; b=0;
do{b+=2; a-=2+b;}while (a>=0);
```

4. 下列程序的功能是输入一个整数，判断其是否是素数，若为素数输出 1，否则输出 0，请填空。

```
main()
{   int i,x,y=1;
    scanf("%d",&x);
    for(i=2;i<=_______;i++)
        if(_______){y=0;break;}
    printf ("%d \ n",y);
}
```

5. 以下程序段的输出结果是________。

```
int i=0,sum=1;
do
{   sum+=i++;
}while(i<5);
printf("%d\n",sum);
```

三、编程题

1. 计算级数和 1!+2!+3!+4!+5!。

2. 求出 1 ~ 500 的所有素数之和。

第5章 数组

5.1 概述

在C语言中，除了前面介绍的基本数据类型外，还有一种用基本类型数据按一定的规则组成的构造类型数据，主要有数组、结构体、共用体等。它们主要解决现实中许多需要处理大量数据的问题，例如，一个班级几十名学生的某门课程的成绩、上千个空间点的坐标等。在C语言中，可以使用数组解决上述问题。

什么是数组？为什么要使用数组？

先来分析一个计算机科学中的经典问题——求解Fibonacci数列。Fibonacci数列的前两个元素值都为1，从第三项开始，每一项的值都等于前两项的和。根据此前学过的知识，利用循环结构即可实现求解Fibonacci数列，下面以求Fibonacci数列的前20项为例，程序代码如下：

```
#include <stdio.h>
int main()
{
    int f1=1, f2=1, f3,i;
    printf("%6d%6d",f1,f2);
    for(i=3; i<=20; i++ )
    {
        f3=f1+f2;
        f1=f2;
        f2=f3;
        printf("%6d",f3);
        if(i%5==0)    printf("\n");
    }
    return 0;
}
```

程序运行结果如图5-1所示。

```
     1     1     2     3     5
     8    13    21    34    55
    89   144   233   377   610
   987  1597  2584  4181  6765
```

图5-1 Fibonacci数列的前20项

这种方法的缺点是打印数列的前20项后，并不能保存这个数列，因为在循环的过程中，变量f1、f2、f3不断地被重新赋值，最后得到的f3只是数列的最后一项。

再举一个实际的问题，假设要保存一个班级30名学生的C语言课程的成绩，就目前所掌握的知识，只能首先定义30个整型变量，再用scanf()函数输入30个成绩，分别存放在每个变量中，显然这个过程非常麻烦，如果说定义30个变量还能忍受，那么假如学生的个数是3 000甚至更多，那么利用这种方法就很难实现了。

而数组可以很好地解决这些问题。在程序设计中，为了处理方便，把具有相同类型的若干变量按有序的形式组织起来。这些按序排列的同类数据元素的集合称为数组。在C语言中，数组属于构造数据类型。一个数组可以分解为多个数组元素，这些数组元素可以是基本数据类型或是构造类型。

5.2 一维数组

5.2.1 一维数组的定义

同C语言其他类型的变量一样，数组变量在使用之前要进行定义。一维数组的定义方式如下：

```
类型说明符 数组名[常量表达式];
```

例如：

```
int array [10];
```

这条语句定义了一个整型数组，数组的名称是array，数组的大小是10，即该数组有10个元素，这10个元素分别是：a[0]，a[1]，a[2]，a[3]，…，a[8]，a[9]，并且每个元素的类型均为int。

对于数组类型说明应注意以下几点：

（1）“类型说明符”可以是之前所学过的基本类型中的任何一种，如int、float、double、char等，也可以是后面即将讲解的构造类型（如共用体、结构体等）。对于同一个数组，其所有元素的数据类型都是相同的，例如定义如下数组：

```
char name[15];                /* 定义一个字符型数组name */
long number[30];              /* 定义一个长整型数组number */
double salary[100];           /* 定义一个双精度浮点型数组salary */
```

（2）数组名命名规则和变量名命名规则相同，都遵循标识符命名规则，即必须是合法的标识符，如float f1[2],r_day[31],t3_r1[12]都是合法的数组名，但是需要注意的是，数组名不能与其他变量同名，例如：

```
main()
{
    int a;
    float a[5];
}
```

编译时就会报错。

（3）常量表达式表示数组中元素个数，即数组的长度。常量表达式中可以包括常量和符号常量，不能包含变量。也就是说，在定义数组时必须确定其大小，不允许对数组的大小作动态定义。

请分析以下几个例子中数组定义是否正确。

```
① int a[10],b[10];
② #define N 10
    float f[2*N+1];
③ int n=10;
    int a[n];
④ int n;
    scanf("%d",&n);
    int a[n];
```

第一个例子中定义了两个整型数组a和b，长度都为10；第二个例子中定义了一个符号常量N，浮点型数组f的长度是21；这两种定义方式是正确的。第三个例子中n虽然赋值为10，但n是变量，只不过进行了初始化；第四个例子是在程序中用输入函数给变量 n 赋值，后面这两种定义方式都是用变量定义数组的大小，所以是错误的。

此外定义数组长度的常量不可以是 0、负数或者实数，如 int a[0],b[-3],c[3.2]; 都是错误的。

（4）数组所占内存空间的大小取决于数组的类型和数组的长度。例如有如下定义：

```
int  a[10];
```

编译程序将为数组 a 开辟一块连续的存储单元存放数组元素，数组名 a 表示存储单元的首地址。在 VC 环境下，每个 int 类型的数据占用 4 字节空间，所以该数组总共占用 4 × 10=40 字节空间。

5.2.2 一维数组的引用

C 语言规定：数组必须先定义后使用，而且只能逐个引用数组元素，而不能一次引用整个数组，例如：

```
int a[10];
scanf("%d",a);
printf("%d",a);
```

这种写法是错误的，数组元素是组成数组的基本单元，可以把每个数组元素看成是单个变量。

数组元素的一般表示形式为：

```
数组名 [ 下标 ];
```

说明：

（1）下标可以是整型常量或整型表达式，表示了元素在数组中的顺序号。

例如，下列程序段：

```
int i=4,a[5];
a[0]=a[1]+a[1+2]-a[i];
```

都是合法的数组元素引用形式。

（2）在引用时应注意下标不要超出数组的范围。

例如：数组定义为 int a[5]; 则数组的长度为 5，下标的范围是 0 ～ 4，即 a[0] ～ a[4]，然后给每个元素赋值：a[0]=1; a[1]=2; a[2]=3; a[3]=4; a[4]=5; 该数组在内存中的存放形式如图 5-2 所示（假设数组的起始地址是 2000H）。

元素地址	元素值	数组元素名
2000H	1	a[0]
2004H	2	a[1]
2008H	3	a[2]
2012H	4	a[3]
2016H	5	a[4]

图 5-2　数组在内存中的存储形式

如果出现 a[5]=6; 这种超过数组范围的现象称为下标越界，注意，C 编译器对这种下标越界并不指出错误，但这种操作很可能会无意中破坏数组以外其他变量的值，导致严重的后果，因此在使用数组时，一定要注意下标的变化情况，谨防下标越界。

数组的优势要得到发挥，必须与之前学过的循环结构结合起来使用，下面先看一个简单的例子。

【例 5.1】 构造一个具有 5 个元素的数组，并将下标值的平方赋值给每个元素，然后输出。

【解题思路】

数组中的 5 个元素，要通过下标值逐一引用。

【程序代码】

```
#include <stdio.h>
#define N 5
void main()
{
    int i,a[N];
    for(i=0;i<N;i++)
        a[i]=i*i;
```

```
    for(i=0;i<N;i++)
        printf(" 下标为 %d 的元素的值是: %d\n",i,a[i]);
}
```

【运行结果】

例 5.1 的运行结果如图 5-3 所示。

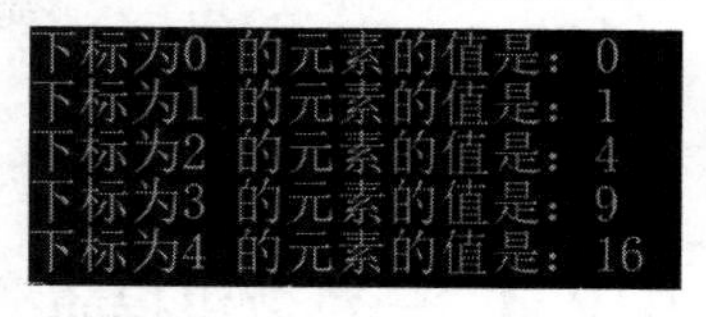

图 5-3　例 5.1 运行结果

【程序分析】

在这个程序中使用了编译预处理命令：#define N 5，define 命令的功能是在程序编译前将源文件内的所有标识符 N 替换为字符 5，C 语言称 N 为符号常量。如果用符号常量定义数组的大小，并在数组的循环控制中统一使用符号常量，以后再修改数组大小定义时非常方便，只要修改符号常量的定义即可。本程序中，第一个 for 循环是对数组中各个元素逐个赋值，第二个 for 循环是将数组中各个元素的值显示输出。

5.2.3　一维数组的初始化

在定义数组的同时，为数组中的元素赋初值，称为初始化。一般形式如下：

```
类型说明符 数组名[常量表达式]={初值表};
```

对数组的初始化有以下几种情况：

（1）在定义数组时对全部数组元素赋初值。如 int a[5]={1,2,3,4,5}; 把要赋给数组元素的各个初值用逗号隔开放在一对花括号内。经过上面的定义和初始化后，相当于 a[0]=1;a[1]=2; a[2]=3;a[3]=4; a[4]=5;。

注意：{ } 中的初值个数不能超过定义的数组长度，否则编译会出现"too many initializers"错误。

（2）定义数组时只给部分元素赋初值。如 int a[5]={1,2}; 表示只给前两个元素赋初值，即 a[0]=1,a[1]=2，也就是说，如果只对数组中的部分元素赋初值，那么没有赋初值的元素系统自动将其值设置为 0。

（3）如果需要对全部元素赋初值，可以不指定数组长度，系统会根据 {} 中初值的个数创建相应长度的数组。如 int a[5]={1,2,3,4,5}; 也可以写成 int a[]={1,2,3,4,5};。

系统将自动创建长度为 5 的数组 a，每个元素获得相应的初值。如果数组的长度和初值个数不一致，则不能省略数组的长度。

（4）如果想使数组中全部元素初值为 0，可以写成：int a[5]={0}; 这比 int a[5]={0,0,0,0,0} 要简单得多。注意不能写成 int a[5]={}; 即初值表中至少有 1 个值。但是要注意，如果想使一个数组中全部元素值为除 0 以外的其他值，则不能使用这种方法。即如果要定义：int a[5]={1,1,1,1,1}; 则不能写成 int a[5]={1};，因为这种写法系统认为只有 a[0]=1，而其他 4 个元素的值为 0。

【例 5.2】一维数组的初始化。

【程序代码】

```
#include<stdio.h>
void main()
{
    int i;
    int a[5]={2,4,6,8,10};
    int b[5]={3,5,7};
    int c[]={1,2,3,4,5};
    int d[5]={0};
    int e[5]={8};
    for(i=0;i<5;i++) printf("%d ", a[i]); printf("\n");
    for(i=0;i<5;i++) printf("%d ", b[i]); printf("\n");
```

```
    for(i=0;i<5;i++) printf("%d ", c[i]); printf("\n");
    for(i=0;i<5;i++) printf("%d ", d[i]); printf("\n");
    for(i=0;i<5;i++) printf("%d ", e[i]); printf("\n");
}
```

【运行结果】

例 5.2 的运行结果如图 5-4 所示。

```
2 4 6 8 10
3 5 7 0 0
1 2 3 4 5
0 0 0 0 0
8 0 0 0 0
Press any key to continue
```

图 5-4　例 5.2 运行结果

5.2.4　一维数组程序举例

【例 5.3】从一个长度为 10 的整型数组中，找出数组的最大值并且输出。

【解题思路】

首先把数组的第一个元素 a[0] 赋值给存储最大值的变量 max，也就是假设 a[0] 就是最大值，然后遍历整个数组，在遍历的过程中，如果发现某个数组元素比当前的 max 要大，那么就把当前的数组元素赋值给 max，直到遍历数组结束，那么 max 就是要求的数组最大值。

【程序代码】

```
#define N 10
void main()
{
    int i,a[N]={3,4,1,2,5,6,9,0,7,8};
    int max=a[0];
    for(i=1; i<N; i++)
        if(a[i]>max)
            max=a[i];
    printf("max=%d\n", max);
}
```

【运行结果】

例 5.3 的运行结果如图 5-5 所示。

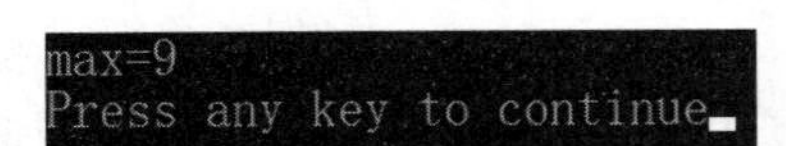

图 5-5　例 5.3 运行结果

【例 5.4】利用数组输出 Fibonacci 数列前 20 项。

【解题思路】

（1）寻找 Fibonacci 数列的规律。

（2）构造数组赋初值。

（3）输出格式。

【程序代码】

```
#include <stdio.h>
#define N 20
void main()
{
    int i,f[N]={1,1};
    for(i=2;i<N;i++)
        f[i]=f[i-2]+f[i-1];
    for(i=0;i<N;i++)
    {
        if(i%5==0)
            printf("\n");
        printf("%12d",f[i]);
    }
}
```

【运行结果】

例 5.4 的运行结果如图 5-6 所示。

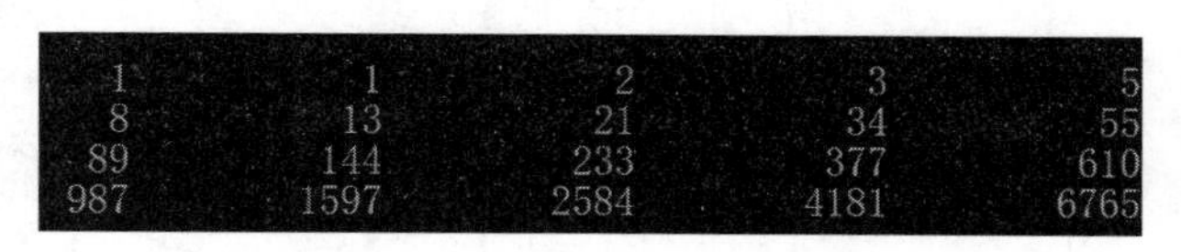

图 5-6 例 5.4 运行结果

【程序分析】

定义一个长度为 20 的数组，前两个元素初始化为 1，其他元素利用公式求出并存储在数组中，最后输出数组，if 语句用来控制换行，每行输出 5 个数据。

【例 5.5】利用冒泡法（又称起泡法）对 n 个数排序（由小到大）。

【解题思路】

定义一个数组 a 存放这 n 个数，将相邻两个数进行比较，将较大的交换到后面。具体排序过程如下：

（1）比较第 1 个数与第 2 个数，若 a[0]>a[1]，则交换；然后比较第 2 个数与第 3 个数；依此类推，直至第 n−1 个数和第 n 个数比较为止，这称为第 1 趟起泡排序，结果最大的数被安置在最后一个元素位置上。

（2）对前 n−1 个数进行第 2 趟冒泡排序，结果使次大的数被安置在第 n−1 个元素位置。

（3）重复上述过程，共经过 n−1 趟冒泡排序后，排序结束。

如对 5 个数进行排序，第 1 趟冒泡排序和第 2 趟排序过程如图 5-7 和图 5-8 所示。

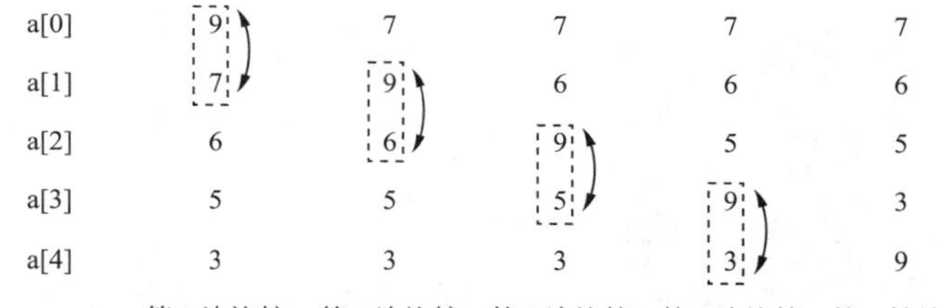

图 5-7 第 1 趟冒泡排序

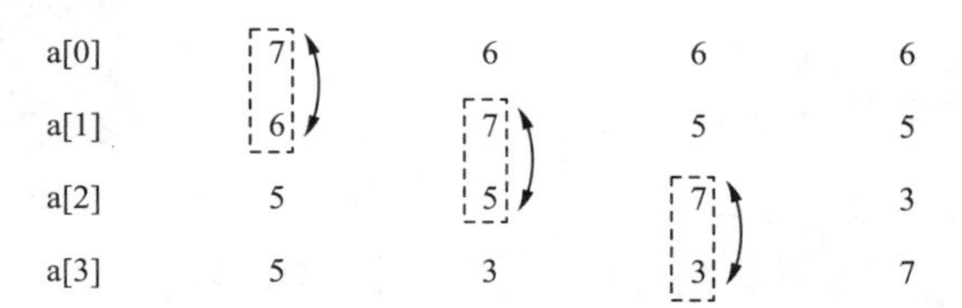

图 5-8 第 2 趟冒泡排序

可见，进行第 1 趟排序时，依次将 a[0] 与 a[1]，a[1] 与 a[2]，a[2] 与 a[3]，a[3] 与 a[4] 这 4 对数进行比较，每次比较如果满足大于条件则将两个数交换，最后把最大的数放在最后，需比较 5−1=4 次；第 2 趟排序时，依次将 a[0] 与 a[1]，a[1] 与 a[2]，a[2] 与 a[3] 这 3 对数进行比较（a[4] 中已经是最大的数，无须进行比较），把第二大的数放在倒数第二个位置上，需比较 5−2=3 次；依此类推，第 3 趟排序需比较 5−3=2 次，第 4 趟排序需比较 5−4=1 次，经过总的排序的趟数为 5−1=4 趟，最后完成排序。

由上可知，对 n 个数需要进行 n−1 趟排序，每趟的比较次数和趟数之和恰好为 n。可以根据图 5-9

所示的 N-S 图写出程序。

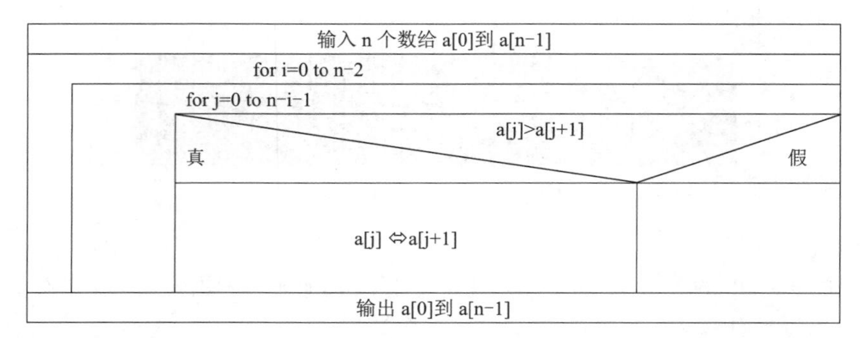

图 5-9　冒泡排序 N-S 图

【程序代码】

```
#include <stdio.h>
main()
{
    int a[5],i,j,t;
    printf("input 5 numbers:\n");
    for(i=0;i<5;i++)
        scanf("%d",&a[i]);                          /* 输入 5 个数据 */
    for(i=0;i<4;i++)                                /* 外层循环控制进行几趟比较 */
        for(j=0;j<4-i;j++)                          /* 内层循环控制每轮的比较次数 */
            if(a[j]>a[j+1] )
            {
                t=a[j]; /* 如果前面的数大于后面的数，则进行交换，否则不做任何改变 */
                a[j]=a[j+1];
                a[j+1]=t;
            }
    printf("the sorted numbers:\n");
    for(i=0;i<5;i++)
        printf("%3d",a[i]);                         /* 输出排序后的 5 个数据 */
    printf("\n");
}
```

【运行结果】

例 5.5 的运行结果如图 5-10 所示。

```
input 5 numbers:
6 12 9 10 8
the sorted numbers:
  6  8  9 10 12
Press any key to continue
```

图 5-10　例 5.5 运行结果

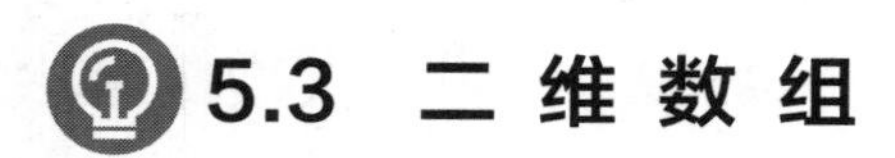

5.3 二维数组

之前所讨论的数组只有一个下标，称为一维数组。但有时用一维数组存储数据并不是很合适。例如要存储如下一个 3 行 4 列矩阵中的元素：

$$\begin{bmatrix} 4 & 7 & 9 & 5 \\ 3 & 2 & 6 & 4 \\ 1 & 8 & 5 & 3 \end{bmatrix}$$

用一维数组存储，可以定义一个长度为 12 的一维数组，但这样无法区分矩阵的行和列；另一种方法，定义 3 个一维数组，每个数组的长度为 4，这样能够明显看出矩阵的行列数，但试想一下，如果要存储的不是3行，而是30、300或更多行，这样定义就不合适了。

在C语言中所允许构造的二维数组即可解决这类问题。

5.3.1 二维数组的定义

从逻辑上可以把二维数组看作具有若干行若干列的表格或矩阵。因此，在程序中用二维数组存放排列成行列结构的表格数据。

二维数组定义的一般形式是：

```
类型说明符 数组名[常量表达式1][常量表达式2]
```

其中,常量表达式1表示数组第一维的长度（行数),常量表达式2表示数组第二维的长度（列数)。例如：

```
int a[3][4];
```

这是定义了一个3行4列的二维数组，数组名为a，其数组元素共有3×4=12个，每个数组元素的类型均为int型，其元素和逻辑结构如下：

```
            第0列      第1列      第2列      第3列
第0行     a[0][0],  a[0][1],  a[0][2],  a[0][3]
第1行     a[1][0],  a[1][1],  a[1][2],  a[1][3]
第2行     a[2][0],  a[2][1],  a[2][2],  a[2][3]
```

说明：

（1）二维数组表示行数和列数的常量表达式必须放在两个方括号内，不能写成int a[3,4]。

（2）二维数组在概念上是二维的，即是说其下标在两个方向上变化，数组元素在数组中的位置也处于一个平面之中，而不是像一维数组只是一个向量。但是，实际的硬件存储器却是连续编址的，也就是说存储器单元是按一维线性排列的。在C语言中，二维数组是按行存放的，即在内存中先顺序存放完第一行的元素，再存放第二行的元素。如定义了int a[2][3]，在内存中的存放形式如图5-11所示。

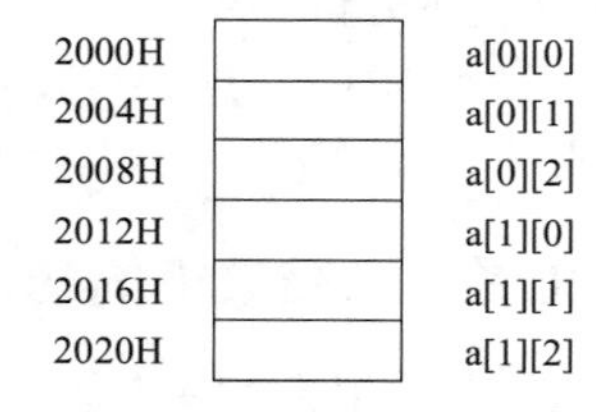

图5-11 二维数组存放图

（3）二维数组的长度＝常量表达式1×常量表达式2。上面定义的a数组长度是3×4，即12，所占内存空间是12个int型所占的空间（即VC环境下占12×4＝48字节）。

（4）C语言允许构造多维数组，其定义方式和二维数组类似，例如int a[3][4][5]就是定义了一个三维的数组。

5.3.2 二维数组的引用

二维数组中每个元素需要由数组名和两个下标来确定，引用形式如下：

```
数组名[下标][下标]
```

例如：

```
a[2][3]
```

下标可以是整型表达式，例如：

```
a[2-1][2*2-1]
```

数组元素可以出现在表达式中，也可以被赋值，例如：

```
b[1][2]=a[2][3]/2
```

以下对于二维数组的引用形式是错误的。

```
（1） a[2,3], a[2-1,2*2-1]        /* 两个下标写在了一个方括号中 */
（2） int a[3][4];
      a[3][4]=3;                  /* 引用数组的下标值超过了已定义数组大小的范围 */
```

【例 5.6】 求 3 × 3 二维数组各行元素之和。

【解题思路】

二维数组每一个元素必须利用数组元素下标单独引用，不能整体引用。

【程序代码】

```
#include <stdio.h>
void main()
{
    int s,i,j,a[3][3]={{1,2,3},{4,5,6},{7,8,9}};
    for(i=0;i<3;i++)
    {
        for(j=0,s=0;j<3;j++)
            s=s+a[i][j];
        printf(" 第 %d 行元素和为 :%d\n",i,s);
    }
}
```

【运行结果】

例 5.6 的运行结果如图 5-12 所示。

```
第0 行元素和为:6
第1 行元素和为:15
第2 行元素和为:24
```

图 5-12　例 5.6 运行结果

【程序分析】

从本程序中可以看到，访问二维数组使用二重循环，外循环的循环变量 i 代表第 i 行元素，内循环的循环变量 j 代表第 j 列元素。

5.3.3　二维数组的初始化

二维数组也与一维数组一样在定义的时候进行初始化，二维数组初始化的方法分为两种：分行赋初值和连续赋初值。

（1）分行赋初值。例如：

```
int a[3][4]={{1,2,3,4},{5,6,7,8},{9,10,11,12}};
```

可以只对部分元素赋初值，例如：

```
int a[3][4]={{1,2,3},{5,6,7,8},{9,10}};
```

没有被赋初值的元素系统默认为 0。所以上述定义等价于：

```
int a[3][4]={{1,2,3,0},{5,6,7,8},{9,10,0,0}};
```

如果某行初值的个数大于列数，编译器同样会提示错误信息“too many initializers”，该行的数值不会影响到下一行赋值。

（2）连续赋初值。例如：

```
int a[3][4]={1,2,3,4,5,6,7,8,9,10,11,12};
```

这种方式省略了内层花括号，按顺序对数组元素依次赋值。如果花括号内初值个数小于数组长度，按先后顺序逐行赋值后，没有赋值的元素初始化默认为 0。例如：

```
int a[3][4]={1,2,3,4,5,6,7};
```

等价于：

```
int a[3][4]={1,2,3,4,5,6,7,0,0,0,0,0};
```

关于二维数组初始化的两点说明：

（1）定义数组时第一维的长度（行数）可以不指定，但第二维的长度不能省。例如：int a[][3]={1,2,3,4,5,6}，系统会根据初值个数确定分配存储空间，6个初值，共3列，则可确定行数为2。

也可以写成分行形式：

```
int a[][3]={{1,2,3},{4,5,6}};
```

后者的形式比前者清晰，在只对部分元素赋初值而省略第一维长度的情况下更为常用，例如：

```
int a[][3]={{1,2},{3}}
```

这种写法能告知编译系统，数组共有2行。元素如下：

```
1  2  0
3  0  0
```

（2）二维数组可以看作由一维数组嵌套而构成的，设一维数组的每个元素都又是一个数组，就组成了二维数组。当然，前提是各元素类型必须相同。根据这样的分析，一个二维数组也可以分解为多个一维数组。如二维数组 a[3][4]，可分解为三个一维数组，其数组名分别为：a[0]、a[1]、a[2]。对这三个一维数组不需另作说明即可使用。这三个一维数组都有4个元素。

例如：一维数组 a[0] 的元素为 a[0][0],a[0][1],a[0][2],a[0][3]。

必须强调的是，a[0]、a[1]、a[2] 不能当作下标变量使用，它们是数组名，不是一个单纯的下标变量。

5.3.4 二维数组程序举例

【例5.7】求一个 4×4 矩阵主对角线上元素之和。

例如，有如下矩阵 a：

$$\begin{bmatrix} 8 & 6 & 4 & 5 \\ 7 & 5 & 3 & 1 \\ 1 & 9 & 6 & 4 \\ 5 & 3 & 8 & 9 \end{bmatrix}$$

【解题思路】

主对角线上的元素分别是 a[0][0]、a[1][1]、a[2][2]、a[3][3]，即8、5、6、9。

【程序代码】

```
#include<stdio.h>
#define N 4
void main()
{
    int i,j,a[N][N],sum=0;
    printf("Please input N array elements:\n");
    for(i=0;i<N;i++)                            /* 输入矩阵元素 */
    {
        for(j=0;j<N;j++)
            scanf("%d",&a[i][j]);
    }
    printf("The array is:\n");
    for(i=0;i<N;i++)                            /* 输出矩阵 */
    {
```

```
        for(j=0;j<N;j++)
            printf("%d ",a[i][j]);
        printf("\n");
    }
    for(i=0;i<N;i++)                          /* 求主对角线上元素之和 */
        sum+=a[i][i];
    printf("The sum of main diagonal elements is %d\n",sum);
}
```

【运行结果】

例 5.7 的运行结果如图 5-13 所示。

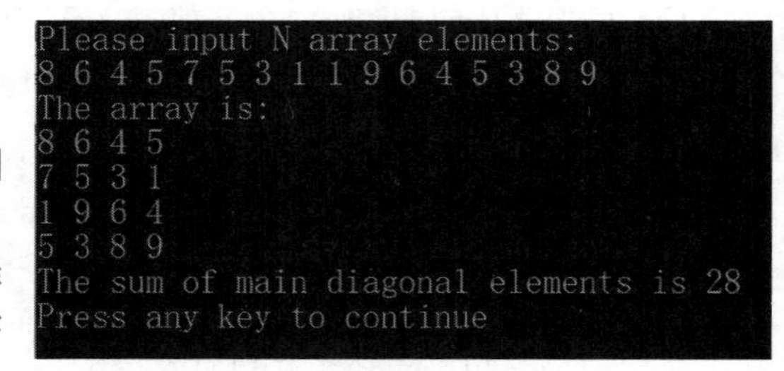

图 5-13　例 5.7 运行结果

【思维拓展】

请思考：如果要输出次对角线上的元素 a[0][3]、a[1][2]、a[2][1]、a[3][0] 之和，程序应如何修改？

【例 5.8】 统计 3 个学生，每个学生 4 门课程的考试成绩，要求输出每个学生的总成绩，每个学生的平均成绩及每门课程的平均成绩。

【解题思路】

（1）3 名学生 4 门课程考试成绩，用一个二维数组 s 存放，数组 st 存放每个学生的 4 门总成绩，数组 sa 存放每个学生的平均成绩，数组 ca 存放每门课程的总成绩。

（2）输入数据时，将成绩依次输入到二维数组 s 中。

（3）个人平均分和总分的输出应该在内层循环外，外层循环内处理。每名学生的和值在计算前应置为 0。

【程序代码】

```
#include<stdio.h>
void main()
{
    float s[3][4],sum=0;
    float st[3],sa[3],ca[4];
    int i,j;
    for(i=0;i<3;i++)                      /* 输入三个学生的 4 门课程考试成绩 */
        for(j=0;j<4;j++)
            scanf("%f",&s[i][j]);
    for(i=0;i<3;i++)
    {
        st[i]=0;
        for(j=0;j<4;j++)
            st[i]+=s[i][j];               /* st[i] 存放第 i 个学生的 4 门课程总成绩 */
        printf("The sum of student %d is:%-6.2f\n",i,st[i]);
        sa[i]=st[i]/4;                    /*sa[i] 存放第 i 个学生的 4 门课程平均成绩 */
    }
    printf("\n");
    for(i=0;i<3;i++)
        printf("The average of student %d is:%-6.2f\n",i,sa[i]);
    printf("\n");
    for(i=0;i<4;i++)
    {
        ca[i]=0;
        for(j=0;j<3;j++)
            ca[i]+=s[j][i];               /* 计算每门课程的总成绩 */
        printf("The average of course %d is:%-6.2f\n",i,ca[i]/3);
    }
}
```

【运行结果】

例 5.8 的运行结果如图 5-14 所示。

```
87 65 78 58
80 84 69 73
91 92 89 86
The sum of student 0 is:288.00
The sum of student 1 is:306.00
The sum of student 2 is:358.00

The average of student 0 is:72.00
The average of student 1 is:76.50
The average of student 2 is:89.50

The average of course 0 is:86.00
The average of course 1 is:80.33
The average of course 2 is:78.67
The average of course 3 is:72.33
```

图 5-14　例 5.8 运行结果

5.4　字符数组与字符串

C语言文字数据有两种:一种是单个的字符,一种是字符串。单个的字符可以用字符变量存放。C语言中没有存放字符串的变量，对字符串数据的存放是通过字符数组实现的。

5.4.1　字符串的概念

字符串是一种在程序设计中经常用到的数据形式，如人名、地名、性别等，字符串的本质是由字符构成的序列。在 C 语言中，字符串是用双引号括起来的若干个字符序列，可以包含转义字符及 ASCII 码表中的字符（控制字符以转义字符出现）。字符串存储到内存时，除了将其中的字符依次存入外，还要在最后加一个转义字符 '\0' 存入内存，'\0' 称为“空值”，其 ASCII 码值为 0，字符 '\0' 是字符串的结束标志。

例如字符串常量 "China" 在内存中的存储形式如下：

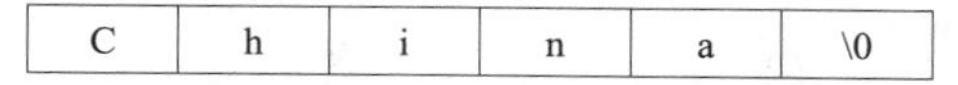

C	h	i	n	a	\0

字符 '\0' 作为字符串的一部分存储在最后作为结束标志，编译系统当访问到 '\0' 时才确定该字符串访问完成。

思考：你能说出字符 'a' 和字符串 "a" 有何不同之处吗?

在 C 语言中并没有提供存放字符串数据的变量，在处理字符串时通常是把字符串存放在字符数组中，可以通过使用字符数组很方便地存放和处理字符串。

5.4.2　字符数组的定义

定义一维字符数组的一般形式为：

```
char 数组名 [ 常量表达式 ];
```

常量表达式的值规定数组可以存放字符的个数（数组元素的个数），一个一维字符数组通常存放一个字符串，如一名学生的姓名或家庭住址等。如果要存放 5 名学生的姓名，应该使用二维数组，下面定义一个二维字符型数组：

```
char name[5][10];
```

name 是一个 5 行 10 列的字符型数组，每行存放一名学生的姓名（姓名不超过 10 个字符）。

5.4.3 字符数组的初始化

在定义字符型数组的同时允许对数组元素赋初值，称为数组初始化。最容易理解的方式是逐个字符赋给数组中各元素。例如：

```
    char c[10]={ 'I',' ','a','m',' ','h','a','p','p','y'};
    char name[3][6]={{'a','a','a','a',' ',' '},{'b','b','b','b','b','b'},{'c',
'c','c','c','c',' '}};
```

几种特殊情况的说明：

（1）如果在定义字符数组时不进行初始化，则数组中各元素的值是不可预料的。

（2）如果花括号中提供的初值个数（即字符个数）大于数组长度，则按语法错误处理。

（3）如果初值个数小于数组长度，则只将这些字符赋给数组中前面那些元素，其余的元素自动定为空字符（即 '\0'）。例如：

```
    char  c[10]={'c','  ','p','r','o','g','r','a','m'};
```

则数组 c 在内存中的存储结构如下所示。

c[0]	c[1]	c[2]	c[3]	c[4]	c[5]	c[6]	c[7]	c[8]	c[9]
c	␣	p	r	o	g	r	a	m	\0

（4）如果提供的初值个数与预定的数组长度相同，在定义时可以省略数组长度，系统会自动根据初值个数确定数组长度。例如：

```
    char c[]={'I', '  ', 'a', 'm', '  ' , 'h', 'a', 'p', 'p', 'y'};
```

数组 c 的长度自动定为 10。

一维字符数组初始化的另一种方式是以字符串的形式进行初始化，即将整个字符串直接赋值给数组。例如：

```
    char c1[]={'h', 'e', 'l', 'l', 'o'};
```

可以以字符串的形式赋值如下：

```
    char c2[6]="hello";
```

或者是

```
    char c2[6]={"hello"};
```

需要注意的是，以逐个字符的形式进行初始化的数组 c1 的长度是 5，而数组 c2 的长度却是 6。这是由字符串常数的存储格式决定的，字符串总是以 '\0' 作为串的结束符。当把一个字符串存入一个数组时，编译系统会自动把结束符 '\0' 存入数组，并以此作为该字符串是否结束的标志。c2 数组存放格式如下所示。

h	e	l	l	o	\0

字符型数组的输入、输出与整型数组的操作是一致的，都可以通过循环、赋值等方式完成输入，通过输出语句完成输出。

5.4.4 字符数组的引用

【例 5.9】二维字符数组的引用。

【程序代码】

```
    main()
```

```
{
    int i,j;
    char a[][5]={{'G','R','E','A','T',},{'C','H','I','N','A'}};
    for(i=0;i<=1;i++)
    {
        for(j=0;j<=4;j++)
            printf("%c",a[i][j]);
        printf("\n");
    }
}
```

【运行结果】

例 5.9 的运行结果如图 5-15 所示。

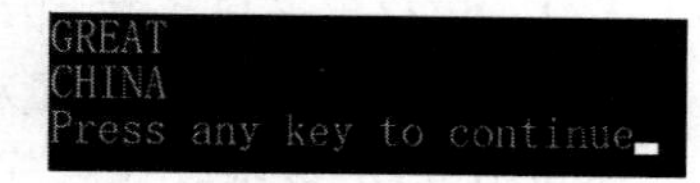

图 5-15　例 5.9 运行结果

【程序分析】

本例的二维字符数组由于在初始化时全部元素都赋以初值，因此一维下标的长度可以不加以说明。

5.4.5　字符数组的输入和输出

C 语言中可以使用 gets() 和 puts() 函数来输入和输出字符串，注意使用这些函数时，必须包含头文件名 string.h。

【例 5.10】字符串的输入和输出。

【程序代码】

```
#include<stdio.h>
#include<string.h>
main( )
{
    char c[10];
    gets(c);                        /* 从键盘输入一个字符串，存入字符数组 c*/
    puts(c);                        /* 输出该字符串 */
}
```

【运行结果】

例 5.10 的运行结果如图 5-16 所示。

```
C Program
C Program
```

图 5-16　例 5.10 运行结果

【程序分析】

（1）使用 gets() 函数输入字符串时，遇到回车符才认为输入结束，所以用它来向字符数组输入带有空格的字符串。

（2）使用 puts() 函数输出字符串时，和 printf() 函数的一个区别是，puts() 函数输出字符串后会自动换行，而 printf() 函数则不换行。

5.4.6　字符串处理函数

各种 C 语言系统都提供了许多字符串处理函数，下面是最常用的函数。使用这些函数时，必须包含头文件名 string.h。

1. 字符串长度函数 strlen()

strlen() 函数的调用形式如下：strlen(s)，s 可以是字符数组名也可以是一个字符串常量，该函数返回字符串 s 的长度。字符串结束标志 '\0' 不计算在长度之内。例如：

```
len=strlen("string");
```

执行后，变量 len 会被赋值 6。

2. 字符串复制函数 strcpy()

strcpy() 函数调用形式为：strcpy(s1,s2)，s1 是字符数组名，s2 可以是字符数组名也可以是一个字符串常量，该函数的功能是将 s2 字符串内容复制（覆盖）到 s1 中。例如：

```
char c[10];   strcpy(c, "hello");
```

执行后，c 中将存放 hello 字符串。

使用该函数时，s1 不能为字符串常量，并具有足够的存储单元。在 C 语言中，字符串不能使用赋值运算符，s1=s2 是错误的。

3. 字符串连接函数 strcat()

strcat() 函数的调用形式为：strcat(s1,s2)，s1 是字符数组名，s2 可以是字符数组名也可以是一个字符串常量，该函数将 s2 字符串连接到 s1 字符串的后面，并自动删除原来 s1 字符串结束标志。例如：

```
char s1[]="hello", s2[]="C";  strcat(s1,s2);
```

执行后字符串 s1 的内容是：helloC，s2 本身的内容不会改变。

4. 字符串比较函数 strcmp()

strcmp() 函数的调用形式为：strcmp(s1,s2)，s1、s2 既可以是字符数组名也可以是字符串常量。

该函数用于比较 s1 和 s2 两个字符串的大小。若 s1 大于 s2，函数返回值为正数；若 s1 小于 s2，函数返回值为负数；若 s1 等于 s2，函数值等于零，比较字符串大小的方法是依次比较两个字符串对应位置字符的 ASCII 码。例如：

```
char s1[]="hello", s2[]="world";
```

执行函数 strcmp(s1,s2) 后，该函数的返回值为负数，因为字符 'h' 的 ASCII 码小于字符 'w' 的 ASCII 码。

5.4.7 字符数组程序举例

【例 5.11】由键盘任意输入 3 个字符串，找出其中的最大串。

【解题思路】

使用 strcmp() 函数，该问题的求解类似于找出三个整数中的最大数。

【程序代码】

```
#include<stdio.h>
#include<string.h>
void main( )
{
    char str[80],s[3][80];
    int i;
    for(i=0;i<3;i++)
        gets(s[i]);             /* 输入三个字符串 */
    if(strcmp(s[0],s[1])>0)     /* 比较第一和第二个字符串，较大者复制到 str 中 */
        strcpy(str,s[0]);
    else
        strcpy(str,s[1]);
    if(strcmp(s[2],str)>0)      /* 比较 str 和第三个字符串，较大者复制到 str 中 */
        strcpy(str,s[2]);
    printf("The largest string is: %s\n",str);
}
```

【运行结果】

例 5.11 的运行结果如图 5-17 所示。

```
welcome to China
welcome to Japan
welcome to America
The largest string is: welcome to Japan
Press any key to continue
```

图 5-17　例 5.11 运行结果

【例 5.12】不使用字符串处理函数，将字符数组 a 中字符串复制到字符数组 b 中。

【解题思路】

依次取出 a 中的每个字符进行判断，如果不是 '\0'，就将字符存入 b 中，最后在 b 的末尾加上字符串结束标志。

【程序代码】

```
#include <stdio.h>
void main( )
{
    int i=0,j;
    char a[100],b[100];
    printf("\n Please input a string for a=");
    gets(a);
    while(a[i]!='\0')
    {
        b[i]=a[i];
        i++;
    }
    b[i]='\0';
    printf("\n a=%s \n b=%s\n",a,b);
}
```

【运行结果】

例 5.12 运行结果如图 5-18 所示。

```
Please input a string for a=hello world!

a=hello world!
b=hello world!
```

图 5-18　例 5.12 运行结果

小　　结

（1）数组的概念。数组：是一组具有相同数据类型的数据的有序集合。

（2）数组的地址。数组存放在一个连续的存储空间，数组名是数组的首地址。

（3）一维数组的定义形式：数据类型 数组名 [常量表达式]；

二维数组的定义形式：数据类型 数组名 [常量表达式 1][常量表达式 2]。

（4）一维数组的引用：数据类型 数组名 [下标]；

二维数组的引用：数据类型 数组名 [行下标][列下标]。

数组的引用不能整体引用，应该利用循环逐个引用。引用时，数组元素下标从 0 开始。数组引用时元素下标不可能为定义时的数值，那样已超过引用范围。

（5）一维数组主要用于解决线性问题。

（6）二维数组主要用于解决表格型数据。

（7）字符数组专门针对于 char 型数据。可以处理字符串。字符串由字符串结束标志 '\0' 判断是否结束。

（8）字符串处理函数。在使用此类函数时，应在程序前加命令行 #include<string.h>。

习 题 五

一、选择题

1. 若有说明：int a[10];，则对 a 数组元素的正确引用是（　　）。
   A. a[10]　　B. a[3.5]　　C. a[0]　　D. a(5)
2. 以下对一维整型数组 a 的正确说明是（　　）。
   A. int a(10);
   B. int n=0,a[n];
   C. int n;
scanf("%d",&n);
int a[n];
   D. #define SIZE 10
int a[SIZE];
3. 以下能对一维数组 a 进行正确初始化的形式是（　　）。
   A. int a[10]=(0,0,0,0,0,);　　B. int a[]={0};
   C. int a[10]={};　　D. int a[10]={10*1};
4. 以下能对二维数组 a 进行正确初始化的语句是（　　）。
   A. int a[2][]={{1,0,1},{5,2,3}};　　B. int a[][3]={{1,2,3},{4,5,6}};
   C. int a[2][4]={{1,2,3},{4,5},{6}};　　D. int a[][3]={{1,0,1,0},{},{1,1}};
5. 若有说明：int a[3][4]={0};，则下面正确的叙述是（　　）。
   A. 数组 a 中每个元素都可得到初值 0
   B. 只有元素 a[0][0] 可得到初值 0
   C. 数组 a 中各个元素都可得到初值，但其值不一定为 0
   D. 此说明语句不正确
6. 下述对 C 语言字符数组的描述中错误的是（　　）。
   A. 字符数组可以存放字符串
   B. 字符数组中的字符串可以整体输入、输出
   C. 可以在赋值语句中通过赋值运算符“=”对字符数组整体赋值
   D. 不可以用关系运算符对字符数组中的字符串进行比较
7. 已有定义：char a[ ]= "xyz",b[ ]={ 'x', 'y', 'z'};，以下叙述中正确的是（　　）。
   A. 数组 a 和 b 的长度相同　　B. a 数组长度小于 b 数组长度
   C. a 数组长度大于 b 数组长度　　D. 上述说法都不对
8. 定义如下变量和数组：

```
int i; int x[3][3]={1,2,3,4,5,6,7,8,9};，则语句
for(i=0;i<3;i++)  printf("%d□□",x[i][2-i]);
```

的输出结果是（　　）（注：□代表一个空格）。

   A. 1□□5□□9　　B. 1□□4□□7　　C. 3□□5□□7　　D. 3□□6□□9
9. 以下程序的输出结果是（　　）。

```
char str[15]="hello!";
printf("%d\n",strlen(str));
```

   A. 6　　B. 7　　C. 14　　D. 15

二、填空题

1. 若有定义 float a[3][5];，则 a 数组所含元素个数是________。
2. 在 C 语言中，二维数组元素在内存中的存放顺序是________。

3. 若有定义:double x[3][5]; 则 x 数组中行下标的下限为________,列下标的上限为________。

4. 若有定义:int a[3][4]={{1,2},{0},{4,6,8,10}}; 则初始化后，a[1][2] 的值为________，a[2][1] 的值为________。

5. 有定义 char str[]={'D', 'o', 'g', '\0'}; 若执行 puts(str); 则输出结果为________。

三、编程题

1. 对一维数组 {56,78,67,89,54,54,82,76}，使用冒泡排序法，按照从大到小的顺序，对数组进行排序。

2. 不得使用字符串处理函数，求出字符串 "hello world！ " 包含的字符个数。

第 6 章

函　数

6.1 概　述

1. 使用函数的原因

在前面已经介绍过，C 源程序是由函数组成的。前面几章中频繁使用了 main()、printf()、scanf()、getchar() 等函数，只是没有详细介绍。那为什么要使用函数呢？原因如下：

（1）C 语言在编写比较大的软件系统时，软件的代码可能成千上万行。如何有效地组织和维护这些代码就成为一个关键问题。为此，C 语言中引入了函数的概念。

（2）C 语言中把函数当作程序的基本单位，程序中可以包含一个或多个函数。通过函数来组织程序结构，使得程序结构更加简单，易于维护。

（3）C 语言不仅提供了极为丰富的库函数，还允许用户自己定义函数。用户可把自己的算法编成一个个相对独立的函数模块，然后用调用的方法使用函数。可以说 C 程序的全部工作都是由各式各样的函数完成的，所以也把 C 语言称为函数式语言。

2. 函数的分类

在 C 语言中可从不同的角度对函数分类。

从函数定义的角度看，函数可分为库函数和用户自定义函数两种。

（1）标准库函数：C 语言提供了大量的实现各种特定功能的标准库函数，用户无须定义，也不必在程序中做说明，只需在程序前使用 include 包含该函数原型的头文件，即可在程序中直接调用。在前面各章的例题中反复用到的 printf()、scanf()、sqrt()、fabs()、getchar()、putchar()、gets()、puts()、strcat() 等函数均属此类。

（2）用户自定义函数：是由用户按实际应用需要编写的函数。对于用户自定义函数，不仅要在程序中定义函数本身，而且还要在主调函数模块中对该被调函数进行声明，然后才能使用。

这两类函数的主要区别是：标准库函数由系统提供，功能固定、数量有限；而用户自定义函数是在用户编写程序时创建的，功能根据实际情况设计。

从主调函数和被调函数之间数据传送的角度看又可分为无参函数和有参函数两种。

（1）无参函数：函数定义、函数说明及函数调用中均不带参数。主调函数和被调函数之间不进行参数传送。此类函数通常用来完成一组指定的功能，可以返回或不返回函数值。

（2）有参函数：又称带参函数。在函数定义及函数说明时都有参数，称为形式参数（简称形参）。在函数调用时也必须给出参数，称为实际参数（简称实参）。进行函数调用时，主调函数把实参的值传送给形参，供被调函数使用。

注意：

（1）在 C 语言中，所有函数定义，包括主函数 main() 在内，都是平行的。也就是说，在一个函数的函数体内，不能再定义另一个函数，即不能嵌套定义。

（2）main() 函数是主函数，它可以调用其他函数，而不允许被其他函数调用。因此，C 程序的执行总是从 main() 函数开始，完成对其他函数的调用后再返回到 main() 函数，最后由 main() 函数结束整个程序。

（3）一个 C 源程序必须有且只能有一个主函数 main()。

6.2 函数的定义

6.2.1 无参函数的定义格式

```
类型标识符 函数名 ()
{
    声明部分
    语句部分
}
```

说明：

（1）类型标识符和函数名称为函数头。类型标识符指明了本函数的类型，函数的类型实际上是函数返回值的类型。该类型标识符与前面介绍的各种说明符相同。

（2）函数名是由用户定义的标识符，函数名后有一个空括号，其中无参数，但括号不可少。

（3）{} 中的内容称为函数体。在函数体中的声明部分，是对函数体内部所用到的变量的类型说明。语句部分通常是函数功能的具体实现。在很多情况下都不要求无参函数有返回值，此时函数类型符可以写为 void。

例如，定义一个打印 Hello 的无参函数：

```
void printHello( )
{
    printf("Hello!\n");
}
```

printHello() 函数是用户自定义的无参函数，用来完成打印 Hello! 的功能。用 void 指定函数值的类型，即函数带回来的值的类型，表示 printHello 函数不需要带回函数值。

6.2.2 有参函数定义的一般格式

```
类型标识符 函数名 ( 形式参数表 )
{
    声明部分
    语句部分
}
```

说明：

（1）有参函数比无参函数多了一个内容，即形式参数表。在形参表中给出的参数称为形式参数，它们可以是各种类型的变量，各参数之间用逗号间隔。

（2）在进行函数调用时，主调函数将赋予这些形式参数实际的值。形参既然是变量，必须在形参表中给出形参的类型说明。

例如，定义一个函数，用于求两个数的最大值，可写为：

```
int max(int x,int y)
```

```
{
    int z;
    if(x>y)
        z=x;
    else
        z=y;
    return z;                    /* 也可以写成 return(z);*/
}
```

【程序分析】

（1）第一行说明 max() 函数是一个整型函数，即函数的返回值是一个整数。

（2）形参 x 和 y 均为整型变量。需要注意，x 和 y 此时还没有明确的值，它们的具体值是由主调函数在调用时传送过来的。

（3）在 {} 中的函数体内，首先是声明部分，定义一个整型变量 z，用来保存两个数的最大值，max() 函数体中的 return 语句把 z 值作为函数的值返回给主调函数。有返回值函数中至少应有一条 return 语句。

6.3 函数的调用过程

在 C 程序中，首先定义一个函数，然后可以在 main() 函数中调用它。下面通过前面提到的无参函数和有参函数分别介绍函数的调用过程。

6.3.1 无参函数的调用过程

无参函数调用的一般形式：

```
函数名 ()
```

【例 6.1】无参函数的调用过程。

【程序代码】

```
#include<stdio.h>
void printHello()
{
    printf("Hello!\n");
}
int main()
{
    printf("*****\n");
    printHello();
    printf("*****\n");
    return 0;
}
```

【运行结果】

例 6.1 的运行结果如图 6-1 所示。

图 6-1　例 6.1 运行结果

【程序分析】

（1）在 C 程序中，一个函数的定义可以放在任意位置，既可放在 main() 函数之前，也可放在 main() 函数之后。无论 main() 函数写在哪里，程序都从 main() 函数开始执行。

（2）程序首先进入 main() 函数执行，先输出 *****，然后执行函数调用语句 printHello();。

（3）程序“转入”到 printHello() 函数的内部执行，输出 Hello!，printHello() 函数调用结束，返回到 main() 函数中继续执行。

（4）输出 *****，程序执行结束。

无参函数由于没有形参，所以调用时也无须考虑参数传递，因而调用过程比较容易理解。

6.3.2　有参函数的调用过程

程序中调用的大部分函数都是有参函数，理解有参函数的调用过程有两个重点问题：一个是参数的传递；一个是函数的返回值。在调用有参函数时，主调函数和被调用函数之间有数据传递关系，这种传递是通过参数传递实现的。被调函数结束时得到一个结果，需要通过 return 语句把该结果返回给主调函数，该结果就是函数的返回值。

有参函数调用的一般形式：

```
函数名(实际参数表)
```

实际参数表中的参数可以是常数、变量或其他构造类型数据及表达式。

各实参之间用逗号分隔。

下面通过一个例子详细讲解有参函数的调用过程。

【例 6.2】有参函数的调用过程。

【程序代码】

```
#include<stdio.h>
int main()
{
    int a,b,c;
    scanf("%d,%d",&a,&b);
    c=max(a,b);
    printf("Max is %d\n",c);
    return 0;
}
int max(int x,int y)
{
    int z;
    if(x>y)
        z=x;
    else
        z=y;
    return z;
}
```

【运行结果】

例 6.2 的运行结果如图 6-2 所示。

```
3,5
Max is 5
```

图 6-2　例 6.2 运行结果

【程序分析】

（1）程序首先进入 main() 函数执行，先定义 3 个 int 型变量 a、b、c，内存中生成 3 个存储单元，如图 6-3 所示。

（2）执行 scanf() 函数，给变量 a 和 b 分别赋值 3 和 5，如图 6-4 所示。

（3）执行 c=max(a,b); 语句调用 max() 函数，则程序跳转到 max() 函数中继续执行，此时，发生了参数传递，即实参的值传递给形参，这个传递就像变量之间的赋值，也就是形参 x 获得实参 a 的值 3，形参 y 获得实参 b 的值 5，如图 6-5 所示。

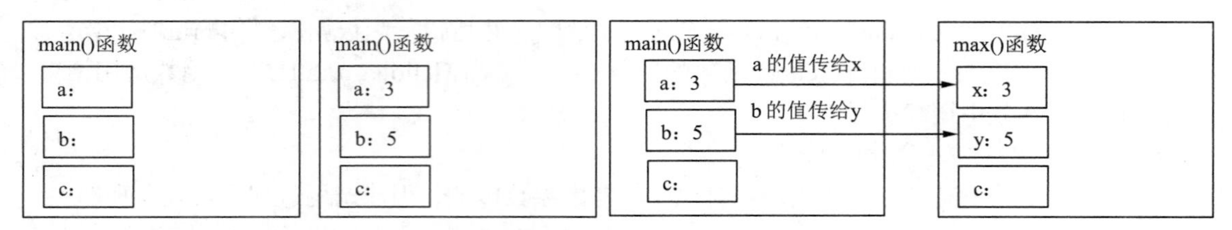

图 6-3　生成 3 个存储单元　图 6-4　给变量赋值　图 6-5　参数传递

（4）程序跳转到 max() 函数中继续执行，定义一个 int 型变量 z，通过计算，z 的值为 x 和 y 中的最大值 5，如图 6-6 所示。

（5）执行语句 return z;。return 语句的功能是把 z 的值 5 返回到函数调用处，同时结束 max() 函数的执行，使程序返回到主调函数 main() 中继续执行。因此，程序返回到 main() 函数的 c=max(a,b); 处，max(a,b) 获得了返回值 5，再把 5 赋值给变量 c，如图 6-7 所示。

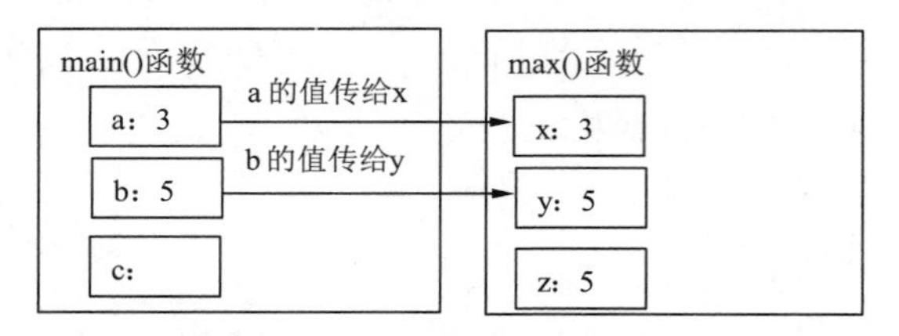

图 6-6　执行 max() 函数求出最大值

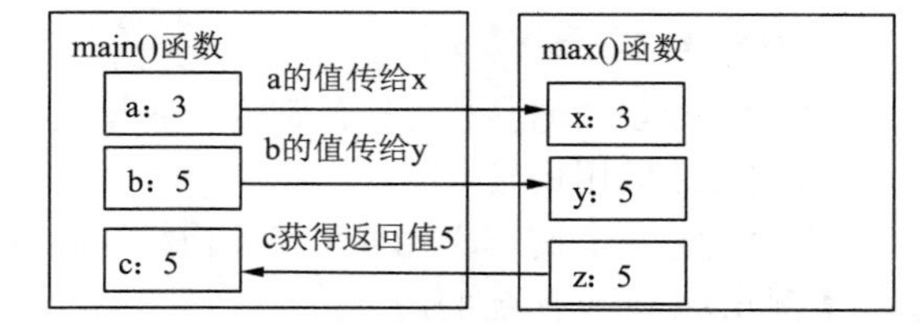

图 6-7　执行 return 语句

（6）程序继续执行后面的语句，输出结果 Max is 5，程序运行全部结束。

6.3.3　函数调用的方式

在 C 语言中，可以用以下几种方式调用函数：

（1）函数表达式：函数作为表达式中的一项出现在表达式中，以函数返回值参与表达式的运算。这种方式要求函数是有返回值的。

例如，z=max(x,y) 是一个赋值表达式，把 max() 函数的返回值赋予变量 z。

（2）函数语句：函数调用的一般形式加上分号即构成函数语句。

例如，printf ("%d",a);scanf ("%d",&b); 都是以函数语句的方式调用函数。

（3）函数实参：函数作为另一个函数调用的实际参数出现。这种情况是把该函数的返回值作为实参进行传送，因此要求该函数必须是有返回值的。

例如，printf("%d",max(x,y)); 即是把 max() 函数调用的返回值又作为 printf() 函数的实参使用。

（4）函数参数求值顺序的问题。所谓求值顺序是指实参表中各量的使用顺序，可自左至右使用，也可自右至左使用。对此，各系统的规定不一定相同。介绍 printf() 函数时已提到过，这里从函数调用的角度再强调一下。

【例 6.3】函数参数求值顺序。

【程序代码】

```
int main()
{
    int a=1,b=2;
    printf("%d,%d,%d\n",a,b,b=b+a);
    return 0;
}
```

【程序分析】

（1）printf() 函数参数求值顺序：

如按照自右至左的顺序求值。运行结果应为：

```
1,3,3
```

如按照自左至右的顺序求值，运行结果应为：

```
1,2,3
```

而实际运行结果如图 6-8 所示。

图 6-8　例 6.3 运行结果

这说明，printf() 函数里各个参数的求值顺序是自右至左。

（2）应特别注意的是，无论是自左至右求值，还是自右至左求值，其输出顺序都是不变的，即输出顺序总是和实参表中实参的顺序相同。由于 VC++ 6.0 是自右至左求值，所以结果为 1,3,3。

6.4　函数的参数和函数的返回值

6.4.1　形参和实参

前面已经介绍过，函数的参数分为形参和实参两种。在本小节中，进一步介绍形参、实参的特点和两者的关系。形参出现在函数定义中，在整个函数体内都可以使用，离开该函数则不能使用。实参出现在主调函数中，进入被调函数后，实参变量也不能使用。形参和实参的功能是作数据传送。发生函数调用时，主调函数把实参的值传送给被调函数的形参从而实现主调函数向被调函数的数据传送。函数的形参和实参具有以下特点：

（1）在定义函数中指定的形参，在未出现函数调用时，它们并不占内存中的存储单元。只有在函数调用时，max() 函数中的形参才被分配内存单元。在调用结束后，形参所占的内存单元也被释放。如上例的 max() 函数中的形参 x 和 y，在 max() 函数调用结束后被释放。

（2）实参可以是常量、变量或表达式。例如：

```
c=max(a,a+b);
```

但要求它们有确定的值。在调用时将实参的值赋给形参。

（3）在被定义的函数中，必须指定形参的类型，而在函数调用时，一定不能指定实参的类型。如 c=max(int a,int b); 是错误的写法！

（4）实参与形参的类型应相同，是合法的、正确的。C 语言规定，实参变量对形参变量的数据传递是“值传递”，即单向传递，只由实参传给形参，而不能由形参传回来给实参，这是和 Fortran 语言不同的。在内存中，实参单元与形参单元是不同的单元。

在调用函数时，给形参分配存储单元，并将实参对应的值传递给形参，调用结束后，形参单元被释放，实参单元仍保留并维持原值。因此，在执行一个被调用函数时，形参的值如果发生改变，并不会改变主调函数的实参的值。

【例 6.4】说明形参的改变是否影响实参。

【程序代码】

```
void swap(int a,int b)
{
    int t;                                  /* 定义临时变量 t*/
    t=a;
    a=b;                                    /* 利用 t 交换 a 和 b 的值 */
```

```
    b=t;
}
int main()
{
    int a,b;
    scanf("%d%d",&a,&b);
    swap(a,b);                          /* 调用 swap() 函数，传递实参 a 和 b 的值 */
    printf("a=%d,b=%d\n",a,b);
}
```

输入：3 5 回车

输出：a=3,b=5

【程序分析】

（1）当调用 swap() 函数时，实参值传给形参，内存中变量的内容如图 6-9 所示。

（2）当调用 swap() 函数时，通过 t 作为中间变量交换了形参 a 和 b 的值，而 main() 函数中 a 和 b 的值并没有受到影响，所以输出结果保持不变，仍然是 3 和 5，如图 6-10 所示。

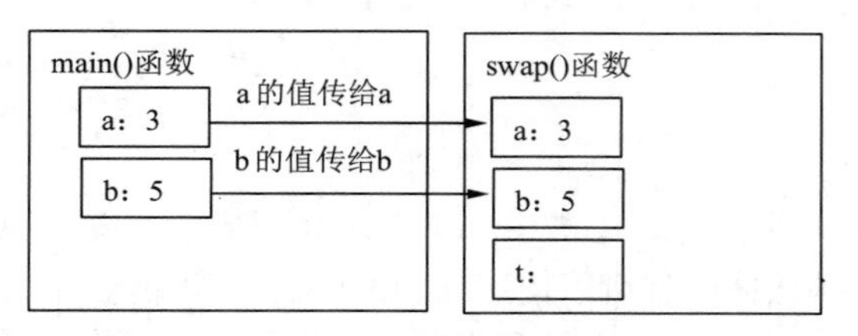

图 6-9　内存中变量的内容

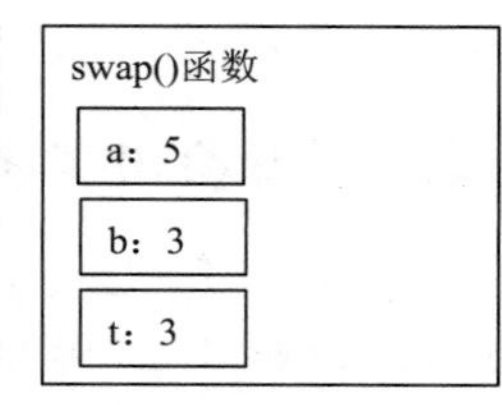

图 6-10　输出结果

（3）这个程序说明了实参变量对形参变量的数据传递是单向"值传递"，形参的改变不会影响实参，在内存中，实参单元与形参单元是不同的单元。

6.4.2　函数的返回值

函数的值是指函数被调用之后，执行函数体中的程序段所取得的并返回给主调函数的值，如例 6.2 中调用 max() 函数得到的最大值。对函数的值（又称函数返回值）有以下一些说明：

（1）函数的值只能通过 return 语句返回主调函数。

return 语句的一般形式为：

```
return 表达式;
```

或者为：

```
return(表达式);
```

该语句的功能是计算表达式的值，并返回给主调函数。在函数中允许有多个 return 语句，但每次调用只能有一个 return 语句被执行，因此只能返回一个函数值。

（2）函数值的类型和函数定义中函数的类型应保持一致。如果两者不一致，则以函数类型为准，自动进行类型转换。

如函数 f 的定义为：

```
int f(int x,int y)
{
    float z;
    ...
    return z;
}
```

定义函数为int类型,返回的值为float类型,那么以定义的int为准,返回值自动转为int类型。

（3）如在函数定义时省去类型说明，则系统默认函数类型为int型。

如函数f定义为：

```
f(int x,int y)
{
    int z;
    …
    return z;
}
```

省略了函数f的类型，系统自动将函数类型处理为int类型。

（4）不返回函数值的函数，可以明确定义为“空类型”，类型说明符为void。如例6.4中的swap()函数并不向主函数返回函数值，因此可定义为：

```
void swap(int a,int b)
{ …
}
```

一旦函数被定义为空类型后，就不能在主调函数中使用被调函数的函数值了。例如，在定义swap()函数为空类型后，在主函数中写下述语句：

```
sum=swap(3,5);
```

就是错误的。

 6.5 被调用函数的声明

如果要调用一个函数，那么这个被调用的函数必须是已经存在的函数（是库函数或用户自己定义的函数）。

6.5.1 被调用函数是库函数

如果被调用函数是库函数，一般应该在本文件开头使用#include命令将调用有关库函数时所需用到的信息“包含”到本文件中来。例如：

```
#include<stdio.h>
```

其中stdio.h是一个“头文件”。在stdio.h文件中保存了输入/输出库函数所用到的一些宏定义信息。如果不包含“stdio.h”文件中的信息，就无法使用输入/输出库中的函数。同样，使用数学库中的函数，应该用

```
#include<math.h>
```

.h是头文件的扩展名，标志头文件（header file）。有关宏定义等概念后面章节会详细介绍。

6.5.2 被调用函数是用户自定义函数

如果调用用户自己定义的函数,而且该函数与调用它的函数（即主调函数）在同一个文件中，一般还应该在主调函数中对被调用的函数进行声明，即向编译系统说明有这个函数存在，可以在主调函数中调用该函数。

【例6.5】对被调用的函数进行声明。

【程序代码】

```
#include<stdio.h>
```

```
int main()
{
    float add(float x,float y);                    /* 对被调用函数 add() 的声明 */
    float a,b,c;
    scanf("%f, %f",&a,&b);
    c=add(a,b);
    printf ("sum is %f\n",c) ;
    return 0;
}
float add(float x,float y)
{
    float z;
    z=x+y;
    return  z;
}
```

【运行结果】

例 6.5 的运行结果如图 6-11 所示。

```
3.6,6.2
 sum is 9.800000
```

图 6-11　例 6.5 的运行结果

【程序分析】

（1）这是一个很简单的函数调用，add() 函数的作用是求两个实数之和，得到的函数值也是实型。程序第 4 行 float add(float x,float y); 是对被调用函数 add() 的声明。

（2）对函数的“定义”和“声明”不是一回事。“定义”是指对函数功能的确立,包括指定函数名、函数值类型、形参及其类型、函数体等，它是一个完整的、独立的函数单位。而“声明”的作用则是把函数的名字、函数类型以及形参的类型、个数和顺序通知编译系统，以便在调用该函数时系统按此进行对照检查（例如函数名是否正确，实参与形参的类型和个数是否一致）。

（3）从程序中可以看到对函数的声明与函数定义中的第 1 行（函数首部）基本上是相同的。因此可以简单地照写已定义的函数的首部，再加一个分号，就成为对函数的“声明”。

（4）在函数声明中也可以不写形参名，只写形参的类型。例如：

```
float add(float,float);
```

C 语言中规定，在以下几种情况时可以省去主调函数中对被调函数的函数声明。

（1）如果被调函数的返回值是整型或字符型时，可以不对被调函数作声明，而直接调用。这时系统将自动对被调函数返回值按整型处理。例 6.2 的主函数中未对 max() 函数作声明而直接调用即属此种情形。

（2）当被调函数的函数定义出现在主调函数之前时，在主调函数中也可以不对被调函数再作声明而直接调用。例如例 6.3 中，swap() 函数的定义放在 main() 函数之前，因此可在 main() 函数中省去对 swap() 函数的函数声明 void swap(int a,int b);。

（3）如在所有函数定义之前，在函数外预先声明了各个函数的类型，则在以后的各主调函数中，可不再对被调函数作声明。例如：

```
char str(int a);
float f(float b);
main()
{
    …
}
char str(int a)
{
    …
}
```

```
float f(float b)
{
    …
}
```

其中第一、二行对 str() 函数和 f() 函数预先作了声明。因此在以后各函数中无须对 str() 和 f() 函数再作声明即可直接调用。

6.6 函数的嵌套调用和递归调用

6.6.1 函数的嵌套调用

C 语言中不允许作嵌套的函数定义。因此各函数之间是平行的，不存在上一级函数和下一级函数的问题。但是 C 语言允许在一个函数的定义中出现对另一个函数的调用。这样就出现了函数的嵌套调用，即在被调函数中又调用其他函数。这与其他语言的子程序嵌套的情形是类似的，其关系如图 6-12 所示。

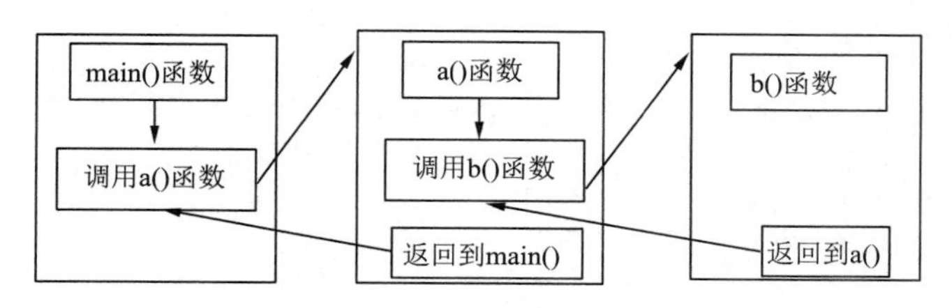

图 6-12　函数的嵌套调用

图 6-12 表示了两层嵌套的情形。其执行过程是：执行 main() 函数中调用 a() 函数的语句时，即转去执行 a() 函数，在 a() 函数中调用 b() 函数时，又转去执行 b() 函数，b() 函数执行完毕返回 a() 函数的断点继续执行，a() 函数执行完毕返回 main() 函数的断点继续执行。

【例 6.6】计算一个圆柱体的底面积和体积。

【程序代码】

```
#include<stdio.h>
int main()
{
    double fs(double r);              /* 求圆面积函数 fs() 的声明 */
    double fv(double r,double h);     /* 求圆柱体积函数 fv() 的声明 */
    double r,h,v,s;
    printf("input r and h:");
    scanf("%lf%lf",&r,&h);
    s=fs(r);                          /*fs() 函数求圆面积 */
    v=fv(r,h);                        /*fv() 函数求圆柱体体积 */
    printf("s=%.2f,v=%.2f\n",s,v);
    return 0;
}
double fs(double r)
{
    double s;
    s=3.14*r*r;
    return s;
}
```

```
double fv(double r,double h)
{
    double v;
    v=fs(r)*h;                        /* 函数 fv() 中嵌套调用函数 fs()*/
    return v;
}
```

【运行结果】

例 6.6 的运行结果如图 6-13 所示。

```
input r and h:1 1
s=3.14, v=3.14
```

图 6-13　例 6.6 运行结果

【程序分析】

（1）程序从 main() 函数开始执行，先调用 fs() 函数，求出圆面积。

（2）再调用 fv() 函数求圆柱体积，在执行 fv() 函数过程中，还要嵌套调用 fs() 函数求圆柱的底面积。

（3）返回到 fv() 函数中求体积，最后返回到 main() 函数中得到最后的结果。

（4）需要注意，函数的调用可以嵌套，函数的定义不可以嵌套。下面代码的写法就是错误的。

```
double fv(double r,double h)
{
    double v;
    v=fs(r)*h;
    return v;
    double fs(double r)              /* 函数 fv() 中嵌套定义了函数 fs()，是错误的 */
    {
        double s;
        s=3.14*r*r;
        return s;
    }
}
```

6.6.2　函数的递归调用

在调用一个函数过程中又出现直接或间接地调用函数自身，称为函数的递归调用。C 语言允许函数的递归调用。递归调用分为两种，一种是直接递归调用，另一种是间接递归调用，如图 6-14 所示。

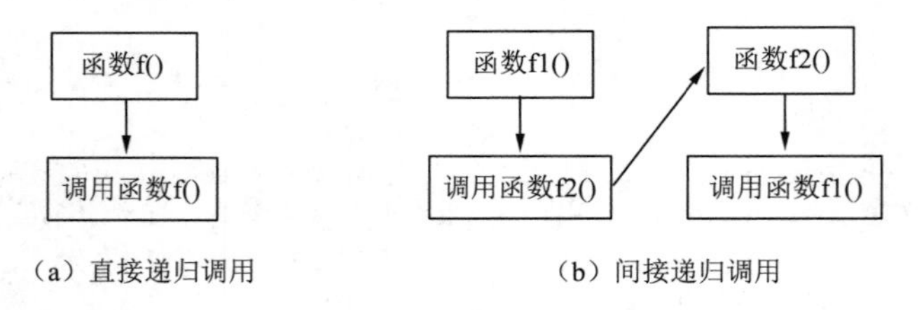

图 6-14　函数的递归调用

例如有函数 f() 如下：

```
int f(int x)
{
    int y;
    z=f(y);
    return z;
}
```

该函数是一个递归函数，但是运行该函数将无终止地调用其自身，这当然是不正确的。为了防止递归调用无终止地进行，必须在函数内有终止递归调用的手段。常用的办法是加条件判断，满足某种条件后就不再作递归调用，然后逐层返回。下面举例说明递归调用的执行过程。

【例 6.7】 用递归法编写函数 f() 计算 *n*!。

【解题思路】 假设 *n* 的值是 5，求 5!，递归的思想是调用自身，就是如果要求出 5!，必须求出 4!，然后 5!=4!*5，同理要想求出 4!，必须先求出 3!，然后 4!=3!*4，依此类推：

```
5!=4!*5
4!=3!*4
3!=2!*3
2!=1!*2
1! 作为递归结束条件，此时要作为一个已知条件，1!=1，然后逐层返回：
2!=1*2=2
3!=2*3=6
4!=6*4=24
5!=24*5=120
```

最终求出 5!，如果是求 *n*!，可以列出下面的公式：

$$n! = \begin{cases} 1 & (n=0 \text{ 或 } 1) \\ n \times (n-1)! & (n>1) \end{cases}$$

按公式可编程如下：

【程序代码】

```
#include<stdio.h>
int main()
{
    int n;
    printf("请输入一个非负整数：");
    scanf("%d",&n);
    printf("%d!=%d\n",n,f(n));
    return 0;
}
int f(int n)
{
    int y;
    if(n==1||n==0)                          /*递归结束条件*/
        y=1;
    else
        y=f(n-1)*n;                         /*递归调用函数 f*/
    return y;
}
```

【运行结果】

例 6.7 的运行结果如图 6-15 所示。

```
请输入一个非负整数:5
5!=120
```

图 6-15　例 6.7 运行结果

【程序分析】

（1）程序中给出的函数 f() 是一个递归函数。主函数调用 f() 后即进入函数 f() 执行，如果 n==0 或 n==1 时都将结束函数的执行，否则就递归调用 f() 函数自身。

（2）由于每次递归调用的实参为 *n*−1，即把 *n*−1 的值赋予形参 *n*，最后当 *n*−1 的值为 1 时再作递归调用，形参 *n* 的值也为 1，将使递归终止，然后可逐层退回。

（3）函数递归调用的执行过程不像嵌套调用那么容易理解，可以把递归函数“转换”为嵌套函数的方式加以理解。假设输入 *n*=5，求 5！，如图 6-16 所示。在主函数中的调用语句即为 f(5)，进入 f() 函数后，由于 *n*=5，不等于 0 或 1，故应执行 y=f(n−1)*n，即 y=f(5−1)*5。该语句对 f() 作递归调用即 f(4)。进行四次递归调用后，f() 函数形参取得的值变为 1，故不再继续递归调用而开始逐层返回主调函数。f(1) 的函数返回值为 1，f(2) 的返回值为 1*2=2，f(3) 的返回值为 2*3=6，f(4) 的返回值为 6*4=24，f(5) 的返回值为 24*5=120。

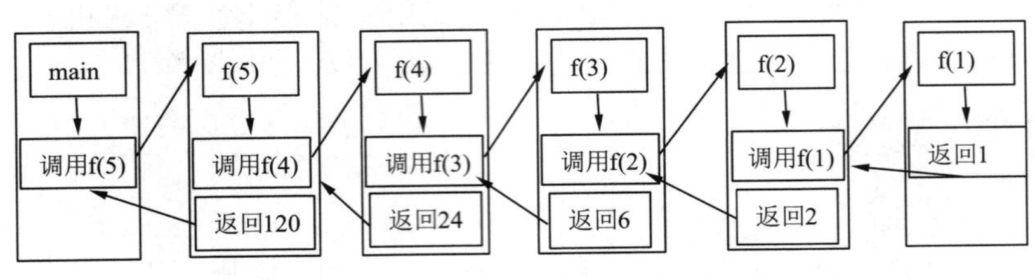

图 6-16　求 s!

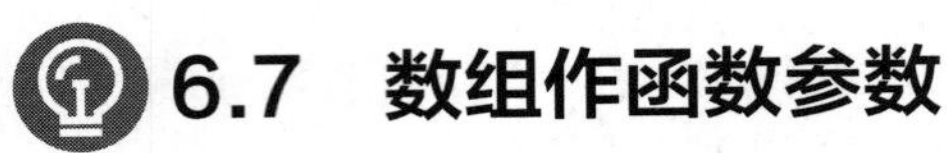

6.7　数组作函数参数

6.7.1　数组元素作函数实参

【例 6.8】分析下面程序，是否能将一个整数数组中每个元素的值都加 1？

【程序代码】

```
#include<stdio.h>
void add(int x)
{
    x=x+1;
}
int main()
{
    int a[5],i;
    printf(" 请输入 5 个整数: \n");
    for(i=0;i<5;i++)
        scanf("%d",&a[i]);
    printf(" 数组 a 元素初值: \n");
    for(i=0;i<5;i++)
        printf("%d ",a[i]);
    printf("\n");
    for(i=0;i<5;i++)
        add(a[i]);
    printf(" 数组 a 元素终值: \n");
    for(i=0;i<5;i++)
        printf("%d ",a[i]);
    printf("\n");
    return 0;
}
```

【运行结果】

例 6.8 的运行结果如图 6-17 所示。

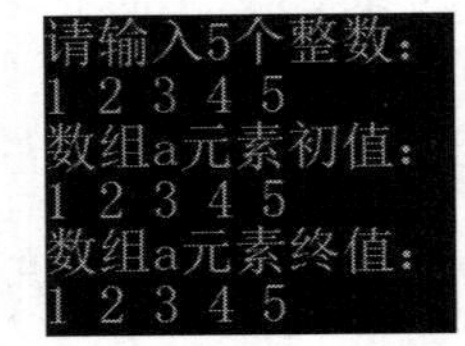

图 6-17　例 6.8 运行结果

【程序分析】

（1）数组元素作函数实参使用与普通变量完全相同。

（2）在发生函数调用时，把作为实参的数组元素的值传送给形参，实现单向值传递，形参值的改变并不会影响实参的值。

6.7.2　一维数组作函数的参数

前面已经介绍了可以用变量作函数参数，此外，数组元素也可以作函数实参，其用法与变量相同。数组名也可以作实参和形参，传递的是数组首元素的地址。用数组名作函数参数，此时实参与形参都应用数组名（或用指针变量，见后面章节）。

【例 6.9】编写函数，将一个整数数组中每个元素的值都加 1，然后在 main() 函数中调用该函数。

【程序代码】

```
#include<stdio.h>
void add(int x[],int n)
{
    int i;
    printf("数组x元素初值:\n");
    for(i=0;i<5;i++)
        printf("%d ",x[i]);
    printf("\n");
    for(i=0;i<n;i++)
        x[i]++;
    printf("数组x元素终值:\n");
    for(i=0;i<5;i++)
        printf("%d ",x[i]);
    printf("\n");
}
int main()
{
    int a[5],i;
    printf("请输入5个整数:\n");
    for(i=0;i<5;i++)
        scanf("%d",&a[i]);
    printf("数组a元素初值:\n");
    for(i=0;i<5;i++)
        printf("%d ",a[i]);
    printf("\n");
    add(a,5);
    printf("数组a元素终值:\n");
    for(i=0;i<5;i++)
        printf("%d ",a[i]);
    printf("\n");
    return 0;
}
```

【运行结果】

例 6.9 的运行结果如图 6-18 所示。

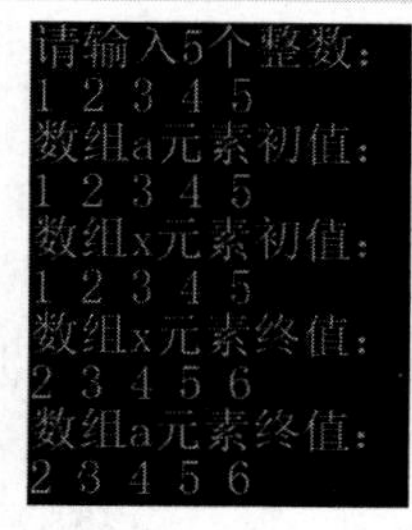

图 6-18　例 6.9 运行结果

【程序分析】

（1）add() 函数的形参为整型数组 x，长度为 n。主函数中实参数组 a 也为整型，长度为 5。在主函数中首先输入数组 a 的值，然后以数组名 a 和长度 5 为实参调用 add() 函数。

（2）在 add() 函数中，形参数组 x 接收了实参数组 a 的值（暂时这么说），n 接收了 5，然后在函数体内把形参数组 x 的每个元素值都加 1。返回主函数之后，再次输出数组 a 的值。

（3）从运行结果可以看出，形参数组 x 元素值的改变会影响实参数组 a 的元素值，数组 a 的终值和数组 x 的终值是相同的。这说明实参形参为同一数组，它们的值同时得以改变。

（4）数组名代表数组首元素的地址，等后面学习指针之后，就很好理解，形参数组 x 相当于一个指针变量，x 指向了数组 a 的首元素，这样就可以通过指针访问指向的数组，这些内容在后续章节会陆续讲解。

说明：

（1）用数组名作函数参数，应该在主调函数和被调用函数中分别定义数组，例 6.9 中 x 是形参数组名，a 是实参数组名，分别在其所在函数中定义，不能只在一方定义。

（2）实参数组与形参数组类型应一致，如不一致，结果将出错。

（3）实参数组和形参数组大小可以一致也可以不一致，编译对形参数组大小不做检查。只是将实参数组的首地址传给形参数组。

（4）形参数组可以不指定大小，在定义数组时在数组名后面跟上一个空的方括号。

（5）为了确保形参数组的大小和实参数组一致，一般通过一个单独的形参变量接收实参数组的大小，如例 6.9 中的 n：

```
void add(int x[],int n)
```

如果没有定义这个变量 n，那么 add() 函数中将无法得知实参数组 x 的大小，就无法正确访问数组元素。

（6）用数组名作函数实参时。不是把数组的值传递给形参。而是把实参数组的起始地址传递给形参数组，这样两个数组就共占同一单元。形参数组中各元素发生变化会使实参数组元素的值相应发生变化。这一点与变量作函数参数的情况不同。可以利用这一特点改变实参数组元素的值。

【例 6.10】用选择法对数组中 10 个整数按由小到大排序。

【程序代码】

```
#include<stdio.h>
int main()
{
    void sele_sort(int a[],int n);
    int a[10],i;
    printf("enter the  array:\n");
    for(i=0;i<10;i++)
        scanf("%d",&a[i]);
    sele_sort(a,10);
    printf("sorted array:\n");
    for(i=0;i<10;i++)
        printf("%d ",a[i]);
    printf("\n");
    return 0;
}
void sele_sort(int a[],int n)
{
    int i,j,k,t;
    for(i=0;i<n-1;i++)
    {
        k=i;
        for(j=i+1;j<n;j++)
```

```
            if(a[j]<a[k]) k=j;
            if(k!=i)
            {
                t=a[k];
                a[k]=a[i];
                a[i]=t;
            }
        }
    }
```

【运行结果】

例 6.10 的运行结果如图 6-19 所示。

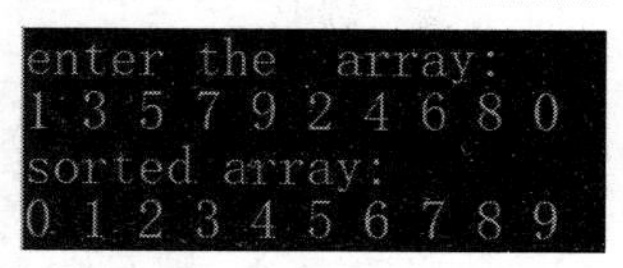

图 6-19 例 6.10 运行结果

【程序分析】

a 数组中各元素的值是不同的，原来是无序的，执行 sele_sort(a,10) 后，a 数组就排好序了，这是由于形参数组已用选择法进行排序。形参数组的值改变也使得实参数组的值随之相应改变。

6.8 局部变量和全局变量

在讨论函数的形参变量时曾经提到，形参变量只在被调用期间才分配内存单元，调用结束立即释放。这一点表明形参变量只有在函数内才是有效的，离开该函数就不能再使用了。这种变量有效性的范围称为变量的作用域。不仅对于形参变量，C 语言中所有的量都有自己的作用域。变量说明的方式不同，其作用域也不同。C 语言中的变量，按作用域范围可分为两种，即局部变量和全局变量。

6.8.1 局部变量

在一个函数内部定义的变量是内部变量，它只在本函数范围内有效，也就是说只有在本函数内才能使用它们，在此函数以外是不能使用这些变量的，这称为“局部变量”。

例如：

```
int f1(int a)
{
    int b,c;              /* 函数 f1() 中, a、b、c 有效 */
    …
}
int f2(int x)
{
    int y,z;              /* 函数 f2() 中, x、y、z 有效 */
    …
}
main()
{
    int m,n;              /* 函数 main() 中, m、n 有效 */
    …
}
```

在函数 f1() 内定义了三个变量，a 为形参，b、c 为一般变量。在 f1() 函数范围内 a、b、c 有效，或者说 a、b、c 变量的作用域限于 f1() 函数内。同理，x、y、z 的作用域限于 f2() 函数内。m、 n 的作用域限于 main() 函数内。

【例 6.11】局部变量的使用

【程序代码】

```
#include<stdio.h>
int main()
{
    int a,b;              /* 函数 main() 中定义的局部变量 a 和 b*/
    a=3;
    b=5;
    f(a,b);
    printf("a=%d,b=%d\n",a,b);
    return 0;
}
int f(int x,int y)        /* 形参 x 和 y 也是函数 f() 的局部变量 */
{
    int a;                /* 函数 f() 中定义的局部变量 a*/
    a=x+y;
    printf("a=%d\n",a);
}
```

【运行结果】

例 6.11 的运行结果如图 6-20 所示。

```
a=8
a=3, b=5
```

图 6-20　例 6.11 运行结果

关于局部变量的说明：

（1）主函数 main() 中定义的变量只在主函数中有效，不因为在主函数中定义而在整个文件或程序中有效，主函数也不能使用其他函数中定义的变量。

（2）不同函数中可以使用相同名字的变量，它们代表不同的对象，互不干扰。它们在内存中占不同的单元，互不混淆。

（3）形式参数也是局部变量，其他函数不能使用。

（4）在一个函数内部，可以在复合语句中定义变量，这些变量只在本复合语句中有效，这种复合语句又称“分程序”或“程序块”。下面程序说明了分程序的功能。

【例 6.12】分程序。

【程序代码】

```
#include<stdio.h>
int main()
{
    int a,b;                              /*main() 函数内部，局部变量 */
    a=3;
    b=5;
    {                                     /* 函数内部的 {}，分程序 */
        int c,d;                          /* 分程序中定义的局部变量 c 和 d*/
        c=1;                              /*c 和 d 只在分程序内部起作用 */
        d=2;
        printf("c=%d,d=%d\n",c,d);
    }
    printf("c=%d,d=%d\n",c,d);            /* 错误！ c 和 d 出了分程序就不能使用了 */
    printf("a=%d,b=%d\n",a,b);
    return 0;
}
```

6.8.2　全局变量

全局变量又称外部变量，它是在函数外部定义的变量。它不属于哪一个函数，它属于一个源程序文件。全局变量可以为本文件中其他函数所共用，它的有效范围为从定义变量的位置开始到本源文件结束。

例如：

```
int a,b;                            /*全局变量*/
void f1()                           /*函数f1()*/
{
    …
}
float x,y;                          /*全局变量*/
int f2()                            /*函数f2()*/
{
    …
}
main()                              /*主函数*/
{
    …
}
```

从上例可以看出a、b、x、y都是在函数外部定义的外部变量，都是全局变量。但x、y定义在函数f1()之后，而在f1()内又无对x、y的说明，所以它们在f1()函数内无效。a、b定义在源程序最前面，因此在f1()、f2()及main()内不加说明也可使用。

【例6.13】全局变量的使用

【程序代码】

```
#include<stdio.h>
int p=5;                            /*全局变量p的作用范围是f()和main()*/
int q;                              /*全局变量不初始化则默认值是0 */
void f()
{
    int p=1;
    p++;                            /*使用的是局部变量p, p=2*/
    q++;                            /*使用的是全局变量q, q=1*/
    printf("In f:p=%d,q=%d\n",p,q); /*p=2, q=1*/
}
int main()
{
    p++;                            /*使用的是全局变量p, p=6*/
    printf("Before f: p=%d,q=%d\n",p,q);    /*p=6, q=0*/
    f();
    q++;                                    /*使用的是全局变量q, q=2*/
    printf("After f: p=%d,q=%d\n",p,q);     /*p=6, q=2*/
    return 0;
}
```

【运行结果】

例6.13的运行结果如图6-21所示。

```
Before f: p=6,q=0
In f:p=2,q=1
After f: p=6,q=2
```

图6-21　例6.13运行结果

关于全局变量的说明：

（1）全局变量从定义开始，一直到本文件结束，所有函数都可以直接使用，需要注意，全局变量不会随着函数调用结束而释放，而是一直存在，直到程序运行结束。

（2）每个函数都可以访问和修改全局变量，需要注意全局变量值的变化，如上例中的全局变量q。

（3）当函数内定义的局部变量和全局变量的名字相同时，在函数内，局部变量起作用。如上例函数 f() 中定义的局部变量 p。

（4）分程序中也可以定义和外部变量同名的变量，理解的方式同全局变量和局部变量同名的情况，见下面例题。

【例 6.14】分程序中变量和外部变量同名的情况。

【程序代码】

```
#include<stdio.h>
int main()
{
    int a=1,b=5;
    {
        int a=2;
        a++;                              /*使用的是分程序中定义的变量 a, a=3*/
        b++;                              /*使用的是 main 中定义的变量 b, b=6*/
        printf("a=%d,b=%d\n",a,b);        /*a=3, b=6*/
    }
    a++;                                  /*使用的是 main() 函数中定义的变量 a, a=2*/
    printf("a=%d,b=%d\n",a,b);            /*a=2, b=6*/
    return 0;
}
```

【运行结果】

例 6.14 的运行结果如图 6-22 所示。

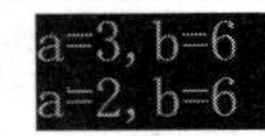

图 6-22　例 6.14 运行结果

 6.9　变量的存储类别

6.9.1　动态存储方式与静态存储方式

前面已经介绍了，从变量的作用域（即从空间）角度来分，可以分为全局变量和局部变量。从变量值存在的作用时间（即生存期）角度来分，可以分为静态存储方式和动态存储方式。其中，静态存储方式是指在程序运行期间分配固定的存储空间的方式；动态存储方式是在程序运行期间根据需要动态地分配存储空间的方式。

用户存储空间可以分为三个部分，如图 6-23 所示。

用户区
程序区
静态存储区
动态存储区

图 6-23　用户存储空间

全局变量全部存放在静态存储区，在程序开始执行时给全局变量分配存储区，程序执行完毕就释放。在程序执行过程中它们占据固定的存储单元，而不动态地进行分配和释放；

动态存储区存放以下数据：

（1）函数形式参数；

（2）自动变量（未加 static 声明的局部变量）；

（3）函数调用时的现场保护和返回地址。

对以上这些数据，在函数开始调用时分配动态存储空间，函数结束时释放这些空间。

在 C 语言中，每个变量和函数有两个属性：数据类型和数据的存储类别。

6.9.2　auto 变量

函数中的局部变量，如不专门声明为 static 存储类别，都是动态地分配存储空间的，数据存储在动态存储区中。函数中的形参和在函数中定义的变量（包括在复合语句中定义的变量），都属此类，在调用该函数时系统会给它们分配存储空间，在函数调用结束时就自动释放这些存储空间。这类局部变量称为自动变量。自动变量用关键字 auto 作存储类别的声明。

例如：

```
int f(int a)                  /* 定义 f() 函数，a 为参数 */
{
    auto int b,c=3;           /* 定义 b、c 自动变量，与 int b,c=3; 意义相同 */
    …
}
```

a 是形参，b、c 是自动变量，对 c 赋初值 3。执行完 f() 函数后，自动释放 a、b、c 所占的存储单元。

关键字 auto 可以省略，auto 不写则隐含定义为"自动存储类别"，属于动态存储方式。

【例 6.15】auto 变量举例。

【程序代码】

```
#include<stdio.h>
void f()
{
    auto int count=0;          /*auto 可以省略，不赋初值，其值不确定，不能使用 */
                               /* 注意：auto 变量 count 随着 f() 的调用而出现 */
    count++;
    printf(" 函数 f 第 %d 次被调用 \n",count);
                               /* 注意：f() 调用结束时，count 的空间就被释放 */
}
int main()
{
    f();
    f();
    f();                       /* 每一次调用 f()，都会新生成一个 count*/
}
```

【运行结果】

例 6.15 的运行结果如图 6-24 所示。

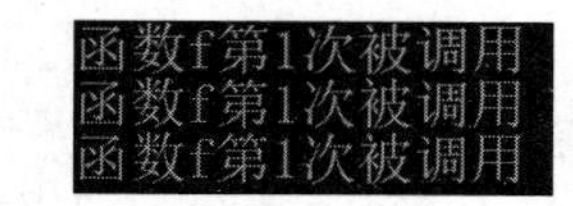

图 6-24　例 6.15 运行结果

从上述程序说明可知，auto 变量不能在函数调用之后保留原值，而是在每次调用函数时都会重新生成。

对 auto 变量的说明：

（1）auto 变量属于动态存储类别，占动态存储空间，其生存期是从函数调用的开始到结束，是随着函数的调用而出现，随着函数的结束而释放。

（2）auto 变量如果不赋初值，那么值是不确定的。

6.9.3　用 static 声明局部变量

有时希望函数中的局部变量的值在函数调用结束后不消失而保留原值，这时就应该指定局部变量为"静态局部变量"，用关键字 static 进行声明。可以对例 6.15 进行如下修改。

【例 6.16】用 static 声明局部变量。

【程序代码】

```
#include<stdio.h>
void f()
{
    static int count=0;        /*static 变量 count 在程序编译阶段就已经分配内存空间，
```

```
与是否调用函数 f() 没有关系，定义在函数 f() 内部说明只有函数 f() 能使用它 */
        count++;
        printf("函数 f 第 %d 次被调用 \n",count);
                        /*f() 函数调用结束时，count 并没有消失，而且还保存了刚刚修改后的值 */
    }
    int main()
    {
        f();
        f();            /* 每一次调用 f() 函数，访问和修改的都是同一个 count*/
        f();
        return 0;
    }
```

【运行结果】

例 6.16 的运行结果如图 6-25 所示。

```
函数f第1次被调用
函数f第2次被调用
函数f第3次被调用
```

图 6-25　例 6.16 运行结果

对静态局部变量的说明：

（1）静态局部变量属于静态存储类别，在静态存储区内分配存储单元。在程序整个运行期间都不释放。

（2）静态局部变量在编译时赋初值，即只赋初值一次；而对自动变量赋初值是在函数调用时进行，每调用一次函数重新给一次初值，相当于执行一次赋值语句。

（3）如果在定义局部变量时不赋初值的话，则对静态局部变量来说，编译时自动赋初值 0（对数值型变量）或空字符（对字符变量）。

（4）虽然静态局部变量在函数调用结束后仍然存在，但其他函数是不能引用它的。但是应该看到，用静态存储要多占内存，而且降低了程序的可读性，当调用次数多时往往弄不清楚静态局部变量的当前值是什么。因此，如不是必要，不要多用静态局部变量。

6.9.4　register 变量

一般情况下，变量（包括静态存储方式和动态存储方式）的值是存放在内存中的。当程序中用到哪一个变量的值时，由控制器发出指令将内存中该变量的值传送到运算器中。经过运算器进行运算，如果需要存数，再从运算器将数据送到内存存放。

如果有一些变量使用频繁（例如，在一个函数中执行 10 000 次循环，每次循环中都要引用某局部变量），则为存取变量的值要花不少时间。为提高执行效率，C 语言允许将局部变量的值存放在 CPU 的寄存器中，需要用时直接从寄存器取出参加运算，不必再到内存中去存取。由于寄存器的存取速度远高于内存的存取速度，因此这样做可以提高执行效率。这种变量称为“寄存器变量”，用关键字 register 作声明。

【例 6.17】使用寄存器变量。

【程序代码】

```
#include<stdio.h>
int main()
{
    long  fac(long);
    long  i, n;
    scanf("%ld",&n);
    for(i=1; i<=n; i++)
        printf("%ld != %ld\n", i, fac(i));
    return 0;
}
```

```
long fac(long n)
{
    register long i, f=1;
    for(i=1; i<=n; i++)
        f=f*i;
    return(f);
}
```

【运行结果】

例 6.17 的运行结果如图 6-26 所示。

```
5
1 != 1
2 != 2
3 != 6
4 != 24
5 != 120
```

图 6-26　例 6.17 运行结果

定义局部变量 i 和 f 是寄存器变量，如果 i 的值很大，则能节约许多执行时间。

对寄存器类型变量的几点说明：

（1）局部自动变量类型和形参可定义为寄存器变量。

（2）不同 C 系统对寄存器的使用个数，对 register 变量的处理方法不同，对寄存器变量的数据类型有限制。

（3）局部静态变量不能定义为寄存器变量。

（4）long、double、float 不能设为 register 型，因为超过寄存器长度。

6.9.5　用 extern 声明外部变量

外部变量（即全局变量）是在函数的外部定义的，它的作用域为从变量的定义处开始，到本程序文件的末尾。在此作用域内，全局变量可以为程序中各个函数所引用。编译时将外部变量分配在静态存储区。

extern 用于声明外部变量，以扩展外部变量的作用域。

1. 在一个文件内扩展外部变量的作用域

如果外部变量不在文件的开头定义，其有效的作用范围只限于定义处开始到文件末尾。如果在定义点之前的函数想引用该外部变量，则应该在引用之前用关键字 extern 对该变量作“外部变量声明”。表示该变量是一个已经定义的外部变量。有了此声明，就可以从“声明”处起，合法地使用该外部变量。

【例 6.18】用 extern 声明外部变量，扩展程序文件中的作用域。

【程序代码】

```
#include<stdio.h>
extern Count;              /* 用 extern 扩展全局变量 Count 的使用范围 */
void f()
{
    Count++;
    printf(" 函数 f 第 %d 次被调用 \n",Count);
}
int main()
{
    f();
    f();
    f();
}
int Count=0;               /* 如果没有 extern 声明，则 Count 无法在函数 f() 中使用 */
```

【运行结果】

例 6.18 的运行结果如图 6-27 所示。

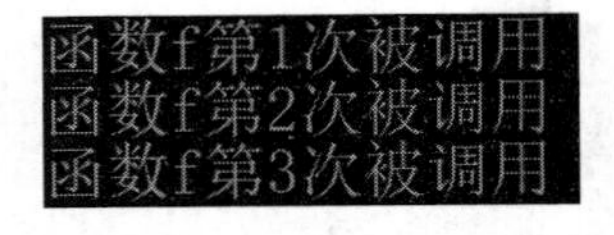

图 6-27　例 6.18 运行结果

2. 将外部变量的作用域扩展到其他文件

一个 C 程序可以由一个或多个源程序文件组成。如果程序只由一个源文件组成，使用外部变量的方法已经介绍。如果程序由多个源程序文件组成，那么在一个文件中想引用另一个文件中定义的外部变量，有什么办法呢？

如果一个程序包含两个文件，在两个文件中都要用到同一个外部变量 Count，不能分别在两个文件中各自定义一个外部变量 Count。应在任一个文件中定义外部变量 Count，而在另一文件中使用 extern 对 Count 作“外部变量声明”。即

```
extern Count;
```

在编译和连接时，系统会由此知道 Count 是一个在别处定义的外部变量，并将在另一文件中定义的外部变量的作用域扩展到本文件，在本文件中可以合法地引用外部变量 Count。

6.9.6　用 static 声明外部变量

有时在程序设计中希望某些外部变量只限于被本文件引用，而不能被其他文件引用。这时可以在定义外部变量时加一个 static 声明。这就为程序的模块化、通用性提供方便。如果已知道其他文件不引用本文件的外部变量，可以对本文件中的外部变量都加上 static，成为静态外部变量，以免被其他文件误用。例如：

在 file1.c 中：

```
static int A;                   /*A 只能用于 file1.c*/
int main ( )
{
    …
}
```

在 file2.c 中

```
extern  A;                      /* 即使扩展 A，也无法使用 */
void fun (int n)
{
    …
    A=A*n;
    …
}
```

用 static 声明一个变量的作用是：

（1）对局部变量用 static 声明，把它分配在静态存储区，该变量在整个程序执行期间不释放，其所分配的空间始终存在。

（2）对全局变量用 static 声明，则该变量的作用域只限于本文件模块（即被声明的文件）中。

（3）对全局变量加 static 声明，并不意味着这时才是静态存储（存放在静态存储区），而不加 static 的是动态存储（存放在动态存储区）。两种形式的外部变量都是静态存储方式，只是作用范围不同而已，都是在编译时分配内存的。

6.9.7　函数的存储类别

函数本质上是全局的，因为一个函数要被另外的函数调用。但是也可以指定函数不能被其他源文件中的函数调用，根据函数能否被其他源文件中的函数调用，将函数区分为内部函数和外部函数。

1. 内部函数

如果一个函数只能被本文件中的其他函数所调用，称它为内部函数，又称静态函数。在定义内部函数时，在函数名和函数类型的前面加static，即：

```
static 类型标识符 函数名(形参表)
{
    …
}
```

如在file1.c中有如下定义：

```
static int max(int x,int y)
{
    int z;
    if(x>y)
        z=x;
    else
        z=y;
    return z;
}
```

使用内部函数可以使函数只局限于所在文件,即max()函数只能用于定义它的文件file1.c中。如果在不同的文件中有同名的内部函数，互不干扰。这样不同的人可以分别编写各自的函数。

2. 外部函数

在定义函数时，如果在函数首部的最左端冠以关键字extern，则表明此函数是外部函数，可供其他文件中的函数调用。例如：

```
extern int max(int x,int y)
{
    int z;
    if(x>y)
        z=x;
    else
        z=y;
    return z;
}
```

这样，在需要调用此函数的文件中，用extern声明所调用的函数是外部函数，方可调用。函数max()就可以被其他文件中的函数调用。C规定：如果在定义函数时省略extern，则隐含为外部函数。前面所用的函数都是外部函数。

小　结

（1）C程序是由函数构成的。函数是程序的基本单位。

（2）一个C程序至少包含一个main()函数，也可以包含一个main()函数和若干非主函数构成。C程序总是从main()函数开始执行，结束于main()函数。

（3）一个源C程序文件由一个或多个函数组成。一个源程序文件是一个编译单位，而不是以函数为编译单位。一个C程序由一个或多个源程序文件组成。

（4）所有函数定义是相互独立的，互不从属。对于源程序文件可以单独编辑，单独编译，最后对多个目标型文件连接形成可执行文件加以执行。便于程序调试和合作开发大的程序。

（5）掌握定义函数的方法。能正确区分形参与实参的概念，掌握函数调用时参数的两种传递方式，即“值传递”与“地址传递”。掌握函数实参与形参的对应关系以及“值传递”的方式。

（6）能用函数嵌套或递归的方法解决一些较简单的问题，掌握函数的嵌套调用和递归调用的方法。

（7）理解程序中函数声明（或称函数说明）的作用。

（8）掌握全局变量和局部变量、动态变量和静态变量的概念和使用方法。

习　题　六

一、单选题

1. 以下叙述错误的是（　　）。
   A. 一个C程序可以包含多个不同名的函数
   B. 一个C程序只能有一个主函数
   C. C程序在书写时，有严格的缩进要求，否则不能编译通过
   D. C程序的主函数必须用main作为函数名

2. 以下叙述中错误的是（　　）。
   A. C语言编写的函数源程序，其文件名扩展名是.C
   B. C语言编写的函数都可以作为一个独立的源程序文件
   C. C语言编写的每个函数都可以进行独立的编译并执行
   D. 一个C语言程序只有一个主函数

3. 以下叙述正确的是（　　）。
   A. C语言程序是由过程和函数组成的
   B. C语言函数可以嵌套调用，如fun(fun(x))
   C. C语言函数不可以单独编译
   D. C语言中除了main()函数，其他函数不可以作为单独文件形式存在

4. 以下关于return语句的叙述中正确的是（　　）。
   A. 一个自定义函数中必须有一条return语句
   B. 一个自定义函数中可以根据不同情况设置多条return语句
   C. 定义成void类型的函数中可以有带返回值的return语句
   D. 没有return语句的自定义函数在执行结束时不能返回到调用处

5. 设函数中有整型变量n，为保证其在未赋初值的情况下初值为0，应选择的存储类别是（　　）。
   A. auto　　B. register　　C. static　　D. auto或register

6. 有以下程序

```
#include<studio.h>
int fun()
{
    static int x=1;
    x*=2;
    return x;
}
main()
{
```

```
    int i,s=1;
    for (i=1;i<=2;i++)
        s=fun();
    printf("%d\n",s);
}
```

程序运行后的输出结果是（　　）。

A. 0　　B. 1　　C. 4　　D. 8

7. 有以下程序

```
#include<stdio.h>
int f(int x, int y)
{ return((y-x)*x); }
main()
{
    int a=3,b=4,c=5,d;
    d=f(f(a,b),f(a, c));
    printf("%d\n",d);
}
```

程序运行后的输出结果是（　　）。

A. 10　　B. 9　　C. 8　　D. 7

8. 有以下程序

```
#include<stdio.h>
double f(double x);
main()
{
    double a=0; int i;
    for(i=0; i<30; i+=10)
        a+=f((double)i);
    printf("%5.0f\n",a);
}
double f(double x)
{ return  x*x+1; }
```

程序运行后的输出结果是（　　）。

A. 503　　B. 401　　C. 500　　D. 1404

9. 以下函数值的类型是（　　）。

```
fun(float x)
{
    float y;
    y=3*x-4;
    return y;
}
```

A. int　　B. 不确定　　C. void　　D. float

10. 有如下函数调用语句：

```
fun(rec1,rec2+rec3,(rec4,rec5));
```

该函数调用语句中，含有的实参个数是（　　）。

A. 3　　B. 4　　C. 5　　D. 有语法错

11. 有以下函数定义：

```
void fun(int n,double x) {…}
```

若以下选项中的变量都已经正确定义且赋值，则对函数 fun() 的正确调用语句是（　　）。

A. fun(int y,double m);　　B. k=fun(10,12.5);

C. fun(x,n);　　D. void fun(n,x);

12. 有以下程序：

```
int f(int n)
{
    if(n==1) return 1;
    else return f(n-1)+1;
}
main()
{
    int i,j=0;
    for(i=1;i<3;i++)   j+=f(i);
    printf("%d\n",j);
}
```

程序运行后的输出结果是（　　）。

A. 4　　B. 3　　C. 2　　D. 1

13. 以下程序的输出结果是（　　）。

```
int f()
{
    static int i=0;
    int s=1;
    s+=i;
    i++;
    return s;
}
main()
{
    int i,a=0;
    for(i=0;i<5;i++)
        a+=f();
    printf("%d\n",a);
}
```

A. 20　　B. 24　　C. 25　　D. 15

14. 以下程序的主函数中调用了在其前面定义的 fun() 函数

```
#include<stdio.h>
…
main( )
{
    double a[15],k;
    k=fun(a);
    …
}
```

则以下选项中错误的 fun() 函数首部是（　　）。

A. double fun(double a[15])　　B. double fun(double *a)

C. double fun(double a[])　　D. double fun(double a)

15. 在 C 语句中，形参的默认存储类型是（　　）。

A．auto　　B．register　　C．static　　D．extern

二、填空题

1. 如果需要从被调用函数返回一个函数值，被调用函数必须包含________语句。

2. 如果一函数只允许同一程序文件中的函数调用，则应在该函数定义前加上________。

3. 请在以下程序第一行的横线处填写适当内容，使程序能正确运行。

```
_______ (double,double)
main()
{
    double x,y;
    scanf("%lf%lf",&x,&y);
    printf("%lf\n",max(x,y));
}
double max(double a,double b)
{return(a>b?a:b);}
```

4. 以下程序的输出结果是________。

```
t(int x,int y,int cp,int dp)
{
    cp=x*x+y*y;
    dp=x*x-y*y;
}
main()
{
    int a=4,b=3,c=5,d=6;
    t(a,b,c,d);
    printf("%d  %d \n",c,d);
}
```

5. 以下程序运行后，输出结果是________。

```
int d=1;
fun(int p)
{
    int d=5;
    d+=p++;
    printf("%d",d);
}
main()
{
    int a=3;
    fun(a);
    d+=a++;
    printf("%d\n",d);
}
```

三、程序设计

1. 写两个函数，分别求两个整数的最大公约数和最小公倍数，用主函数调用这两个函数并输出结果，两个整数由键盘输入。

2. 编写一个判断素数的函数，在主函数中输入一个整数，输出是否为素数的信息。

3. 编写一个函数 f()，求 1+2!+…+n!，在 main() 函数中调用该函数，求 f(10) 的结果。

第 7 章

编译预处理

7.1 概　　述

将一个程序编辑保存后，要经过编译、连接才能生成可执行文件。实际上，在编译前还要经过编译预处理。一个 C 程序称为 C 的源代码。编译预处理就是在源代码的基础上，根据已放置在源代码中的编译预处理命令，生成扩展源代码的过程。所以，编译预处理是在进行编译前，由编译预处理程序对程序中的预处理部分进行处理，完成后对扩展源代码进行编译。

程序只要有预处理命令行，就都需要进行编译预处理。预处理命令主要有三类：宏定义、文件包含和条件编译。

编译预处理命令不同于 C 语言的语句，因为它们具有如下特点：

（1）多数预处理命令只是一种替代的功能，这种替代是简单的替换，而不进行语法检查。

（2）预处理命令都是在通常的编译之前进行的，编译时已经执行完了预处理命令，即对预处理后的结果进行编译，这时进行词法和语法分析等通常的程序编译。

（3）预处理命令后面不加分号，这也是在形式上与 C 语句的区别。

（4）为了使预处理命令与一般 C 语言语句相区别，凡是预处理命令都以“#”开头。

（5）多数预处理命令根据它的功能而被放在文件开头为宜，但是根据需要，也可以放到文件的其他位置。不要产生错觉，好像所有的预处理命令都必须放在文件开头。

C 语言提供了多种预处理功能，如宏定义、文件包含、条件编译等。合理地使用预处理功能编写的程序便于阅读、修改、移植和调试，也有利于模块化程序设计。

7.2 宏　定　义

宏定义的一般形式为：

```
#define 标识符 字符串
```

其中，标识符称为“宏名”。在编译预处理时，将源代码中出现的“宏名”都用宏定义中的字符串替换，这个过程称为“宏替换”或“宏展开”。在C语言中，有以下两种宏定义命令：

（1）不带参数的宏定义（又称符号常量定义）。

（2）带参数的宏定义。

下面分别讨论这两种“宏”的定义和调用。

7.2.1 不带参数的宏定义

一般来说，常量都具有一定的意义，但在程序中通常使用的常量，却很难看出它的意义，以致程序的可读性降低，为此C语言提供了一个用符号来表示一个常量的方法，即宏来解决此类问题。

不带参数的宏定义的一般形式为：

```
#define 宏名 字符串
```

其中，“#”表示这是一条预处理命令，“define”为宏定义命令。“字符串”可以是常数、表达式、格式串等。

【例 7.1】计算圆面积和周长。

【解题思路】

计算圆的面积一定会用到圆周率 π，它的精度会根据题目的要求而改变，如果它在程序中多次出现，修改程序时也会分别对每个常量进行修改。用字符串宏的方法可以很好地解决这一问题，每次只改动一个位置即可。

【程序代码】

```
#include<stdio.h>
#define PAI 3.14
void main()
{
    float r=3,s,l;
    s=PAI*r*r;
    l=2*PAI*r;
    printf("l=%f\n",l);
    printf("s=%f\n",s);
}
```

【运行结果】

例 7.1 的运行结果如图 7-1 所示。

```
l=18.840000
s=28.260000
```

图 7-1　例 7.1 运行结果

【程序分析】

如果想提高计算精度，可直接修改为：#define PAI 3.14159。

对于宏定义还要说明以下几点：

（1）宏定义是用宏名来表示一个字符串，在宏展开时又以该字符串取代宏名，这只是一种简单的替换，字符串中可以包含任何字符，可以是常数，也可以是表达式，预处理程序对它不作任何检查。如有错误，只能在编译已被宏展开后的源程序时发现。

（2）宏定义不是说明或语句，在行末不必加分号，如加上分号则连分号也一起置换。

（3）宏定义必须写在函数之外，其作用域为宏定义命令起到源程序结束。如要终止其作用域可使用 #undef 命令。例如：

```
#define PAI 3.14159
main()
{
    …
}
#undef PAI
f1()
{
    …
}
```

表示 PAI 只在 main() 函数中有效，在 f1() 函数中无效。

（4）程序中双引号括起的字符串内字符，即使与宏名相同，也不置换。例如：

```
#define  PI  3.1415926
printf("PI=",PI);
```

双引号中的 PI 和宏名相同，但不进行宏替换，第二个 PI 在双引号外，进行宏替换。结果为：PI=3.1415926。

（5）宏定义允许嵌套，在宏定义的字符串中可以使用已经定义的宏名。在宏展开时由预处理程序层层替换。例如：

```
#define PI 3.1415926
#define S PI*3*3            /* PI 是已定义的宏名 */
```

对语句：

```
printf("%f",S);
```

在宏替换后变为：

```
printf("%f",3.1415926*3*3);
```

（6）宏替换是在编译之前做整个字符串的替换，在编译后运行时才真正进行计算。例如：

```
#define M 3+2
main()
{
    int s;
    s=3*M+2*M;
    printf("s=%d\n",s);
}
```

上述程序中，如果将宏体先进行“计算”，然后再替换，结果变成了：s=3*5+2*5，这就是错误的，正确的替换结果应该是 s=3*3+2+2*3+2。

（7）宏定义一般都出现在程序最开始处，但在原则上是可以出现在程序的任何位置，只要位于引用宏名之前即可。

7.2.2 带参数的宏定义

C 语言允许宏带有参数。宏定义中的参数称为形式参数，宏调用中的参数称为实际参数。对带参数的宏，不只是进行简单的字符串替换，还要进行参数替换。

带参宏定义的一般形式为：

```
#define  宏名(形参表)  字符串
```

在形参表中含有多个形参，多个参数之间用逗号隔开。

带参宏调用的一般形式为：

```
宏名(实参表);
```

其中实参可以是常量、变量或者表达式。

在宏展开时，要将实参替换到形参的位置，然后按照替换后的字符串进行宏展开。若宏定义的替换序列中有不是形参的字符，则在替换时保留。

例如：

```
#define S(r) 3.14*r*r          /* 宏定义 */
    …
k=S(5);                        /* 宏调用 */
    …
```

在宏调用时，用实参 5 替换形参 r，常量 3.14 和乘号保留，再经过宏展开后的语句为：

```
k=3.14*5*5;
```

【例 7.2】使用带参数的宏计算长方形的面积。

【解题思路】

计算长方形面积，需要长和宽两个参数，所以定义带两个参数的宏，参数之间用逗号分开，后面的字符串中表示用这两个参数计算出面积的公式。

【程序代码】

```
#include<stdio.h>
#define  area(h,w)   (h)*(w)
void main()
{
    int a=3,b=5,c;
    c=area(a+1,b);
    printf("c=%d\n",c);
}
```

【运行结果】

例 7.2 的运行结果如图 7-2 所示。

```
c=20
```

图 7-2　例 7.2 运行结果

【程序分析】

应该注意，h 和 w 参数没有类型问题，另外使用括号也是必要的，如果将宏定义为下面形式：#define area(h,w) h*w，则表达式 area (a+1,b) 的值等于 8，而不是 20，因为替换的结果为 a+1*b。

对于带参的宏定义有以下问题需要说明：

（1）带参宏定义中，宏名和形参表之间不能有空格出现。

例如：把

```
#define MAX(a,b) (a>b)?a:b
```

写为：

```
#define MAX  (a,b)  (a>b)?a:b
```

将被认为是无参宏定义，宏名 MAX 代表字符串 (a,b) (a>b)?a:b。宏展开时，宏调用语句：

```
max=MAX(x,y);
```

将变为：

```
max=(a,b)(a>b)?a:b(x,y);
```

这显然是错误的。

（2）带参数的宏在宏展开时，只是简单地将带有宏的语句中宏名后面括号中的实参字符串代替 #define 命令行中的形参，为了避免错误，最好将宏定义中的形参用圆括号括起来。例如：

```
#define S(r) 3.14*r*r       /* 宏定义 */
```

当宏调用语句为 k=S(5); 的时候，显然是没有问题的，但如果宏调用语句改为：

```
k=S(5+3);
```

这时，宏展开时会将实参 5+3 代替形参中的 r，如下：

```
k=3.14*5+3*5+3;
```

这显然是有问题的，程序设计者原意想得到如下的形式：

```
k=3.14*(5+3)*(5+3);
```

为了得到正确的结果，在宏定义时用圆括号把形参字符串括起来，即：

```
#define S(r) 3.14*(r)*(r)
```

这样在宏展开时，将 5+3 替换 r，得到：

```
k=3.14*(5+3)*(5+3);
```

得到了预期的结果。

（3）函数调用只可以得到一个返回值，而带参数的宏可以设法得到多个结果。

7.2.3 函数与宏比较

在某些情况下，宏定义与函数调用可以起到同样的作用。宏定义与函数调用的主要区别如下：

（1）对于函数调用，实参与形参结合时，先计算实参表达式的值，并传递给形参。宏调用时，仅进行简单的字符替换，并且是在程序编译之前完成。

（2）宏参数没有类型问题。

（3）宏调用是在编译之前进行的，不需要占用内存，节省内存和运行时间。函数调用需要临时保存现场数据和函数返回地址等数据，效率低于宏调用。

（4）函数可以实现任何复杂的操作过程，而宏只能完成简单的操作。

7.3 文件包含

文件包含是 C 预处理程序的另一个重要功能。

文件包含命令行的一般形式为：

```
#include"文件名"
```

或

```
#include<文件名>
```

在前面已多次用此命令包含过库函数的头文件。例如：

```
#include"stdio.h"
#include<math.h>
```

文件包含命令的功能是把指定的文件插入该命令行位置取代该命令行，从而把指定的文件和当前的源程序文件连成一个源文件。

在程序设计中，文件包含是很有用的。一个大的程序可以分为多个模块，由多个程序员分别编程。有些公用的符号常量或宏定义等可单独组成一个文件，在其他文件的开头用包含命令包含该文件即可使用。这样，可避免在每个文件开头都去书写那些公用量，从而节省时间，并减少出错。

对文件包含命令还要说明以下几点：

（1）包含命令中的文件名可以用双引号括起来，也可以用尖括号括起来。例如以下写法都是允许的：

```
#include"stdio.h"
#include<math.h>
```

但是这两种形式是有区别的：使用尖括号表示在包含文件目录中去查找（包含目录是由用户在设置环境时设置的），而不在源文件目录去查找；使用双引号则表示首先在当前的源文件目录中查找，若未找到才到包含目录中去查找。用户编程时可根据自己文件所在的目录选择某一种命令形式。

（2）一个 include 命令只能指定一个头文件，若有多个文件要包含，则需用多个 #include 命令。

（3）文件包含允许嵌套，即在一个被包含的文件中又可以包含另一个文件。

（4）编译预处理时，预处理程序将查找到被包含的文件，并将其所有内容复制到 #include 命令出现的位置上，因此，使用 #include 命令会使源文件在编译时长度增加。

（5）如果 #include 语句所包含的文件内容发生变化，则应该对包含此文件的所有源程序进行重新编译处理。

7.4 条件编译

预处理程序提供了条件编译的功能。可以按不同的条件编译不同的程序部分，因而产生不同的目标代码文件。这对于程序的移植和调试是很有用的。

条件编译有三种形式，下面分别进行介绍：

（1）第一种形式：

```
#ifdef  标识符
    程序段 1
#else
    程序段 2
#endif
```

它的功能是：如果标识符已被 #define 命令定义过，则对程序段 1 进行编译；否则对程序段 2 进行编译。如果没有程序段 2（它为空），本格式中的 #else 可以没有，即可以写为：

```
#ifdef  标识符
    程序段
#endif
```

（2）第二种形式：

```
#ifndef 标识符
    程序段 1
#else
    程序段 2
#endif
```

与第一种形式的区别是：将 ifdef 改为 ifndef。它的功能是：如果标识符未被 #define 命令定义过，则对程序段 1 进行编译，否则对程序段 2 进行编译。这与第一种形式的功能正相反。

（3）第三种形式：

```
#if 常量表达式
    程序段 1
#else
    程序段 2
#endif
```

它的功能是：如常量表达式的值为真（非 0），则对程序段 1 进行编译，否则对程序段 2 进行编译。因此可以使程序在不同条件下，完成不同的功能。

【例 7.3】条件编译 #ifdef 和 #ifndef 的区别。

【程序代码】

```
#include<stdio.h>
#define YES 0
main()
{
    #ifdef  YES
        printf("1YES=%d\n ",YES);
    #endif
    #ifndef  YES
        printf("2YES=%d\n ",YES);          /* 此语句不被编译 */
    #endif
}
```

【运行结果】

例 7.3 运行结果如图 7-3 所示

```
1YES=0
```

图 7-3　例 7.3 运行结果

【程序分析】

本程序中，符号常量 YES 被定义，因此 #ifdef 命令中的 printf("1YES=%d\n",YES); 被编译，而 #ifndef 中的 printf("2YES=%d\n",YES); 不被编译。

【例 7.4】条件编译 #if 命令的作用。

【程序代码】

```
main()
{
    float c,r,s;
    printf ("input a number:  ");
    scanf("%f",&c);
    #if  1
        r=3.14159*c*c;
        printf("area of round is: %f\n",r);
    #else
        s=c*c;
        printf("area of square is: %f\n",s); /* 这两条语句不被编译 */
    #endif
}
```

【运行结果】

例 7.4 的运行结果如图 7-4 所示。

```
input a number:  3
area of round is: 28.274310
```

图 7-4　例 7.4 运行结果

【程序分析】

本例中采用了 #if 命令的条件编译。在条件编译时，表达式的值为真，则对计算并输出圆面积部分进行编译和执行，而对于 #else 后面的正方形面积计算和输出不进行编译。

条件编译当然也可以用条件语句实现。但是用条件语句将会对整个源程序进行编译，生成的目标代码程序很长，而采用条件编译，则根据条件只编译其中的程序段 1 或程序段 2，生成的目标程序较短。如果条件选择的程序段很长，采用条件编译的方法十分必要。

小　　结

（1）预处理功能是 C 语言特有的功能，它是在对源程序正式编译前由预处理程序完成的。程序员在程序中用预处理命令调用这些功能。

（2）宏定义是用一个标识符表示一个字符串，这个字符串可以是常量、变量或表达式。在宏调用中将用该字符串替换宏名。

（3）宏定义可以带有参数，宏调用时是以实参替换形参，而不是“值传送”。

（4）为了避免宏替换时发生错误，宏定义中的字符串应加括号，字符串中出现的形式参数两边也应加括号。

（5）文件包含是预处理的一个重要功能，它可用来把多个源文件连接成一个源文件进行编译，结果将生成一个目标文件。

（6）使用预处理功能便于程序的修改、阅读、移植和调试，也便于实现模块化程序设计。

习　题　七

一、选择题

1. 以下叙述中不正确的是（　　）。

A. 预处理命令都必须以 # 开始

B. 在 C 程序中凡是以 # 开始的语句行都是预处理命令行

C. C 程序在执行过程中对预处理命令行进行处理

D. 以下是正确的宏定义

```
#define IBM_PC
```

2. 以下叙述中正确的是（　　）。

A. 在程序的一行上可以出现多个有效的预处理命令行

B. 使用带参的宏时，参数的类型应与宏定义时的一致

C. 宏替换不占用运行时间，只占用编译时间

D. 以下定义中 C R 是称为宏名的标识符

```
#define C  R  045
```

3. 以下有关宏替换的叙述不正确的是（　　）。

A. 宏替换不占用运行时间　　B. 宏名无类型

C. 宏替换只是字符替换　　D. 宏名必须用大写字母表示

4. 在“文件包含”预处理命令的使用形式中，当 #include 后面的文件名用 " " 括起时，寻找被包含文件的方式是（　　）。

A. 直接按照系统设定的标准方式搜索目录

B. 先在源程序所在目录搜索，再按照系统设定的标准方式搜索

C. 仅仅搜索源程序所在目录

D. 仅仅搜索当前目录

5. 在“文件包含”预处理命令的使用形式中，当 #include 后面的文件名用 < > 括起时，寻找被包含文件的方式是（　　）。

A. 仅仅搜索当前目录

B. 仅仅搜索源程序所在目录

C. 直接按系统设定的标准方式搜索目录

D. 先在源程序所在目录搜索，再按系统设定的标准方式搜索

6. C 语言提供的预处理功能包括条件编译，如下程序段中的 xxx 可以是（　　）。

```
#xxx 标识符
    程序段 1
#else
    程序段 2
#endif
```

A. define 或 include　　B. ifdef 或 include

C. ifdef 或 ifndef 或 define　　D. ifdef 或 ifndef 或 if

二、编程题

1. 定义一个带参数的宏，实现两个变量内容的交换，运行时输入两个整数作为宏调用的实参，输出交换后的两个变量值。

2. 定义一个宏，判断任一给定的年份是否为闰年。规定宏的定义格式如下：

```
#define LEAP_YEAR(y) （读者设计的字符串）
```

第8章

指　针

8.1　地址和指针

指针是C语言的“灵魂”，它是C语言中最复杂、最重要的一种数据类型。正确而灵活地运用它，可以有效地表示复杂的数据结构；能动态分配内存；能方便地使用字符串；有效而方便地使用数组；在调用函数时能得到多于1个值；能直接处理内存地址等，这对设计系统软件来说很必要。

掌握指针的应用，可以使程序简洁、紧凑、高效。每个学习和使用C语言的人，都应当深入地学习和掌握指针。指针在为用户打开一扇方便之门的同时，也设置了一个个陷阱。不恰当地使用指针，会使程序错误百出，甚至导致系统崩溃。所谓“入门容易精通难”，读者必须充分理解并全面掌握指针的概念和使用特点。

在C语言中，如何定义一个指针变量？在程序中如何使用指针变量？这些都将是我们关心的问题。在本章中，读者将学到指针的基本概念、指针的使用及运算、指针与数组、指向字符串的指针及指针数组等内容。

8.1.1　内存单元的“地址”

经常网购的读者肯定知道，学校、小区都有很多快递自提柜，并且每个柜门都会有一个编号。这里就存在一个“柜门编号”与“柜门里的快递”的关系，而本节中将要介绍的“地址”（指针）与“地址的内容”（指针指向的内容）正是这样的一种关系。

每个存储单元都有一个唯一的地址，如图8-1所示。图中描述了4个内存单元，假设它们的编号是从1001到1004的4个值，其中编号1001到1004就是相应内存单元的地址。数据存放在地址所标识的内存单元中。例如，在图8-1中，地址1001到1004所对应的内存单元就是用来存放数据的。这里，读者可以把内存单元想象成一个个“快递自提柜”，而内存单元中的数据就好比是“自提柜中的快递”，内存单元的编号（地址）就好比是“自提柜的编号”。

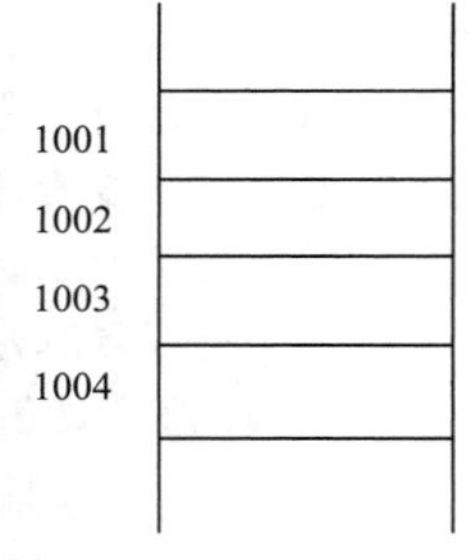

图8-1　内存单元的地址

8.1.2　数据在内存中的存储

如果在程序中定义了一个变量，那么编译时系统就为这个变量分配一定数量的内存单元。在VC++ 2010中一个字符型的变量分配1字节存储空间，一个整型变量分配4字节存储空间，一个浮点型变量分配4字节存储空间。

假设程序已定义了3个整型变量a、b、c，编译时系统分配字节编号（通常以十六进制形式显示）1001、1002、1003、1004这4字节给变量a，1005、1006、1007、1008这4字节给变量b，

1009、100A、100B、100C 这 4 字节给变量 c。在程序中一般通过变量名对内存单元进行存取操作。比如 a=1;b=2;c=a+b; 则 a 的内容是 1，b 的内容是 2，c 的内容是 3，如图 8-2 所示。

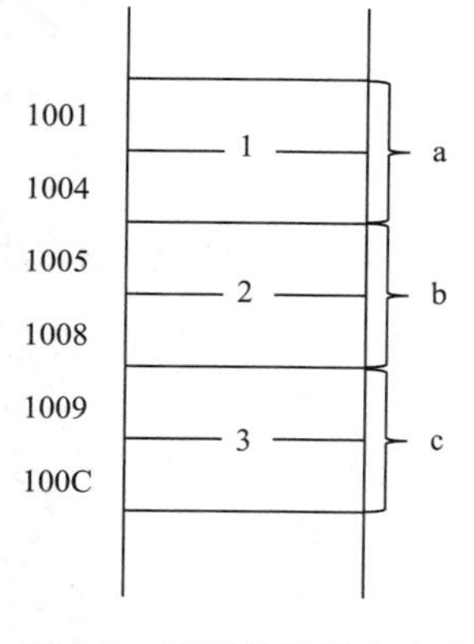

图 8-2　变量的地址和内容

8.1.3　内存单元中数据的访问方式

C 语言中有两种内存单元的访问方式，分别是内存单元直接访问和内存单元间接访问。

1．直接访问

内存单元直接访问是根据变量的地址直接访问变量的值，这就好比是直接从相应编号的快递柜中取出里面的快递一样。

例如：输出图 8-2 中的变量 a。

```
printf("%d\n",a);
```

要取得变量 a 的值，只要根据变量名和地址的对应关系找到变量 i 的地址 1001，从该地址开始的 4 字节中取出 a 的值 1，然后执行 printf() 函数将结果输出至屏幕上。

2．间接访问

内存单元间接访问是将变量 a 的地址存放在另一个变量中。按 C 语言的规定，可以在程序中定义整型变量、实型变量、字符变量等，也可以定义这样一种特殊的变量，它用于存放地址。

同样以取快递的例子来做类比，间接内存单元访问就好比是，首先从相应编号的第一个快递柜中取出一个快递，而这个快递的内容是第二个快递柜的编号，根据这个快递柜的内容找到相应编号的第二个快递柜，从中取出快递。

例如：定义一个变量 a_pointer，用来存放整型变量的地址，并分配 2001、2002、2003、2004 这 4 字节，如图 8-3 所示。可以通过下面语句将 a 的地址 (1001) 存放到 a_pointer 中。

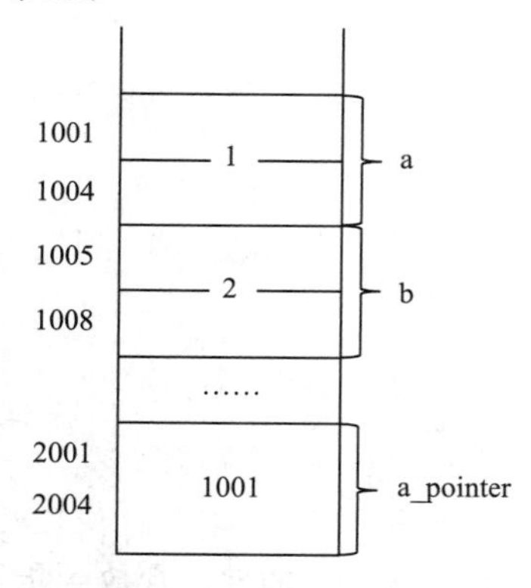

图 8-3　直接访问和间接访问

```
a_pointer=&a;
```

这时，a_pointer 的值就是 1001，即变量 a 所占用单元的起始地址。要存取变量 a 的值，也可以采用间接方式：先找到存放“a 的地址”的变量，从中取出 a 的地址（1001），然后到 1001、1002、1003、1004 字节取出 a 的值（1）。

8.1.4　指针和指针变量

其实，“指针”就是“地址”。也就是说，通过“指针”可以找到以它为地址的内存单元。一个变量的地址称为该变量的“指针”。

由于一个变量的地址（指针）也是一个值（只不过它是一个地址值，而不是普通意义的数值），因此就可以把这个地址值存放到另一个变量中保存。这种专门用来存放变量地址的变量，称为“指针变量”。也就是说，指针变量的值是“指针”。因为变量都有自己的类型，指针变量也是变量，因此指针变量也有自己的类型，一个指针变量只能存放和自己类型相同的变量的地址。例如，int 型指针变量只能存放 int 型变量的地址；double 型指针变量只能存放 double 型变量的地址。

请区分“指针”和“指针变量”这两个概念。变量的“指针”就是变量的“地址”。在 C 语言中，“指针”和“地址”是两个等价的概念。“指针变量”是存放变量指针（地址）的变量，用来指向另一个变量。例如，可以说变量 a 的指针是 1001，而不能说 a 的指针变量是 1001。

 8.2 指针变量的使用和运算

8.2.1 如何定义指针变量

指针变量就是存放内存地址的变量，指针变量和普通变量一样，必须先定义后使用，对指针变量的定义包括三个内容：

（1）指针类型说明，即定义变量为一个指针变量；

（2）指针变量名；

（3）指针所指向的变量的数据类型。

其格式为：

```
类型标识符  * 指针变量名 1;          /* 定义单个指针变量 */
类型标识符  * 指针变量名 1,* 指针变量名 2,* 指针变量名 3,…;
                                     /* 定义多个同类型指针变量 */
```

下面都是合法的定义：

```
int *pointer1,*pointer2;      /*pointer1 和 pointer2 是指向整型变量的指针变量 */
float *pointer3;              /*pointer3 是指向单精度浮点型变量的指针变量 */
char *pointer4;               /*pointer4 是指向字符型变量的指针变量 */
```

那么，怎样使一个指针变量指向另一个变量呢？下面用赋值语句使一个指针变量指向一个整型变量。

```
int i,j;
int *pointer1,*pointer2;
pointer1=&i;
pointer2=&j;
```

将变量 i 的地址存放到指针变量 pointer1 中，因此 pointer1 就“指向”了变量 i。同样，将变量 j 的地址存放到指针变量 pointer2 中，因此 pointer2 就“指向”了变量 j。

与一般变量的定义相比，除变量名前多了一个星号“*”（指针变量的定义标识符）外，其他部分是一样的。对指针变量的类型说明如下所述。

（1）指针变量的定义标识符是“*”，它用来定义变量为一个指针变量，不可省略。“*”只起到一个标识的作用，它不是所说明的指针变量名本身的一个组成部分，也就是说，在 int *pointer1; 定义中，指针变量的名字是 pointer1，而不是 *pointer1。

（2）指针变量名可以是任意 C 语言合法的标识符。

（3）说明中的“数据类型”是指指针变量所指向变量的类型，称为“基类型”。

（4）相同基类型的指针变量可以在一个说明语句中出现，但每一个变量名的前面都要冠有指针变量的标识“*”。

（5）一个指针变量只能指向同类型的变量，如 pointer3 只能指向单精度浮点型变量，不能时而指向一个单精度型变量，时而又指向一个字符型变量。这就如同商品的标签一样，贴到家电上的标签不能贴到食品上。

8.2.2 如何初始化指针变量

若有定义 int a,*p;，此语句仅定义了指针变量，但指针变量并未指向确定的变量（或内存单元）。因为指针变量还没有被赋予确定的地址值，只有将某一具体变量的地址赋给指针变量之后，

指针变量才指向确定的变量（内存单元）。在定义指针变量的同时对其赋初值，称为指针变量初始化。下面介绍如何对指针变量初始化。

指针变量的值是地址，地址是个无符号整数。但不能直接将整型常量值赋给指针变量，如“int *p1=12345u”是错误的。那么指针变量是如何得到其值的呢？这就要通过变量的地址给指针变量赋值。

（1）变量地址的表示方式：

```
&变量名;                /*&为求地址运算符*/
```

（2）指针变量初始化。在定义指针变量的同时给指针变量一个初始值，称为指针变量的初始化。初始化时可以将已经定义的变量的地址赋给指针变量或者赋空值（NULL）。例如：

```
int a,*p1=&a;           /*定义了一个指针变量p1，并将变量a的地址赋给指针变量p1*/
```

等价于下列两条语句：

```
int a,*p1;
p1=&a;
```

再例如：

```
int *p2=NULL;           /*定义了一个指针变量p2，赋空值表示p2不指向任何对象*/
```

等价于下列两条语句：

```
int *p2;
p2=NULL;
```

注意：指针变量的基类型应该与所指变量的数据类型一致。

8.2.3　两个重要运算符 & 和 *

指针变量中只能存放地址（指针），不要将一个整型量（或任何其他非地址类型的数据）赋给一个指针变量。下面的赋值是不合法的：

```
pointer=100;            /*pointer为指针变量，100为整数*/
```

有两个有关的运算符：

（1）& 是取地址运算符。

取地址运算符的一般格式为：

```
&变量名
```

说明：

①“&”的功能是取变量的地址，即它将返回操作对象在内存中的存储地址。

②“&”只能用于一个具体的变量或者数组元素，而不能是表达式或者常量。

③ 取地址运算符“&”是单目运算符，其结合性为自右至左。

例如：

```
char ch,*p_ch;
int i,*p_int;
double dbl,*p_dbl;
p_ch=&ch;               /*将变量ch的地址赋给指针变量p_ch*/
p_int=&i;               /*将变量i的地址赋给指针变量p_int*/
p_dbl=&dbl;             /*将变量dbl的地址赋给指针变量p_dbl*/
```

注意：指针变量只能存放指针（地址），且只能是相同类型变量的地址。例如，指针变量 p_int、p_dbl、p_ch 只能分别接收 int 型、double 型、char 型变量的地址，否则就会出错。

（2）* 是指针运算符（又称“取内容”运算符）。

取内容运算符的一般格式为：

```
* 指针变量名
```

说明：

① 这里的“*”既不是乘号，也不是说明语句中用来说明指针的说明符，它的功能是用来表示指针变量所指存储单元中的内容。

② 在“*”运算符之后的变量必须是指针变量。

③ 取内容运算符“*”是单目运算符，其结合性为自右至左。

例如：

```
char ch, *p_ch;          /* 定义了一个字符型变量 ch 和一个指向字符型变量的指针变量 p_ch*/
int i,*p_int;            /* 定义了一个整型变量 i 和一个指向整型变量的指针变量 p_int*/
p_ch=&ch;                /* 将变量 ch 的地址赋给指针变量 p_ch*/
p_int=&i;                /* 将变量 i 的地址赋给指针变量 p_int*/
*p_ch='a';               /* 将 'a' 存储在 p_ch 所指向的内存单元中，相当于 ch='a'*/
*p_int=1;                /* 将 1 存储在 p_int 所指向的内存单元中，相当于 i=1*/
```

其中，语句“*p_ch='a' 和 *p_int=1”的效果分别等价于 ch='a' 和 i=1。前面两条语句采用的是间接内存操作，后面两条语句则是直接内存操作，这与前一小节中讲到的间接内存访问和直接内存访问相似。

注意：指针运算符 * 和指针变量说明中的指针说明符 * 不同。在指针变量说明中，“*”是类型说明符，表示其后的变量是指针类型。表达式中出现的“*”则是一个运算符，用以表示指针变量所指的变量。

例如：&a 为变量 a 的地址，*p 为指针变量 p 所指向的存储单元。

【例 8.1】通过指针变量访问整型变量。

【程序代码】

```
#include<stdio.h>
int main()
{
    int a,b,*pointer1, *pointer2;
    pointer1=&a;          /* 把变量 a 的地址赋给 pointer1，也就是 pointer1 指向 a*/
    pointer2=&b;          /* 把变量 b 的地址赋给 pointer2，也就是 pointer2 指向 b */
    *pointer1=100;        /* 这里的 *pointer1 就是 a*/
    *pointer2=200;        /* 这里的 *pointer2 就是 b */
    printf("%d,%d\n",*pointer1,*pointer2);
    printf("%d,%d\n",a,b);
    return 0;
}
```

【运行结果】

例 8.1 的运行结果如图 8-4 所示。

```
100,200
100,200
```

图 8-4　例 8.1 运行结果

【程序分析】

（1）该程序定义了两个 int 型变量 a 和 b，以及两个 int 型指针变量 pointer1 和 pointer2，现在想通过指针变量 pointer1 和 pointer2 访问这两个 int 型变量 a 和 b，必须先进行指向操作，也就是程序第 5、6 行的作用，使 pointer1 指向 a，pointer2 指向 b。此时 pointer1 的值为 &a（即 a 的地址），pointer2 的值为 &b。然后根据指针运算符 * 的含义，*pointer1 等价于 a，*pointer2 等价于 b，因此执行 *pointer1=100;*pointer2=200; 之后，a 的值为 100，b 的值为 200，如图 8-5 所示。

（2）程序中有三处出现 *pointer1 和 *pointer2，请区分它们的不同含义。程序第 4 行的 *pointer1 和 *pointer2，因为前面有类型名 int，因此表示定义两个 int 型指针变量 pointer1、pointer2，它们前面的 * 是声明这两个变量是指针变量。而程序的第 7、8、9 行的 *pointer1 和 *pointer2，前面的 * 是前面提到过的指针运算符，用在指针变量 pointer1 和 pointer2 前面，表示它们所指向的变量 a 和 b。

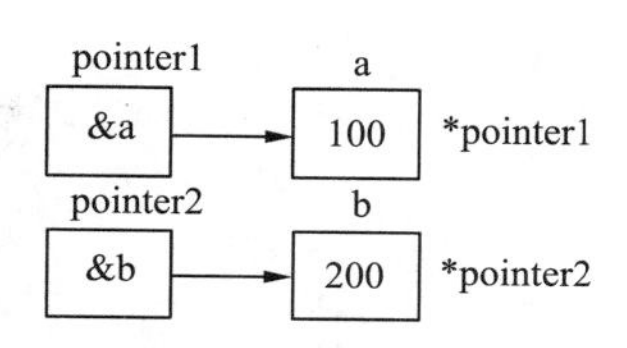

图 8-5 指针指向变量

8.2.4 指针变量的赋值

对指针变量进行赋值的目的是使指针指向一个具体的对象。赋值主要有以下几种情况。

（1）通过求地址运算符（&）把一个变量的地址赋给指针变量。

```
int i;
int *p_int;
p_int=&i;
```

（2）同类型指针变量之间可以直接赋值。

可以把一个指针变量的值赋给另一个指针变量，但一定要确保这两个指针变量的基类型是相同的。

例如：

```
int i;
int *p_int1,*p_int2;    /* 定义了两个指向整型变量的指针变量 p_int1 和 p_int2*/
p_int1=&i;              /* 将指针变量 p_int1 初始化为变量 i 的地址 */
p_int2=p_int1;          /* 通过赋值将指针变量 p_int1 的值赋予 p_int2*/
```

执行以上语句后，指针变量 p_int2 也存放了变量 i 的地址，也就是说指针变量 p_int1 和 p_int2 同时指向了变量 i。

（3）给指针变量赋空值。

因为指针变量必须要在使用前进行初始化，当指针变量没有指向的对象时，也可以给指针变量赋 NULL 值，此值为空值。

例如：

```
int *p_int1;
p_int1=NULL;            /* 表示指针变量 p_int1 的值为空 */
```

NULL 是在 stdio.h 头文件中定义的预定义符，因此在使用 NULL 时，应该在程序的前面出现预定义命令行：

```
#include"stdio.h"
```

NULL 的代码值为 0，所以 p_int1=NULL；语句等价于 p_int1=0；语句，都表示指针变量 p_int1 是一个空指针，没有指向任何变量。

【例 8.2】输入 a 和 b 两个整数，按先大后小的顺序输出 a 和 b。

【程序代码】

```
#include<stdio.h>
int main()
{
    int *p_int,*p_int1,*p_int2,a,b;
    p_int=NULL;                    /* 指针变量 p_int 赋值为 NULL*/
    printf(" 请输入两个整数：");
    scanf("%d,%d",&a ,&b);
```

```
    p_int1=&a;                          /* 指针变量 p_int1 赋值为 a 的地址 */
    p_int2=&b;                          /* 指针变量 p_int2 赋值为 b 的地址 */
    if(a<b)
    {
        p_int=p_int1;                   /* 同类型的指针变量可以赋值 */
        p_int1=p_int2;
        p_int2=p_int;
    }
    printf("a=%d,b=%d\n",a,b);
    printf("max=%d,min=%d\n",*p_int1,*p_int2);
    return 0;
}
```

【运行结果】

例 8.2 的运行结果如图 8-6 所示。

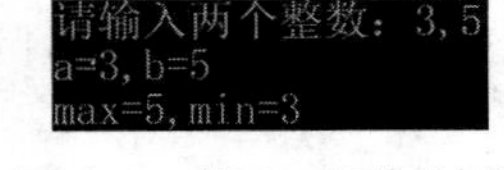

图 8-6　例 8.2 运行结果

【程序分析】

（1）通过该程序可以了解给指针变量赋值的三种情况：分别是赋值为 NULL、变量地址以及同类型的指针变量。

（2）当输入 a=3，b=5 时，由于 a<b，将 p_int1 和 p_int2 交换。交换前如图 8-7 所示，交换后如图 8-8 所示。

图 8-7　交换前　　　　图 8-8　交换后

注意：a 和 b 并未交换，它们仍保持原值，但 p_int1 和 p_int2 的值改变了。p_int1 的值原为 &a，后来变成 &b，p_int2 原值为 &b，后来变成 &a。这样在输出 *p_int1 和 *p_int2 时，实际上是输出变量 b 和 a 的值，所以先输出 5，然后输出 3。这个问题的算法是不交换整型变量的值，而是交换两个指针变量的值（即 a 和 b 的地址）。

8.2.5　允许指针变量进行的运算

对于指针变量，允许的运算除了有指针变量的初始化和赋值外，还有指针与整数的算术运算和指针之间的关系运算。

关于指针指向数组的相关内容在后续章节中详细介绍，读者可在学完相关内容后再来理解下面的知识点。

1. 指针变量的算术运算

当指针指向某个存储单元时，通过对指针变量加减一个整数，使指针指向相邻的存储单元，这样的运算称为“移动指针”，并且这种加减运算不是简单地将指针变量的原值（一个表示地址的无符号整数）加减一个整数（以“1”为单位的加减运算），而是以它指向的变量所占的内存单元的字节数为单位进行加减的。例如，字符型指针每次移动 1 字节，整型指针每次移动 4 字节，单精度浮点型指针每次移动 4 字节。

指针变量的加减运算只能对数组指针变量进行，对指向其他类型变量的指针变量作加减运算是无意义的；两个指针变量之间的运算只有指向同一个数组时，它们之间才能进行运算，否则运算将失去意义。

（1）设p是指向数组中某元素的指针（常量或变量），i为整数表达式，则

p+i：指向当前所指元素后面的第i个元素。

p–i：指向当前所指元素前面的第i个元素。

（2）设p是指向数组中某元素的指针变量，则

p++：先引用p当前指向的元素，然后让p加1移向下（后面）一个元素。

++p：先让p加1移向下（后面）一个元素，再引用p指向的元素。

p––：先引用p当前指向的元素，然后让p减1移向上（前面）一个元素。

––p：先让p减1移向上（前面）一个元素，再引用p指向的元素。

（3）若p1与p2指向同一数组，p1–p2等于两指针间的元素个数，也为两指针所指元素的下标差值（其结果是一个整数而不是指针），而p1+p2无意义。

2. 指针变量的关系运算

如果两个指针指向的是同一个数组的数组元素时，通过对两个指针进行比较，可以判断相应数组元素位置的先后。设pointer1和pointer2是指向同一个数组的指针变量，例如：

```
pointer1==pointer2
/* 当 pointer1 和 pointer2 指向同一数组元素时为真 */
pointer1>pointer2
/*pointer1 指向的数组元素在 pointer2 所指向的数组元素之后时为真 */
pointer1<pointer2
/*pointer1 指向的数组元素在 pointer2 所指向的数组元素之前时为真 */
```

指针变量还可以与0（表示空指针NULL）比较。设pointer为指针变量，则：

```
pointer==0
/*pointer 是空指针时为真，也可以写成 pointer==NULL*/
pointer!=0
/*pointer 不是空指针时为真，也可以写成 pointer!=NULL*/
```

8.3　指针与一维数组

每个变量都有存储地址，每个数组也有存储地址，每个数组中包含若干元素，数组元素都在内存中占用存储单元，它们都有相应的地址。数组的指针就是数组的首地址，而数组元素的指针是该数组元素的地址。指针变量既可以指向普通变量，也可以指向数组和数组元素，能使程序质量更高，运行速度更快。下面介绍指针访问一维数组的方法。

8.3.1　指向数组元素的指针

数组占用的是一块连续的内存单元。数组名就是这块连续内存单元的首地址。每个数组元素按下标顺序占据着连续地址的内存单元。数组元素的地址是指数组元素在内存中的起始地址。以int型数组a[10]为例进行说明，数组元素a[0]～a[9]所占用空间均为连续的，每个数组元素占据内存空间的首地址就是该数组元素的指针。

定义一个指向数组元素的指针变量的方法，与以前介绍的指向变量的指针变量相同。例如：

```
int a[10];         /* 定义 a 为包含 10 个整型数据的数组 */
int *p;            /* 定义 p 为指向整型变量的指针变量 */
p=a;               /* 把数组 a 的首地址赋给指针变量 p*/
```

C语言规定，数组名就是数组的首地址，也就是第0号元素a[0]的地址。因此，p=a也就等

价于 p=&a[0]，也就是说，执行完上述三条语句后，p 指向 a 数组的第 1 个元素（a[0]），如图 8-9 所示。

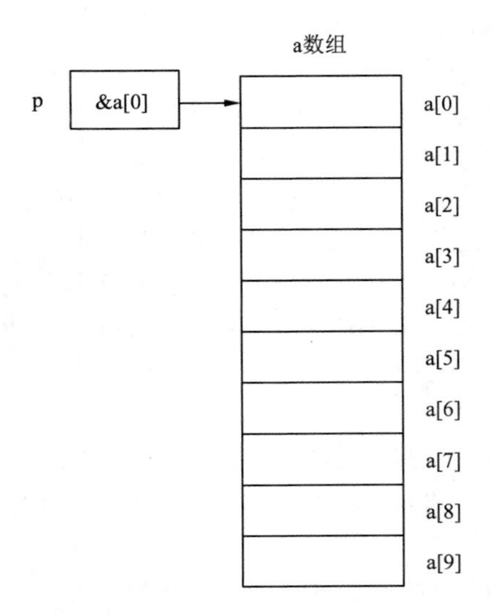

图 8-9　指针指向一维数组

如果有下列赋值语句：

```
p=&a[3];
```

这条语句的作用是把 a[3] 元素的地址赋值给 p，也就是 p 指向数组 a 的元素 a[3]。

注意：

（1）数组名 a 不代表整个数组，上述 p=a; 语句的作用是“把 a 数组的首地址赋给指针变量 p”，而不是“把数组 a 各元素的值赋给 p”。

（2）可以在定义指针变量时赋初值：

```
int a[10],*p=&a[0];
```

等价于：

```
int a[10],*p;
p=&a[0];
```

或者：

```
int a[10],*p=a;
```

等价于：

```
int a[10],*p;
p=a;
```

（3）数组名是一个地址常量，不能够对其进行赋值运算。

例如，有以下定义：

```
int a[10],b;
```

那么，下面两条语句都是错误的：

```
a=&b;
a++;
```

8.3.2　数组元素的引用

前面已经提到，如有下述定义：

```
int a[10],*p=a;
```

则 p 定义为 int 型指针变量，并使它指向 int 型数组 a 的元素 a[0]。

C 语言规定：如果指针变量 p 已指向数组中的一个元素，则 p+1 指向同一数组中的下一个元素，p-1 指向同一数组中的上一个元素。当定义了一个指针变量，并且指向了一个数组的元素后，就可以通过指针变量引用数组元素，这种引用包含元素地址的引用和元素内容的引用。

1. 元素地址的引用

请看下面的程序。

【程序代码】

```
#include<stdio.h>
int main()
{
    int a[10]={1,2,3,4,5,6,7,8,9,0},*p;
    p=a;                                    /*p 指向数组首元素 a[0]*/
    printf("%p,%p,%p,%p\n",&a[0],&p[0],a,p);/*%p 是地址格式（十六进制整数）*/
    printf("%p,%p,%p,%p\n",&a[3],&p[3],a+3,p+3);  /*a+3、p+3 指向元素 a[3] */
    return 0;
}
```

【运行结果】

程序运行结果如图 8-10 所示。

```
0019FF08, 0019FF08, 0019FF08, 0019FF08
0019FF14, 0019FF14, 0019FF14, 0019FF14
```

图 8-10　元素地址的引用

【程序分析】

（1）p 定义为 int 型指针变量，并使它指向 int 型数组 a 的元素 a[0] 之后，a 可以由 p 来替换。

（2）数组名 a 代表数组 a 首元素的地址，可以理解为 a 指向第一个元素 a[0]，a+i 则指向元素 a[i]；同理，如果指针变量 p 已指向数组中的首元素 a[0]，则 p+i 指向同一数组下标为 i 的元素 a[i]，这里的指针变量 p 是以它指向的变量所占的内存单元的字节数为单位进行加减的，如图 8-11 所示。

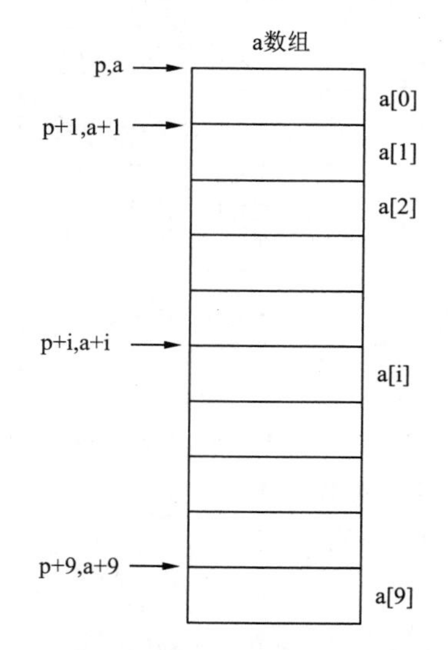

图 8-11　数组名和指针变量的关系

根据以上叙述，引用一个数组元素 a[i] 的地址可以使用如下两种方法：

下标法：&a[i]⇔&p[i]

指针法：a+i⇔p+i

所以，当一个指针变量指向数组的首元素时，数组元素 a[i] 的地址有以下 4 种形式：

```
&a[i]⇔&p[i]⇔a+i⇔p+i
```

2. 元素内容的引用

阅读下面的程序。

【程序代码】

```
#include<stdio.h>
int main()
{
    int a[10]={1,2,3,4,5,6,7,8,9,0},*p;
```

```
    p=a;                                          /*p 指向数组首元素 a[0] */
    printf("%d,%d,%d,%d\n",a[0],p[0],*a,*p);      /* 显示数组元素 a[0] 的内容，
                                                  %d 是 int 格式 */
    printf("%d,%d,%d,%d\n",a[3],p[3],*(a+3),*(p+3));   /* 显示数组元素 a[3]
                                                       的内容 */
    return 0;
}
```

【运行结果】

程序运行结果如图 8-12 所示。

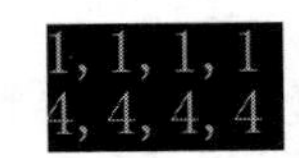

图 8-12　元素内容的引用

根据以上程序的运行结果，引用一个数组元素 a[i] 的内容可以使用如下两种方法：

下标法：a[i]⇔p[i]

指针法：*(a+i)⇔*(p+i)

所以，当一个指针变量指向数组的首元素时，数组元素 a[i] 的内容有以下 4 种形式：

```
a[i]⇔p[i]⇔*(a+i)⇔*(p+i)
```

3. 访问数组元素的三种方法

假设有一个整型数组 a，有 10 个元素。要输出各元素的值有三种方法：

【例 8.3】从键盘输入 10 个整数到一个数组中，然后输出数组中的全部元素。

方法一：直接使用数组名加下标的形式。

【程序代码】

```
#include<stdio.h>
int main()
{
    int a[10];
    int i;
    printf(" 请输入 10 个整数: \n");
    for(i=0;i<10;i++)
        scanf("%d" ,&a[i]);
    printf(" 数组中全部元素是: \n");
    for(i=0;i<10;i++)
        printf("%d " ,a[i]);
    return 0;
}
```

方法二：通过数组名计算数组元素地址，找出元素的值。

【程序代码】

```
#include<stdio.h>
int main()
{
    int a[10] ;
    int i;
    printf(" 请输入 10 个整数: \n");
    for(i=0;i<10;i++)
        scanf("%d",&a[i]);
    printf(" 数组中全部元素是: \n");
    for(i=0;i<10;i++)
        printf("%d ",*(a+i));
```

```
    return 0;
}
```

方法三：用指针变量指向数组元素。

【程序代码】

```
#include<stdio.h>
int main()
{
    int a[10];
    int *p,i;
    printf(" 请输入 10 个整数：\n");
    for(i=0;i<10;i++)
        scanf("%d",&a[i]);
    printf(" 数组中全部元素是：\n");
    for(p=a;p<(a+10);p++)
        printf("%d ",*p);
    return 0;
}
```

【运行结果】

以上 3 个程序的运行结果如图 8-13 所示。

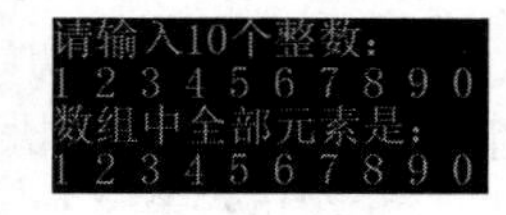

图 8-13　例 8.3 运行结果

【程序分析】

对三种方法的比较：

（1）方法一用下标法最为直观，很容易看出使用的是哪个元素。例如，a[3] 是数组中序号为 3 的元素（注意序号从 0 算起）。方法二和方法三不直观，不太容易看出访问的是哪个元素。例如，方法三所用的程序，要仔细分析指针变量 p 的当前指向，才能判断当前输出的是第几个元素。

（2）方法一和方法二执行效率相同。C 编译系统是将 a[i] 转换为 *(a+i) 进行处理的。即先计算元素地址，然后找到元素内容。因此用第一和第二种方法找数组元素费时较多。

（3）方法三比方法一和方法二速度快，用指针变量直接指向元素，不必每次都重新计算地址，像 p++ 这样的自加操作的执行速度非常快。这种有规律地改变指针值（p++）能大大提高代码的执行效率。

4. 指针访问数组元素需要注意的问题

在使用指针变量时，有几个问题要注意：

（1）指针变量可以实现使本身的值改变，而数组名不可以改变本身的值。

例如，上述第三种方法使用指针变量 p 指向元素，用 p++ 使 p 的值不断改变，这是合法的。如果不用 p 而使 a 变化（如用 a++）行不行呢？假如将上述方法三程序最后的 for 语句改为

```
for(p=a;a<(a+10);a++)
    printf("%d",*a);
```

是不行的。因为 a 是数组名，它是数组首地址，它的值在程序运行期间是固定不变的，是常量。a++ 是 a=a+1 的意思，这是在修改一个常量的值，是非法的。

（2）要注意指针变量当前指向的是哪个元素。

【例 8.4】通过指针变量输出 a 数组的 10 个元素。

【程序代码】

```
#include<stdio.h>
int main()
{
    int *p,i,a[10];
```

```
    p=a;
    printf(" 请输入 10 个整数: \n");
    for(i=0;i<10;i++)
        scanf("%d",p++);
    printf(" 数组中全部元素是: \n");
    for(i=0;i<10;i++,p++)
        printf(" %d",*p) ;
    return 0;
}
```

【程序分析】

该程序乍看起来没有问题。首先看一下运行情况，如图 8-14 所示。

图 8-14　程序运行结果

从图 8-14 可以看出，输出的数值并不是 a 数组中各元素的值。分析一下原因：

① 指针变量的初始值为 a 数组的首地址，但经过第一个 for 循环读入数据后，p 已指向 a 数组的末尾。因此，在执行第二个 for 循环时，p 的起始值不是 &a[0]，而是 a+10。

② 在执行第二个 for 循环时，每次要执行 p++，p 指向的是 a 数组下面的 10 个元素，而这些存储单元中的值是不可预料的，如图 8-15 所示。

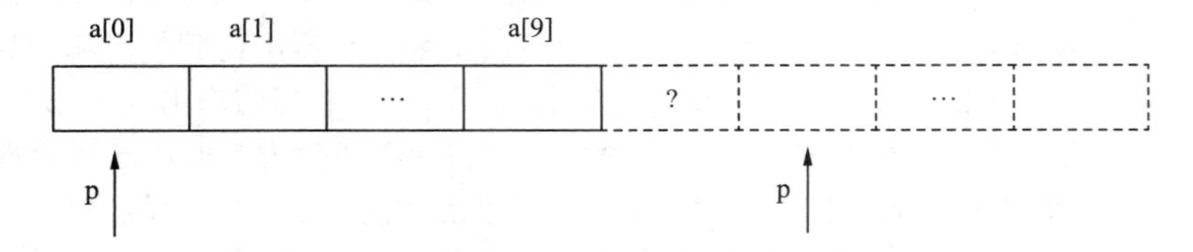

图 8-15　指针变量指向数组后面的元素

③ 解决该问题的办法是，在第二个 for 循环之前添加一个赋值语句：使 p 的初始值回到 &a[0]，这样结果就正确了。

【程序代码】

```
#include<stdio.h>
int main()
{
    int *p,i,a[10];
    p=a;                                /*p 指向数组元素 a[0]*/
    printf(" 请输入 10 个整数: \n");
    for(i=0;i<10;i++)
        scanf("%d",p++);                /* 循环结束后，p 指向 a[9] 的下一个位置 */
    p=a;                                /*p 重新指向数组元素 a[0] */
    printf(" 数组中全部元素是: \n");
    for(i=0;i<10;i++,p++)
        printf("%d ",*p);
    return 0;
}
```

【运行结果】

修改后的程序运行结果如图 8-16 所示。

图 8-16　修改后的程序运行结果

（3）C 编译程序对数组下标越界不报错。

从上例可以看到，虽然定义数组时指定它包含 10 个元素，用 p 指向数组元素，但指针变量可以指到数组以后的内存单元。如果有 a[10]，C 编译程序并不认为非法，系统把它按 *(a+10) 处理，即先找出 (a+10) 的值（是一个地址），然后找出它指向的单元的内容。

（4）注意指针变量的多种运算形式。

如果先使 p 指向数组 a（即 p=a），则：

① p++（或 p+=1），使 p 指向下一元素，即 a[l]。若再执行 *p，取出下一个元素 a[1] 值。

② *p++，由于 ++ 和 * 同优先级，结合方向为自右而左，因此它等价于 *(p++)。作用是先得到 p 指向变量的值（即 *p），然后再使 p=p+1。

例 8.4 最后一个程序中最后一个 for 语句：

```
for(i=0;i<10;i++,p++)
    printf("%d ",*p);
```

可以改写为

```
for(i=0;i<10;i++)
    printf("%d ",*p++);
```

作用完全一样。它们的作用都是先输出 *p 的值，然后使 p 值加 1。这样下一次循环时，*p 就是下一个元素的值。

③ *(p++) 与 *(++p) 的作用不同：

*(p++) 是先取 *p 值，后使 p 加 1。若 p 初值为 a（即 &a[0]），输出 *(p++) 时，得 a[0] 的值；

*(++p) 是先使 p 加 1，再取 *p。若 p 初值为 a（即 &a[0]），输出 *(++p)，则得到 a[1] 的值。

④ (*p)++ 表示 p 所指向的元素值加 1，即 (a[0])++，如果 a [0]=3，则 a[0]++ 后 a[0] 的值为 4。注意：是元素值加 1，而不是指针值加 1。

⑤ 如果 p 当前指向 a 数组中第 i 个元素，则：

*(p--) 相当于 a[i--]，先对 p 进行 * 运算，再使 p 自减。

*(++p) 相当于 a[++i]，先使 p 自加，再作 * 运算。

*(--p) 相当于 a[--i]，先使 p 自减，再作 * 运算。

将 ++ 和 -- 运算符用于指针变量十分有效，可以使指针变量自动向后或向前移动，指向下一个或上一个数组元素。例如，想输出 a 数组 100 个元素，可以：

```
p=a;
while(p<a+100)
    printf("%d ",*p++);
```

或

```
p=a;
while(p<a+100)
{
    printf("%d ",*p);
    p++;
}
```

但如果不小心，很容易弄错。因此在用 p++ 或 ++p 形式的运算时，一定要十分小心，弄清楚先取 p 值还是先使 p 加 1。可以记住如下口诀：

++ 在前，先加后用；

++ 在后，先用后加。

（加：p 自加 1，用：使用 p 的指向。-- 操作同理）

8.4 指针与二维数组

用指针变量可以指向一维数组，也可以指向多维数组。但在概念上和使用上，多维数组的指针比一维数组的指针要复杂一些，下面以二维数组为例，阐述一下指针和多维数组之间的关系。

8.4.1 二维数组及其元素的地址

1. 二维数组的理解

为了更好地理解多维数组的指针，先回顾一下多维数组的性质。以二维数组为例，设有一个二维数组 a，它有 3 行 4 列，其定义为：

```
int a[3][4]={{1,2,3,4},{5,6,7,8},{9,10,11,12}};
```

这里定义了一个 3 行 4 列的二维数组 a。可以看成，数组 a 是由 3 个元素组成的一维数组，它们分别是 a[0]、a[1] 和 a[2]，这 3 个元素又都是包含 4 个整型元素的一维数组，如图 8-17 所示。对于二维数组在内存中的存储形式已经在第 5 章中介绍，读者可回忆一下。二维数组的组成关系如图 8-17 所示。其中：

数组 a[0] 包含了 a[0][0]、a[0][1]、a[0][2] 和 a[0][3]

数组 a[1] 包含了 a[1][0]、a[1][1]、a[1][2] 和 a[1][3]

数组 a[2] 包含了 a[2][0]、a[2][1]、a[2][2] 和 a[2][3]

a →				
a[0] →	1	2	3	4
a[1] →	5	6	7	8
a[2] →	9	10	11	12

图 8-17 二维数组的理解

2. 二维数组地址表示形式

从二维数组的角度来看，a 代表整个二维数组的首地址，也就是第 0 行的首地址。请注意对二维数组名的“移动指针”运算。例如，表达式 a+0 即为 a[0] 的地址，表达式 a+1 即为 a[1] 的地址，表达式 a+2 即为 a[2] 的地址。因为对于数组 a 来说，它的每个元素的大小是 4×4=16 字节（设每个整型占 4 字节）。所以，a+1 的效果是使指针 a 移动 16 字节内存单元，也就是移动了二维数组的一行，如图 8-18 所示。

a[0]、a[1]、a[2] 既然是一维数组名，而 C 语言又规定了数组名代表数组的首地址，因此 a[0] 代表第 0 行一维数组中第 0 列元素的地址，即 &a[0][0]。a[1] 的值是 &a[1][0]，a[2] 的值是 &a[2][0]。正如有一个一维数组 x，x+1 与其第 1 个元素地址一样。a[0]+0、a[0]+1、a[0]+2、a[0]+3 分别是 a[0][0]、a[0][1]、a[0][2]、a[0][3] 的地址。结合前面介绍过的一维数组的表示形式，a[0] 和 *(a+0) 等价，a[1] 和 *(a+1) 等价，a[i] 和 *(a+i) 等价。因此，a[0]+1 和 *(a+0)+1 的值都是 &a[0][1]，a[1]+2 和 *(a+1)+2 的值都是 &a[1][2]，如图 8-19 所示。

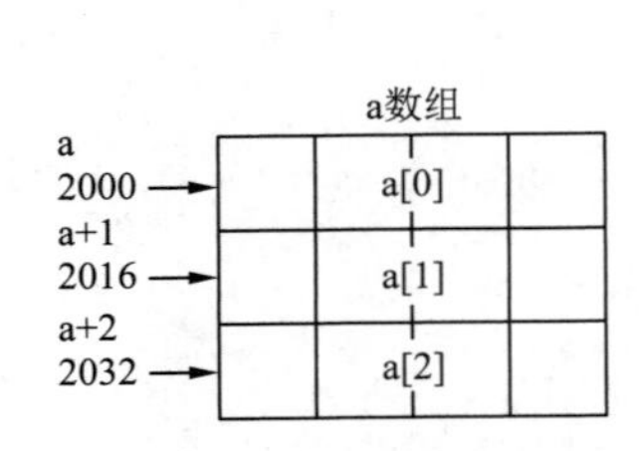

图 8-18 行指针示意图

	a[0]	a[0]+1	a[0]+2	a[0]+3
a →	2000 1	2004 2	2008 3	2012 4
a+1 →	2016 5	2020 6	2024 7	2028 8
a+2 →	2032 9	2036 10	2040 11	2044 12

图 8-19 二维数组元素的地址和内容

简言之，二维数组名表示“行指针”，a+0 指向二维数组的第 0 行，a+i 指向二维数组的第 i 行。a[i]、*(a+i)、&a[i][0] 都是列指针（也就是元素指针），指向每一行的第 0 列，也就是指向 a[i][0]。

为了更好地理解行指针和列指针，请看下面的代码：

【程序代码】

```
#include<stdio.h>
int main()
{
    int a[3][4]={1,2,3,4,5,6,7,8,9,10,11,12};
    int i,j;
    for(i=0;i<3;i++)
    {
        for(j=0;j<4;j++)
            printf("%p ",&a[i][j]);
        printf("\n");
    }
    printf("%p,%p\n",a,a+1);
    printf("%p,%p,%p,%p\n",&a[1][2],a[1]+2,&a[1][0]+2,*(a+1)+2);
    return 0;
}
```

【运行结果】

程序运行结果如图 8-20 所示。

```
0019FF00 0019FF04 0019FF08 0019FF0C
0019FF10 0019FF14 0019FF18 0019FF1C
0019FF20 0019FF24 0019FF28 0019FF2C
0019FF00,0019FF10
0019FF18,0019FF18,0019FF18,0019FF18
```

图 8-20 二维数组地址表示形式

【程序分析】

（1）二维数组名 a 是行指针，指向二维数组第 0 行，a+1 指向第 1 行。

（2）a[1]、&a[1][0]、*(a+1) 都是列指针（元素指针），加 2 后指向元素 a[1][2]，与 &a[1][2] 是等价的。

由此，可以得出元素 a[i][j] 地址的四种表示形式：&a[i][j],a[i]+j,&a[i][0]+j,*(a+i)+j。

3. 二维数组元素的表示形式

对于一般的指针变量，通过运算符“*”取得该指针变量指向变量的值。同样可以利用这种方式取二维数组的元素。上面分析了 4 种取得二维数组元素地址的方式，那么在其地址前加上运算符“*”就能够得到相应的元素值。相应的就有 4 种引用二维数组元素的方式，具体如下：

（1）*(&a[i][j])（通常写成 a[i][j]）

（2）*(a[i]+j)

（3）*(*(a+i)+j)

（4）*(&a[i][0]+j)

请看下面程序：

【程序代码】

```
#include<stdio.h>
int main()
{
    int a[3][4]={1,2,3,4,5,6,7,8,9,10,11,12};
    int i,j;
    for(i=0;i<3;i++)
    {
        for(j=0;j<4;j++)
            printf("%4d",a[i][j]);
        printf("\n");
    }
    printf("%4d%4d%4d%4d\n",a[1][2],*(a[1]+2),*(&a[1][0]+2),*(*(a+1)+2));
    return 0;
}
```

【运行结果】

程序运行结果如图 8-21 所示。

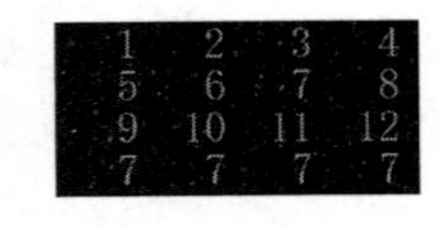

图 8-21　二维数组元素的表示形式

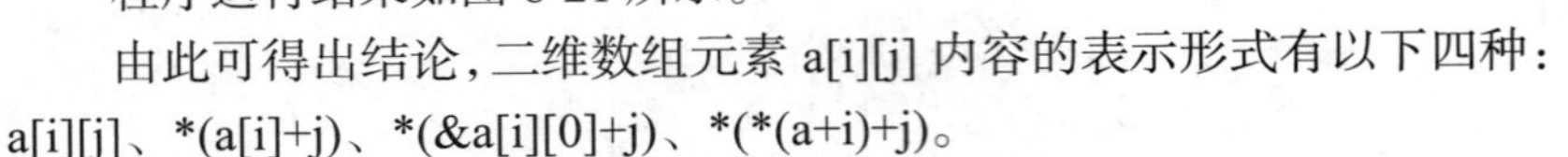

由此可得出结论，二维数组元素 a[i][j] 内容的表示形式有以下四种：a[i][j]、*(a[i]+j)、*(&a[i][0]+j)、*(*(a+i)+j)。

4. 指向二维数组元素的指针变量

指向数组元素的指针变量的定义与一般的指针变量的定义是相同的。

例如：

```
int a[3][4];
int *p;
p=&a[2][3];                          /* 这时 p 指向元素 a[2][3]*/
```

其中，p 可以指向数组 a 中的任一个元素。

【例 8.5】 使用指针变量输出二维数组元素的值。

【程序代码】

```
#include<stdio.h>
int main()
{
    int a[3][4]={{0,1,2,3},{4,5,6,7},{8,9,10,11}};
    /* 定义一个 3 行 4 列的二维数组，并进行初始化 */
    int *p,i;
    p=&a[0][0];
    /* 定义一个指向整型变量的指针 p，并且初始化为二维数组的第一个元素的地址 */
    for(i=0;i<12;i++)
    {
        printf("%d ",*p++);          /* 通过指针引用数组元素 */
        if((i+1)%4==0)
            printf("\n");            /* 输出 4 个元素后就换行一次 */
    }
    return 0;
}
```

【运行结果】

程序运行结果如图 8-22 所示。

```
0 1 2 3
4 5 6 7
8 9 10 11
```

图 8-22　指向二维数组元素的指针变量

【程序分析】

（1）语句 p=&a[0][0]; 的作用是将 p 初始化为数组的第一个元素的地址，所以也可以写成 p=a[0]。

（2）之所以能够这样依次取数组中的元素，是由二维数组本身在内存中的存储形式决定的（请参考第 5 章相关内容）。

8.4.2　指向多维数组的指针变量

已有定义 int a[3][4];，把二维数组 a 分解为一维数组 a[0]、a[1] 和 a[2] 之后，设 p 为指向二维数组的指针变量，定义为：

```
int (*p)[4];
```

表示 p 是一个指针变量，它指向包含 4 个整型元素的一维数组。若指向第一个一维数组 a[0]，则其值等于 a。而 p+i 则指向一维数组 a[i]。从前面的分析可得出 *(p+i)+j 是二维数组 i 行 j 列的元素的地址，而 *(*(p+i)+j) 则是 i 行 j 列元素的值。

二维数组指针变量声明的一般形式为：

```
类型说明符 (* 指针变量名)[长度]
```

其中“类型说明符”为所指数组的数据类型。“*”表示其后的变量是指针类型。“长度”表示二维数组分解为多个一维数组时，一维数组的长度，也就是二维数组的列数。应注意“(* 指针变量名)”两边的括号不能少。

下面的程序就是使用指向二维数组的指针来访问二维数组的一个例子。

【程序代码】

```
#include<stdio.h>
int main()
{
    int a[3][4]={0,1,2,3,4,5,6,7,8,9,10,11};
    int(*p)[4];
    int i,j;
    p=a;
    for(i=0; i<3; i++)
    {
        for(j=0; j<4; j++)
            printf("%2d ",*(*(p+i)+j));
        printf("\n");
    }
    return 0;
}
```

【运行结果】

程序运行结果如图 8-23 所示。

```
 0  1  2  3
 4  5  6  7
 8  9 10 11
```

图 8-23　使用指向二维数组的指针访问二维数组

【程序分析】

（1）int (*p)[4]; 定义了 p 是一个指针变量，它指向包含 4 个 int 型元素的一维数组；

（2）p=a; 表示 p 指向了二维数组 a 的第 0 行，此后，p 就可以替换 a；

（3）*(*(p+i)+j) 等价于 *(*(a+i)+j)，表示二维数组元素 a[i][j]。

8.5　字符串的指针和指向字符串的指针变量

在 C 语言中，对于字符串没有专门的字符串类型来声明。一般都是使用字符型的数组来存储字符串，但是有时使用字符数组会比较复杂，因此可以使用指针对字符串进行运算。

8.5.1　字符串的表示形式

在 C 程序中，可以用两种方法访问一个字符串。

1. 用字符数组存放一个字符串

【例 8.6】字符数组存放字符串。

【程序代码】

```
#include<stdio.h>
int main()
{
    char str[]="I love China!";
    printf("%s\n",str);
```

```
    return 0;
}
```

【运行结果】

例 8.6 的运行结果如图 8-24 所示。

I love China!

图 8-24　例 8.6 运行结果

【程序分析】

（1）由数组的性质可知，str 是数组名，它代表字符数组的首地址，如图 8-25 所示。

（2）字符数组 str 省略了长度，系统根据初始化字符串中字符个数自动确定，根据字符串的特点，字符串是以“\0”结尾的一系列字符，因此程序中字符串中字符个数为 13 个字符 +1 个 '\0'，因此数组 str 的长度为 14，下标的范围是 0~13。

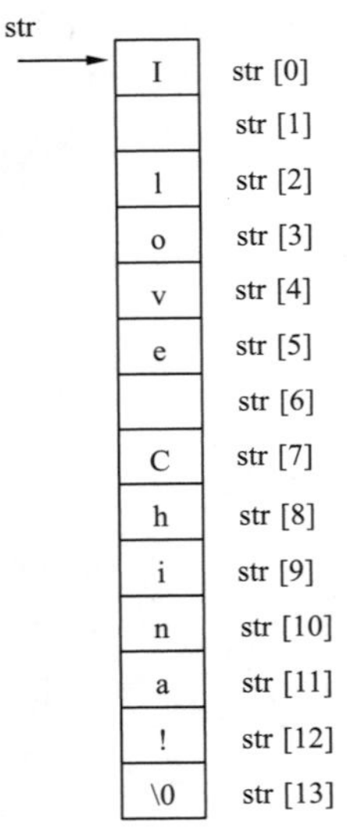

图 8-25　字符串在字符数组中的存放形式

2. 用字符指针指向字符串常量

可以不定义字符数组，而定义一个字符指针。用字符指针指向字符串中的字符。

【例 8.7】字符指针指向字符串。

【程序代码】

```
#include<stdio.h>
int main()
{
    char *string="I love China!";
    printf("%s\n",string);
    return 0;
}
```

【运行结果】

例 8.7 的运行结果如图 8-26 所示。

I love China!

图 8-26　例 8.7 运行结果

【程序分析】

（1）C 语言规定：给定一个字符串常量 "I love China!"，C 语言对字符串常量是按字符数组处理的，在内存中开辟了一个字符数组用来存放字符串常量。

（2）程序在定义字符指针变量 string 时把字符串首地址（即存放字符串的字符数组的首地址）赋给 string，也就是把字符串第 1 个元素的地址（即存放字符串的字符数组的首元素地址）赋给指针变量 string，如图 8-27 所示。

关于指针和字符串有如下几点注意事项：

（1）注意字符指针变量初始化和赋值的区别。

例如：

```
char *string="I love China!";
```

这是定义字符指针变量 string，然后初始化为字符串常量 "I love China!" 的首地址，即指针指向该字符串，等价于下面两行：

```
char *string;
string="I love China!";
```

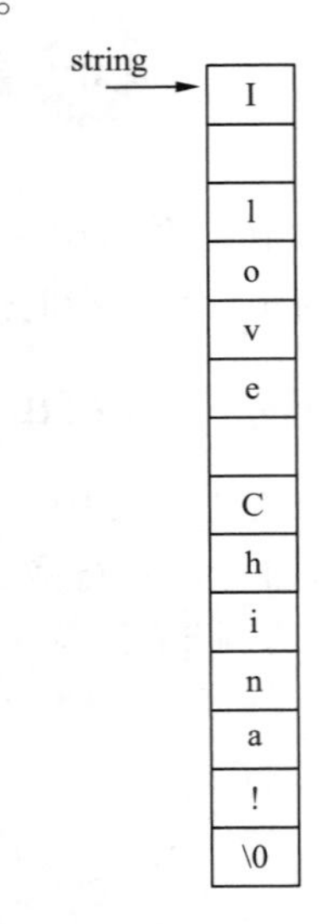

图 8-27　字符指针变量指向字符串常量

可以看到 string 被定义为一个指针变量，指向字符型数据，请注意它只能指向一个字符变量或其他字符类型数据，不能同时指向多个字符数据，更不是把 "I Love China!" 这些字符存放到 string 中（指针变量只能存放地址），也不是把字符串赋给 *string。只是把 "I love China" 的首地址赋给指针变量

string。不要认为上述语句等价于：

```
char *string;
*string="I love China";
```

这是错误的！

（2）字符指针变量存放的是字符串首字符的地址。

由于 string 是一个字符型的指针变量，它的值就是一个字符的地址，上例中就是字符串常量 " I love China! " 的首地址，也就是字符 'I' 的地址。那么 *string 代表的就是一个字符 I，而不要认为 *string 的值是整个字符串 "I love China!"。

（3）输出字符串可以用 %s，并且字符指针前不用加 &，因为指针就是地址。

在输出字符串时，用 printf("%s\n",string); 其中 %s 表示输出一个字符串，给出字符指针变量名 string，则系统先输出它所指向的一个字符数据，然后自动使 string 加 1，使其指向下一个字符，然后再输出一个字符，如此直到遇到字符串结束标志 '\0' 为止。注意，在内存中，字符串常量的最后被自动加了一个 '\0'，因此在输出时能确定字符串的终止位置。

（4）字符数组可以用数组名整体输入和输出，而其他类型数组则不可以。

通过字符数组名或字符指针变量可以输出一个字符串。例如：

```
char str[20];
scanf("%s",str);
printf("%s\n",str);
```

而对一个数值型数组，是不能企图用数组名输出它的全部元素的。例如：

```
int a[10];
scanf("%d",a);
printf("%d\n",a);
```

是错误的，只能逐个元素输入和输出。

8.5.2 字符数组和字符指针变量的区别

虽然用字符数组和字符指针变量都能实现字符串的存储和运算，但它们二者之间是有区别的，不应混为一谈，主要有以下几点：

（1）字符数组由若干个元素组成，每个元素中放一个字符，而字符指针变量中存放的是地址（字符串的首地址），决不是将字符串放到字符指针变量中。

（2）数组名是一个地址常量，而字符指针变量是一个变量，所以不能给一个数组名赋值。例如：

```
char str[15];
str="I love China!";
```

这种赋值方式是错误的。

而对字符指针变量，可以采用下面方法赋值：

```
char *s;
s="I love China!";
```

但注意赋给 s 的不是字符，而是字符串的首地址。

（3）对字符指针变量赋初值：

```
char *s="I love China!";
```

等价于

```
char *s;
```

```
s="I love China!";
```

而对数组的初始化：

```
char str[15]="I love China!";
```

不能等价于

```
char str[15];
str="I love China!";
```

即数组可以在变量定义时整体赋初值，但不能在赋值语句中整体赋值。

（4）字符数组可以用 %s 形式进行输入，而字符指针变量一般不可以直接输入。

注意下面两种方法：

方法一：

```
char str[10];
scanf("%s",str);
```

方法二：

```
char *s;
scanf("%s",s);
```

代码的目的是输入一个字符串，方法一是没有问题的，方法二虽然一般也能运行，但这种方法是危险的，不宜提倡。

分析：字符数组在编译时系统为其分配了指定数量的若干个内存单元，它有确定的地址，因此可以直接输入字符串。而 VC 下，字符指针变量在定义时分配 4 字节内存单元，在其中可以放一个地址值，该指针变量可以指向一个字符型数据；但如果未对它赋予一个地址值，则它并未具体指向一个确定的字符数据。上述指针变量 s 分配了内存单元，s 的地址已指定了，但 s 的值并未指定，在 s 单元中是一个不可预料的值。在执行 scanf() 函数时要求将一个字符串输入到 s 所指向的一段内存单元（即以 s 的值（地址）开始的段内存单元）中。而 s 的值如今却是不可预料的，它可能指向内存中空闲的（未用的）用户存储区中（这是好的情况），也有可能指向已存放指令或数据的有用内存段，这就会破坏了程序，甚至破坏了系统，会造成严重的后果。在程序规模较小时，由于空闲地带多，往往可以正常运行，而程序规模大时，出现上述冲突的可能性就越大。应当这样：

```
char *s,str[10];
s=str;
scanf("%s",s);
```

先使 s 有确定值，也就是使 s 指向一个数组的开头，然后输入一个字符串，把它存放在以该地址开始的若干单元中。

（5）指针变量的值是可以改变的。

【程序代码】

```
#include<stdio.h>
int main()
{
    char *s="I love China!" ;
    s=s+7;
    printf("%s\n",s);
    return 0;
}
```

【运行结果】

程序的运行结果如图 8-28 所示。

```
China!
```

图 8-28　输出字符串

【程序分析】

① 指针变量 s 的值可以变化，s=s+7 表示 s 指向字符串中第 8 个字符 C（编号从 0 开始）。

② 输出字符串时从 s 当时所指向的单元，也就是 C 的位置开始输出各个字符，直至遇到 '\0' 为止。

③ 需要注意，数组名虽然代表地址，但它的值是不能改变的。下面的写法是错误的：

```
char str[]="I love China!";
str=str+7;
printf("%s",str);
```

（6）若定义了一个指针变量，并使它指向一个字符串，就可以用下标形式引用指针变量所指向字符串中的字符。

【程序代码】

```
#include<stdio.h>
int main()
{
    char *s="I love China!";
    int i;
    printf("第 6 个字符是 %c\n",s[5]);
    for(i=0;s[i]!='\0';i++)
        printf("%c",s[i]);
    printf("\n");
    return 0;
}
```

【运行结果】

程序的运行结果如图 8-29 所示。

图 8-29　用下标引用指针变量所指向字符串中的字符

【程序分析】

程序中虽然并未定义数组 s，但字符串在内存中是以字符数组形式存放的。s[5] 按 *(s+5) 执行，即从 s 当前所指向的元素下移 5 个元素位置，取出其单元中的值。

8.6　函数的指针和指向函数的指针变量

前面已经介绍，指针可以指向普通变量、数组元素、字符串等。指针变量还可以做函数参数，可以传递普通变量的地址，也可以传递一个数组或一个字符串的首地址。指针变量也可以指向一个函数。下面进行详细介绍。

8.6.1　指针变量作函数参数

函数的参数不仅可以是整型、实型、字符型等数据，还可以是指针类型。其作用是将一个变量的地址传送到另一个函数中。

下面通过一个例子进行说明。

【例 8.8】输入两个整型变量 a 和 b，通过调用 swap() 函数交换 a 和 b 的内容。

用函数处理，而且用指针类型的数据作函数参数。

【程序代码】

```
#include<stdio.h>
```

```
void swap(int *p1,int *p2)
{
    int t;
    t=*p1;
    *p1=*p2;
    *p2=t;
}
int main( )
{
    int a,b;
    int *pointer1=&a,*pointer2=&b;
    printf("a=");
    scanf("%d",&a);
    printf("b=");
    scanf("%d",&b);
    swap(pointer1,pointer2);
    printf("a=%d,b=%d\n" ,a,b);
    return 0;
}
```

【运行结果】

例 8.8 的运行结果如图 8-30 所示。

```
a=3
b=5
a=5, b=3
```

图 8-30　例 8.8 运行结果

【程序分析】

（1）swap() 函数的作用是交换两个指针变量所指向变量（a 和 b）的值，这两个指针变量是形参，程序运行时，main() 函数中指针变量 pointer1 和 pointer2 分别指向变量 a 和 b，此时 pointer1 和 pointer2 的值分别是 &a 和 &b，如图 8-31（a）所示。

（2）调用 swap() 函数时，pointer1 和 pointer2 作为实参将 &a 和 &b 传递给形参 p1 和 p2，此时实参 pointer1 和形参 p1 共同指向变量 a，pointer2 和 p2 共同指向变量 b，如图 8-31（b）所示。

（3）执行 swap() 函数的函数体时，*p1 和 *p2 交换，也就是变量 a 和 b 的值交换，如图 8-31（c）所示。

（4）调用 swap() 函数结束后，p1 和 p2 被释放，但此时变量 a 和 b 的值已经交换，当 main() 函数中的 printf() 函数输出 a 和 b 的值时，就是已经交换后的值，如图 8-31（d）所示。

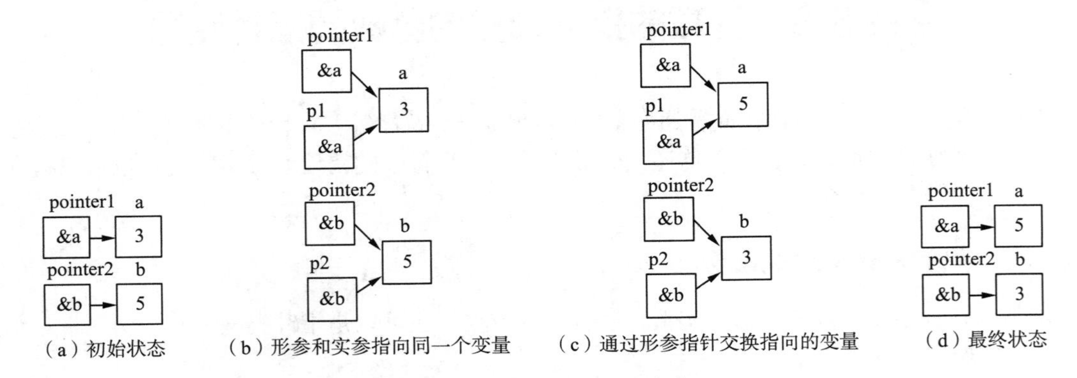

图 8-31　交换 a 和 b 的内容

请分析下面三种情况，是否也能实现 a 和 b 的交换？

（1）swap() 函数写成：

```
void swap(int *p1,int *p2)
{
```

```
    int *t;
    *t=*p1;       /* 此语句有问题 */
    *p1=*p2;
    *p2=*t;
}
```

用于交换的临时变量 t 被定义成指针变量，则 *t 是指针变量 t 所指向的变量，但 t 中并无确定的地址值，其值是不确定的。因此，对 *t 赋值可能会破坏系统的正常工作状况。因此，这里的 t 应定义为 int 型变量，而不是 int 型指针变量。

（2）swap() 函数写成：

```
void swap(int x,int y)
{
    int t;
    t=x;
    x=y;
    y=t;
}
```

如果在 main() 函数中用 swap(a,b)；调用 swap() 函数，会有什么结果呢？

分析：在函数调用时，a 的值传送给 x，b 的值传送给 y，如图 8-32（a）所示。执行完 swap() 函数后，x 和 y 的值就互换了，但 main() 函数中 a 和 b 并未互换，如图 8-32（b）所示。也就是说由于“单向传送”的“值传递”方式，形参值的改变无法传给实参。

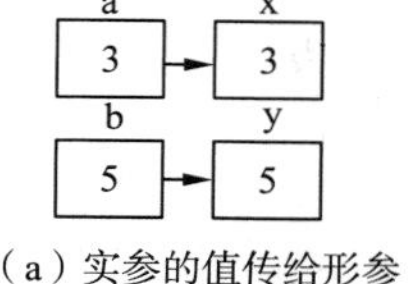

（a）实参的值传给形参

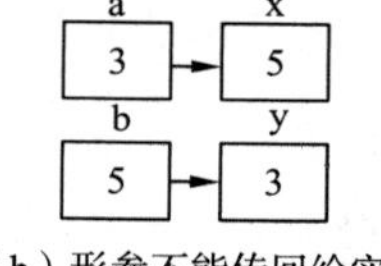

（b）形参不能传回给实参

图 8-32　实参与形参

（3）swap 函数写成以下形式：

```
void swap(int *p1,int *p2)
{
    int *p;
    p=p1;
    p1=p2;
    p2=p;
}
```

分析：

（1）先使 pointer1 指向 a，pointer2 指向 b，如图 8-33（a）所示。

（2）调用 swap() 函数，将 pointer1 的值传给 p1，pointer2 的值传给 p2，如图 8-33（b）所示。

（3）在 swap() 函数中使 p1 与 p2 的值交换，如图 8-33（c）所示。

（4）程序希望通过形参 p1、p2 将地址传回实参 pointer1 和 pointer2，使 pointer1 指向 b，pointer2 指向 a，然后输出 *pointer1 和 *pointer2，得到结果 a=5,b=3。

该方法想得到输出“a=5,b=3”，但是这是办不到的，程序实际输出为“a=3,b=5”。问题出在第(4)步。C 语言中实参变量和形参变量之间的数据传递是单向的“值传递”方式。指针变量作函数参数也要遵循这一规则。实际上，实参 pointer1 还是指向 a，pointer2 还是指向 b。

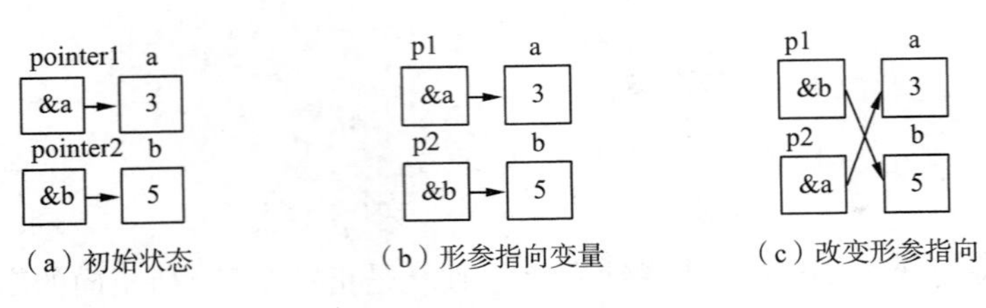

图 8-33 值传递

由上述内容可得出如下结论：

（1）用普通变量作函数参数，也就是“值传递”的方式，不能通过改变形参的值来影响实参。

（2）为了使形参的改变能反作用于实参，要采用“地址传递”形式，即：使用实参变量的地址或者指针变量作为函数参数，在函数执行过程中，不能单纯改变形参指针的指向，而是要使形参指针所指向的变量值发生变化，这样，函数调用结束后，主调函数中变量值的变化才能保留下来。

（3）如果想通过函数调用得到 n 个要改变的值，可以：

① 在主调函数中设 n 个变量，用 n 个指针变量指向它们；

② 将指针变量作实参，将这 n 个变量的地址传给所调用函数的形参；

③ 通过形参指针变量，改变该 n 个变量的值；

④ 主调函数中就可以使用这些改变了值的变量。

【例 8.9】输入 a、b、c 三个整数，按大小顺序输出。

【程序代码】

```
#include<stdio.h>
void swap(int *pt1,int *pt2)
{
    int temp;
    temp=*pt1;
    *pt1=*pt2;
    *pt2=temp;
}
void exchange(int *q1,int *q2,int *q3)
{
    if(*q1<*q2)
        swap(q1,q2);
    if(*q1<*q3)
        swap(q1,q3);
    if(*q2<*q3)
        swap(q2,q3);
}
int main()
{
    int a,b,c,*p1,*p2,*p3;
    scanf("%d,%d,%d",&a,&b,&c);
    p1=&a;
    p2=&b;
    p3=&c;
    exchange(p1,p2,p3);
    printf("%d,%d,%d\n",a,b,c);
    return 0;
}
```

【运行结果】

例 8.9 的运行结果如图 8-34 所示。

图 8-34 例 8.9 运行结果

【程序分析】

（1）此程序自定义了两个函数 swap() 和 exchange()，main() 函数调用 exchange() 函数，exchange() 函数则嵌套调用 swap() 函数。

（2）swap() 函数的功能是把形参 pt1 和 pt2 指向的变量内容进行交换。

（3）exchange() 函数的功能是把形参 q1、q2、q3 指向的变量按照从大到小的顺序排序，并对 swap() 函数进行了嵌套调用。

（4）在 main() 函数中调用 exchange() 函数，实参分别是 int 型指针变量 p1、p2、p3，分别指向 int 型变量 a、b、c，也就是把 a、b、c 的地址传递给形参 q1、q2、q3，是地址传递，在 exchange() 函数中对 *q1、*q2 和 *q3 的排序，就是对 a、b、c 的排序。

8.6.2 一维数组名作函数参数

一维数组名可以作为函数的形参和实参。例如：

```
f(int arr[ ],int n)
{
}
main()
{
    int a[10];
    …
    f(a,10);
    …
}
```

a 为实参数组名，arr 为形参数组名。数组名就是数组的首地址，实参向形参传送数组名实际上就是传送数组的首地址，形参得到该地址后也指向同一数组。这就好像同一件物品有两个彼此不同的名称一样，即实参数组和形参数组共用同一段内存单元，如图 8-35 所示。

同样，指针变量的值也是地址，数组指针变量的值即为数组的首地址，当然也可作为函数的参数使用。

常用这种方法通过调用一个函数改变实参数组的值。在被调用函数中也可以用数组元素的形式引用调用函数中的数组元素，而在被调用函数中只是开辟了一个指针变量的存储空间，并没有开辟一串连续的存储空间。

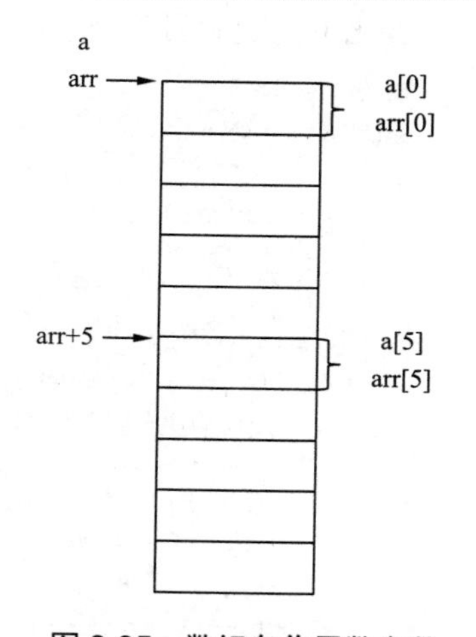

图 8-35 数组名作函数参数

【例 8.10】编写函数，使数组的每个元素内容加 1。

【程序代码】

```
#include<stdio.h>
int main()
{
    void fadd(int a[],int n);                    /* 函数声明语句 */
    int a[5]={1,2,3,4,5};                        /* 实参数组 a，长度为 5*/
    int i;
    fadd(a,5);          /* 传递参数时一定要写数组名，让函数找到实参数组的首地址 */
    for(i=0;i<5;i++)
```

```
        printf("%d ",a[i]);
}
void fadd(int a[],int n)
{
    int i;
    for(i=0;i<n;i++)     /* 如果没有传来 n 的值，就无法获知实参数组 a 的长度 */
        a[i]++;
}
```

【运行结果】

例 8.10 的运行结果如图 8-36 所示。

```
2 3 4 5 6
```

图 8-36　例 8.10 运行结果

【程序分析】

（1）main() 函数中定义了实参数组 a，长度为 5。

（2）fadd() 函数中通过形参数组接收了实参数组的首地址，因此对形参数组的修改实际上就是对实参数组的修改。

数组名作函数参数，需要注意以下几点：

（1）定义函数时一般格式为：

```
函数名(类型 形参数组名[],int n)
```

其中，形参数组名后面 [] 的长度不必声明，一般的做法是再定义一个形参变量，比如 int n 来接收实参数组的长度。这样该函数可以适用于任何长度的一维数组，从而增强函数的通用性。

（2）函数调用语句的一般格式为：

```
函数名(实参数组名,实参数组长度)
```

把实参数组的首地址和长度传递给形参数组。

（3）形参数组名 a 相当于指针变量，用来接收实参数组的首地址，注意看下面几种变化。

变化 1：实参是指针变量，形参是数组名。

```
#define N 5
int main()
{
    void fadd(int a[],int n);
    int a[N]={1,2,3,4,5},*p=a;          /* 定义了指针变量 p 指向数组 a*/
    int i;
    fadd(p,N);                          /* 实参是指针变量 */
    for(i=0;i<5;i++)
        printf("%d ",a[i]);
}
void fadd(int a[],int n)                /* 形参是数组名 */
{
    int i;
    for(i=0;i<n;i++)
        a[i]++;
}
```

变化 2：实参是数组名，形参是指针变量。

```
#define N 5
int main()
{
    void fadd(int a[],int n);
    int a[N]={1,2,3,4,5};
```

```
    int i;
    fadd(a,N);                          /* 实参是数组 */
    for(i=0;i<5;i++)
        printf("%d ",a[i]);
}
void fadd(int *p,int n)                 /* 形参是指针变量，其实和写数组名是一样的 */
{
    int i;
    for(i=0;i<n;i++)
        p[i]++;                         /* 等价于 (*(p+i))++*/
}
```

变化3：实参是指针变量，形参是指针变量。

```
#define N 5
int main()
{
    void fadd(int a[],int n);
    int a[N]={1,2,3,4,5},*p=a;
    int i;
    fadd(p,N);                          /* 实参是指针变量 */
    for(i=0;i<5;i++)
        printf("%d ",a[i]);
}
void fadd(int *p,int n)                 /* 形参是指针变量，其实和写数组名是一样的 */
{
    int i;
    for(i=0;i<n;i++)
        p[i]++;                         /* 等价于 (*(p+i))++ */
}
```

上述三个程序的运行结果都如图8-37所示。

```
2 3 4 5 6
```

图8-37 程序运行结果

归纳起来，如果有一个实参数组，想在函数中改变此数组的元素的值，实参与形参的对应关系有以下4种情况：

（1）形参和实参都用数组名。

（2）实参用数组名，形参用指针变量。

（3）实参形参都用指针变量。

（4）实参为指针变量，形参为数组名。

【例8.11】编写函数，用选择法对10个整数按由大到小排序。

【程序代码】

```
#include<stdio.h>
void sort(int x[],int n)
{
    int i,j,k,t;
    for(i=0;i<n-1;i++)
    {
        k=i;
        for(j=i+1;j<n;j++)
            if(x[j]>x[k]) k=j;
        if(k!=i)
        {
            t=x[i];
```

```
            x[i]=x[k];
            x[k]=t;
        }
    }
}
int main()
{
    int *p,i,a[10];
    p=a;
    printf("Input 10 integer numbers: \n" );
    for(i=0;i<10;i++)
        scanf("%d",p++);
    p=a;
    sort(p,10);
    for(p=a,i=0;i<10;i++)
    {
        printf("%d ", *p);
        p++;
    }
    printf("\n");
    return 0;
}
```

【运行结果】

例 8.11 的运行结果如图 8-38 所示。

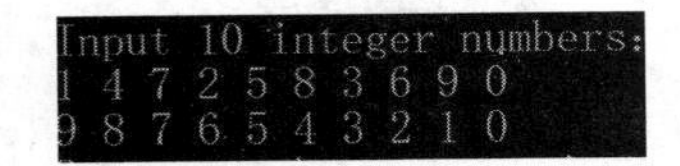

图 8-38　例 8.11 运行结果

【程序分析】

（1）sort() 函数中用数组名作为形参，用下标法引用形参数组元素，这样的程序很容易看懂。

（2）也可以将形参改用指针变量，即将 sort() 函数的首部改为：

```
void sort(int *x,int n)
```

其他不改，程序运行结果不变。

由此可以看出，即使在函数 sort() 中将 x 定义为指针变量，在函数中仍可用 x[i]、x[k] 这样的形式表示数组元素，其实就是 x+i 和 x+k 所指的数组元素。

（3）形参改用指针变量后，元素也可以用指针形式。故例 8.11 中 sort() 函数的代码还可以写成：

```
void sort(int *x,int  n)
{
    int i,j,k,t;
    for(i=0;i<n-1;i++)
    {
        k=i;
        for(j=i+1;j<n;j++)
            if(*(x+j)>*(x+k))  k=j;
        if(k!=i)
        {
            t=*(x+i);
            *(x+i)=*(x+k);
```

```
            *(x+k)=t;
        }
    }
}
```

主函数代码不变，程序运行结果不变。

8.6.3　字符串指针作函数参数

同一维数组名作函数参数时类似，将一个字符串从一个函数传递到另一个函数，也可以用地址传递的办法，即用字符数组名作参数或用指向字符串的指针变量作参数。在被调用的函数中可以改变字符串的内容，在主调函数中可以得到改变了的字符串。

【例 8.12】用函数调用实现字符串的复制。

1. 用字符数组作参数

【程序代码】

```
#include<stdio.h>
void mystrcpy(char from[],char to[])
{
    int i;
    for(i=0;from[i]!='\0';i++)
        to[i]=from[i];
    to[i]='\0';
}
int main()
{
    char str1[]="I am a teacher.";
    char str2[]="You are a student." ;
    printf("string str1=%s\nstring str2=%s\n" ,str1,str2);
    mystrcpy(str1,str2);
    printf("string str1=%s\nstring str2=%s\n",str1,str2);
    return 0;
}
```

【运行结果】

例 8.12 的运行结果如图 8-39 所示。

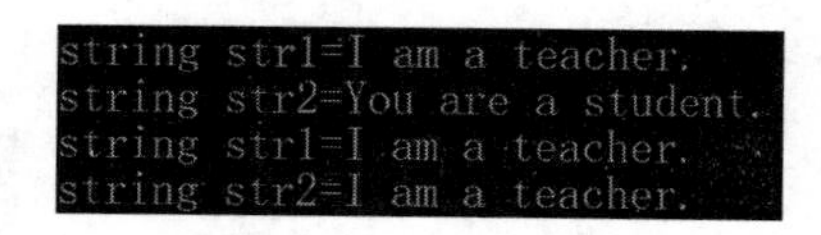

图 8-39　例 8.12 运行结果

【程序分析】

（1）定义 str1 和 str2 两个字符数组，初值为两个字符串，当按 %s（字符串形式）输出时，遇 '\0' 即结束输出。

（2）mystrcpy() 函数的作用是将 from[i] 赋给 to[i]，直到 from[i] 的值是 '\0' 为止。在调用 mystrcpy() 函数时，将实参数组 str1 和 str2 的首地址分别传递给形参数组 from 和 to，如图 8-40（a）所示。因此，from 和 str1 是同一个数组，使用 from[i] 就是使用 str1[i]，to 和 str2 是同一个数组，使用 to[i] 就是使用 str2[i]。

（3）由于 str2 数组原来的长度大于 str1 数组，因此在将 str1 数组复制到 str2 数组后，未能全部覆盖 str2 数组原有内容。未能覆盖部分元素仍保留原状，如图 8-40（b）所示。在输出 str2 时由于按 %s 格式输出，遇到 '\0' 就停止输出，因此第一个 '\0' 后面的字符不输出。

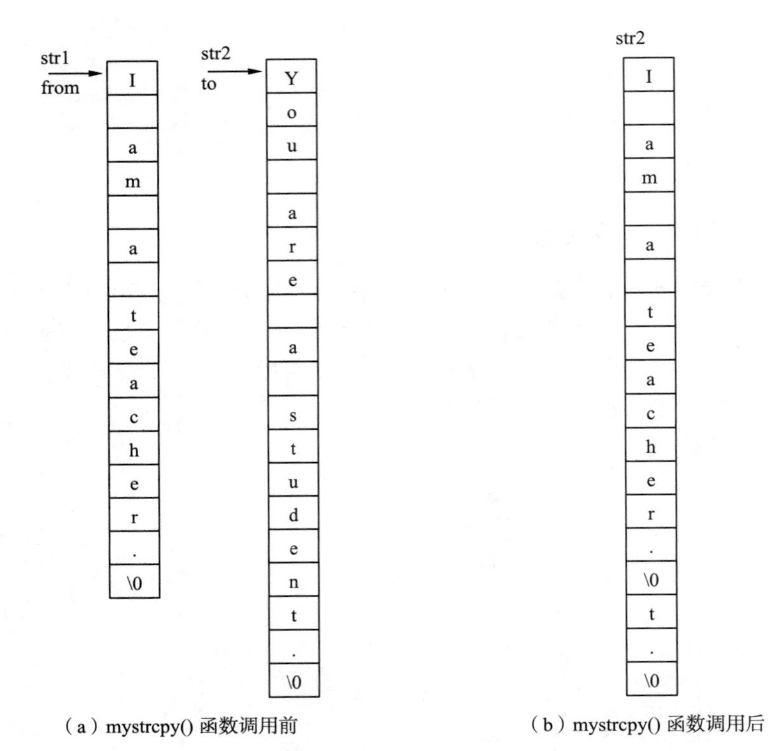

（a）mystrcpy() 函数调用前　　（b）mystrcpy() 函数调用后

图 8-40　调用 mystrcpy() 函数

（4）在 main() 函数中也可以不定义字符数组，而用字符型指针变量。main 函数可改写如下：

【程序代码】

```
int main()
{
    char *str1="I am a teacher.";
    char str2[]="You are a student.";
    printf("string str1=%s\nstring str2=%s\n",str1,str2);
    mystrcpy(str1,str2);
    printf("string str1=%s\nstring str2=%s\n",str1,str2);
    return 0;
}
```

【运行结果】

程序运行结果如图 8-41 所示。

```
string str1=I am a teacher.
string str2=You are a student.
string str1=I am a teacher.
string str2=I am a teacher.
```

图 8-41　字符型指针变量输出结果

2. 形参用字符指针变量

【程序代码】

```
#include<stdio.h>
void mystrcpy(char *from,char *to)
{
    for(;*from!='\0';from++,to++)
        *to=*from;
    *to='\0';
}
int main()
{
    char *str1="I am a teacher.";
```

```
    char str2[]="You are a student.";
    printf("string str1=%s\nstring str2=%s\n",str1,str2);
    mystrcpy(str1,str2);
    printf("string str1=%s\nstring str2=%s\n",str1,str2);
    return 0;
}
```

【程序分析】

（1）形参 from 和 to 是字符指针变量。在调用 mystrcpy() 函数时，将数组 str1 的首地址传给 from，把数组 str2 的首地址传给 to。

（2）在 mystrcpy() 函数的 for 循环中，每次将 *from 赋给 *to，第 1 次就是将 str1 数组中第 1 个字符赋给 str2 数组的第 1 个字符。在执行 from++ 和 to++ 以后，from 和 to 就分别指向 str1[1] 和 str2[1]。再执行 *to=*from，也就是将 str1[1] 赋给 str2[1]。最后将 '\0' 赋给 *to，注意此时 to 指向哪个单元。

归纳起来，作为函数参数，有以下几种情况：

	实参	形参
①	数组名	数组名
②	数组名	字符指针变量
③	字符指针变量	字符指针变量
④	字符指针变量	数组名

以上各种用法，使用十分灵活，初看起来不太习惯，含义不直观。初学者会有些困难，也容易出错。但随着不断学习和使用 C 语言，以上形式都比较常用，读者应逐渐熟悉和掌握它。

8.6.4　函数指针

指向函数的指针即“函数指针”。首先需弄清楚概念——函数的入口地址。在程序运行中，函数代码是程序的指令部分，它和数组一样也占用存储空间。在编译时，系统会给每个函数分配一个入口地址，也就是存储函数代码的内存单元的首地址。与数组名类似，函数名正是这个函数的入口地址。就像使用指针变量指向数组的首元素一样，也可以使用指针变量得到函数的入口地址，称这样的指针为函数指针。

1. 函数指针的定义

函数指针的定义格式为：

```
数据类型 (* 指针变量名 ) ( 形参列表 )
```

说明：

（1）“数据类型”是指函数的返回类型。

（2）“形参列表”是指指针变量所指向的函数所带的参数列表。

（3）与一般指针变量的定义相同，使用指针标识符“*”定义函数指针，它所指向的函数的性质（返回值的类型和形参列表）由上述（1）和（2）中的数据类型和形参列表指定。例如：

```
int(*fun)(int a,int b);
```

这里定义了一个函数指针 fun，它所指向的函数是一个返回整型值的函数，并且这个函数含有两个 int 型形参。

在定义函数指针时，必须注意以下两点。

① 函数指针所指向的函数其参数个数和类型与函数指针定义时应保持一致，例如：

函数指针：

```
int(*fun)(int a,int b);
```

假设有函数：

```
int max(int a,int b)
{
    return a>b?a:b;
}
```

则可以通过：

```
fun=max;
```

实现函数指针 fun 指向 max() 函数。

此时，函数指针 fun 只能指向带有两个整型形参且返回整型值的函数。如若另一个函数带其他类型的形参或形参个数不是两个或返回值不是 int，则 fun 不能指向具有这些特征的函数。

② 指针变量名外的括号不可少，因为“()”的优先级高于“*”，否则将变成指针函数的定义形式。请读者区分：

```
int *fun(int a,int b);
int(*fun)(int a,int b);
```

前者定义了一个 fun() 函数，该函数返回指向整型变量的指针。后者定义了一个指向函数的指针，而该函数的返回值类型是整型。

2. 函数指针的初始化

既然函数名代表了函数的入口地址，那么在赋值时，即可直接把一个函数名赋予一个函数指针变量。例如：

```
int fun(int a,int b);                      /* 定义一个函数 */
int(*func)(int a,int b);                   /* 定义一个函数指针 */
func=fun;                                  /* 将函数 fun 的首地址赋予一个函数指针 func*/
```

3. 函数指针的引用

可以将函数指针与其他类型的指针进行类比。例如：

```
int *p,i;
p=&i;
```

这里定义了一个指向整型变量的指针 p,并且对其赋予初值。那么就可以使用 (*p) 代表变量 i。同样也可以使用这种方式处理函数指针。在上面的例子中，(*func) 就代表函数 fun。

【例 8.13】利用函数指针，求两个数中的较大者。

【程序代码】

```
#include<stdio.h>
/* 定义一个接收两个整型变量的 max() 函数，并且此函数的返回值是一个整型变量值 */
int max(int a,int b)
{
    int m;
    if(a>b)
        m=a;
    else
        m=b;
    return m;
}
int main()
{
```

```
    int(*fun)(int a,int b);                    /* 定义一个函数指针 */
    int x,y,m;
    fun=max;                                   /* 函数指针指向max()函数 */
    scanf("%d %d",&x,&y);                      /* 从键盘输入要比较的两个数 */
    m=(*fun)(x,y);                             /* 通过函数指针调用max()函数 */
    printf("x=%d,y=%d,max=%d\n",x,y,m);
    return 0;
}
```

假如输入：

1 2 回车

【运行结果】

例8.13的运行结果如图8-42所示。

```
1 2
x=1,y=2,max=2
```

图8-42 例8.13运行结果

【程序分析】

（1）int(*fun)(int a,int b); 定义fun为一个函数指针变量。

（2）fun=max; 让fun指向函数max。

（3）m=(*fun)(x,y)等价于m=max(x,y)。

8.6.5 返回指针值的函数

前面所见到的函数的返回值有字符型、整型和浮点型。这里介绍函数返回指针型数据的情况。这种函数定义的一般格式是：

```
数据类型 *函数名(参数表)
```

说明：与一般的函数定义相比，在描述函数所返回的数据类型时，使用了“数据类型 *”，这说明函数返回的是一个指针类型的数据。这种定义格式等价于：

```
(数据类型 *) 函数名(参数表)
```

例如：

```
int *fun(int a,int b)
```

这里定义了fun()函数，它接收两个整型参数，返回一个指向整型变量的指针。例如：

```
char *func(int a,int b);
```

func()函数则返回一个指向字符型变量的指针。有时称这种返回指针类型的函数为“指针函数”。

对初学C语言的人来说，这种定义形式可能不大习惯，容易出错，使用时要十分小心。

8.7 指针数组和指向指针的指针

8.7.1 指针数组的概念

指针数组是一组有序的指针的集合。每个数组元素的值都是一个地址值。指针数组的所有元素都必须是指向相同数据类型的指针变量。

指针数组说明的一般形式为：

```
类型名 *数组名[数组长度]
```

其中类型名为指针所指向的变量的类型。

再例如：

```
int *p[4];
```

表示 p 是一个指针数组，它有 4 个数组元素，每个元素值都是一个指针，指向整型变量。

由于 [] 比 * 优先级高，因此 p 先与 [4] 结合，形成 p[4] 形式，这显然是数组形式，它有 4 个元素。然后再与 p 前面的“*”结合，“*”表示此数组是指针类型的，每个数组元素（相当于一个指针变量）都可指向一个整型变量。注意：不要写成 int(*p) [4]，这是指向一维数组的指针变量。这在前面已经介绍过了。

【例 8.14】按字母顺序从小到大输出字符串。

【程序代码】

```
#include<stdio.h>
#include<string.h>
int main()
{
    char *name[5]={"AMERICAN","CHINA","JAPAN","ENGLISH","FRANCE"};
                                    /* 定义了一个含有 5 个元素的指针数组，并进行初始化 */
    int i,j,min;
    char *temp;
    int count=5;
    for(i=0;i<count-1;i++)                  /* 控制选择次数 */
    {
        min=i;                              /* 预置本次最小串的位置 */
        for(j=i+1;j<count;j++)              /* 选出本次最小串 */
            if(strcmp(name[min],name[j])>0)
                min=j;                      /* 存在更小的串 */
        if(min!=i)
        {
            temp=name[i];                   /* 存在更小的串，交换位置 */
            name[i]=name[min];
            name[min]=temp;
        }
    }
    for(i=0;i<5;i++)
        printf("%s\n",name[i]);
    return 0;
}
```

【运行结果】

例 8.14 的运行结果如图 8-43 所示。

【程序分析】

（1）本例把所有字符串存放在一个数组中，再将这些字符数组的首地址放在一个指针数组中，如图 8-44（a）所示。当需要交换两个字符串时，只需交换指针数组相应两元素的内容（地址）即可，而不必交换字符串本身，如图 8-44（b）所示。

图 8-43 例 8.14 运行结果

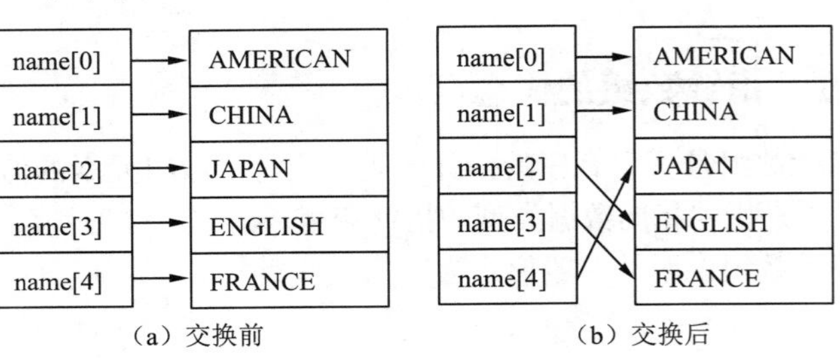

图 8-44 指针数组示意图

（2）注意区分指针数组和数组指针：

```
char *pointer[3];
```

定义了一个指针数组 pointer，数组中含有 3 个元素，并且都是字符型指针变量。

```
char(*pointer)[3];
```

定义了一个数组指针 pointer，pointer 指向一个含有 3 个元素的字符数组。

8.7.2　指向指针的指针

如果一个指针变量存放的是另一个指针变量的地址，则称该指针变量为指向指针的指针变量。在前面已经介绍过，通过指针访问变量称为间接访问。由于指针变量直接指向变量，所以称为“单级间址”。而如果通过指向指针的指针变量访问变量，则构成“二级间址”。

定义一个指向指针型数据的指针变量的方法如下：

```
数据类型 ** 变量名
```

例如：

```
int a;
int *p1;
int **p2;          /* 变量名前使用了两个指针变量的定义标识符“*” */
p1=&a;
p2=&p1;
```

那么指针变量 p1 中就存储了整型变量 a 的地址，这里假设 a 的地址是 1000，地址值 1000 存放在变量 p1 中（即以 2000 为首地址的存储单元中）。假设变量 p2 的地址是 3000，那么 p2 所存储的数据就是 p1 的地址值 2000，如图 8-45 所示。

从图 8-46 中可以看到，name 是一个指针数组，它的每个元素就是一个指针型数据，其值为地址。数组名 name 代表该指针数组的首地址。name+1 是 name[1] 的地址。name+1 就是指向指针型数据的指针（地址）。还可以设置一个指向指针的指针变量 p，使它指向指针数组元素。

```
char **p;
p=name+1;
```

这样 p 就是数组元素 name[1] 的地址，如图 8-46 所示。

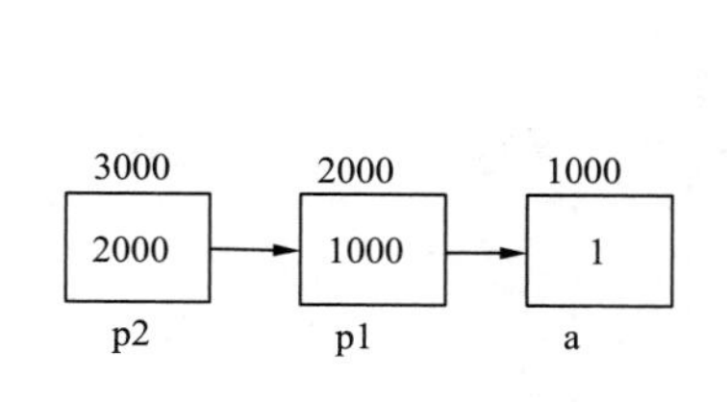

图 8-45　二级指针示意图

p

name[0] → AMERICAN
name[1] → CHINA
name[2] → JAPAN
name[3] → ENGLISH
name[4] → FRANCE

图 8-46　二级指针和指针数组的关系

【例 8.15】通过指针的指针输出字符串。

【程序代码】

```
#include<stdio.h>
int main()
{
    char *name[5]={"AMERICAN","CHINA","JAPAN","ENGLISH","FRANCE"};
                                  /* 定义了一个含有 5 个元素的指针数组，并进行初始化 */
    int i;
```

```
    char **p;                      /* 定义了一个指向指针的指针变量p*/
    p=name;                        /* 初始化p为指针数组name的首地址 */
    for(i=0;i<5;i++)
        printf("%s\n",*(p+i));     /* 通过指针变量p引用指针数组的元素，以便输
                                   出字符串 */
    return 0;
}
```

【运行结果】

例 8.15 的运行结果如图 8-47 所示。

图 8-47　例 8.15 运行结果

【程序分析】

（1）定义了一个指针数组 name，用来存放 5 个字符串，它们的内存分布见图 8-46。

（2）通过语句 p=name; 使变量 p 指向第一个数组元素 name[0]，而语句 p+i 使 p 指向第 i 个数组元素 name[i]，所以 *(p+i) 就是数组元素 name[i]，它正是一个指向字符串的指针。

从理论上说，间址方法可以延伸到更多的级数。但实际上在程序中很少有超过二级间址的。级数愈多，愈难理解，容易产生混乱，出错的概率也大。

小　结

本章介绍了 C 语言中指向不同数据类型的指针、指针变量的多种运算以及利用指针进行程序设计的方法。

（1）指向不同数据类型的指针。

```
① int a;          /* 定义一个 int 型变量 a*/
② int *p;         /* 定义一个 int 型指针变量 p*/
③ int a[5];       /* 定义一个 int 型数组 a，长度为 5*/
④ int a[2][3];    /* 定义一个 2 行 3 列的 int 型二维数组 */
⑤ int **pp;       /* 定义 pp 是一个二级指针变量，可以指向一个一级指针 */
⑥ int (*p)[3];    /*p 是行指针，指向长度为 3 的一个一维整型数组，+1 指向下一行 */
⑦ int *p[5];      /*p 定义长度为 5 的指针数组 p，其中的每个元素都是指针变量 */
⑧ int (*p)();     /*p 是函数指针，指向一个函数 */
⑨ int *f();       /* 声明一个返回值为整型指针的函数 */
⑩ int *f()        /* 函数 f() 的返回值类型是一个 int 型指针值，即一个 int 型变量的地址 */
{
   int *p;
   ...
   return p;      /* 返回值是一个指针（地址）*/
}
```

（2）指针变量的多种运算。

① 指针变量加（减）一个整数。例如，p++，p--，p+i，p-i，p+=i，p-=i。

一个指针变量加（减）一个整数并不是简单地将原值加（减）一个整数，而是将该指针变量的原值（是一个地址）和它指向的变量所占用的内存单元字节数加（减）。

② 指针变量赋值。将一个变量的地址赋给一个指针变量。

③ 指针变量可以有空值（NULL），即该指针变量不指向任何变量。

④ 两个指针变量可以相减。如果两个指针变量指向同一个数组的元素，则两个指针变量值之

差是两个指针之间的元素个数。

⑤ 两个指针变量比较。如果两个指针变量指向同一个数组的元素，则两个指针变量可以进行比较。指向前面的元素的指针变量“小于”指向后面的元素的指针变量。

习 题 八

一、单选题

1. 设已有定义：float x; 则以下对指针变量 p 进行定义且赋初值的语句中正确的是（　　）。

   A. int *p=(float)x;　　B. float *p=&x;　　C. float p=&x;　　D. float *p=1024;

2. 有以下程序：

```
#include <stdio.h>
main()
{
    int *p,x=100;
    p=&x;x=*p+10;
    printf( " %d\n " ,x);
}
```

程序运行后的输出结果是（　　）。

   A. 110　　B. 120　　C. 100　　D. 90

3. 有以下程序：

```
void fun (char *a, char *b)
{a=b; (*a)++;}
main ()
{
    char c1='A', c2='a',*p1,*p2;
    p1=&c1;p2=&c2;
    fun (p1,p2);
    printf ("%c%c\n" , c1, c2);
}
```

程序运行后的输出结果是（　　）。

   A. Ab　　B. aa　　C. Aa　　D. Bb

4. 有以下程序：

```
#include<stdio.h>
main(){printf("%d\n",NULL);}
```

程序运行后的输出结果是（　　）。

   A. 0　　B. 1

   C. -1　　D. NULL 没定义，出错

5. 设有 int x[10],*pt=x; 则对 x 数组元素的正确引用是（　　）。

   A. pt+3　　B.*&x［10］　　C. *(pt+10)　　D. *(x+3)

6. 已经定义以下函数：

```
fun(int *p)
{return *p;}
```

该函数的返回值是（　　）。

A. 不确定值　　　　　　　　　　B. 形参 p 中存放的值

C. 形参 p 所指存储单元中的值　　D. 形参 p 的地址值

7. 有以下程序段：

```
main()
{int a=5,*b,**c;c=&b;b=&a;…}
```

程序在执行了 c=&b;b=&a; 语句后，表达式 **c 的值是（　　）。

A. 变量 a 的地址　　B. 变量 b 中的值　　C. 变量 a 中的值　　D. 变量 b 的地址

8. 已经定义以下函数：

```
fun(char *p2,char *p1){while((*p2=*p1)!='\0'){p1++;p2++;}}
```

函数的功能是（　　）。

A. 将 p1 所指字符串复制到 p2 所指内存空间

B. 将 p1 所指字符串的地址赋给指针 p2

C. 对 p1 和 p2 两个指针所指字符进行比较

D. 检查 p1 和 p2 两个指针所指字符串中是否有 '\0'

9. 有以下程序段：

```
#include<stdio.h>
int a=4,b=3,*p,*q,*w;p=&a;q=&b;w=q;q=NULL;
```

则以下选项中错误的语句是（　　）。

A. *q=0　　B. w=p　　C. *p=a　　D. *p=*w

10. 设有定义语句“float s[10]={1,2,3,4,5,6,7,8,9,10},*p1=s,*p2=s+9;”，则下列表达式中，不能表示数组 s 的合法数组元素的是（　　）。

A. *(++p1)　　B. *(p1--)　　C. *(++p2)　　D. *(p2--)

11. 设有：char s[3][8]={"9","76","531"},*p=*s; 则正确的语句是（　　）。

A. gets(&s[1][1]);　　　　　　B. puts(*(*(p+1)+0));

C. scanf("%s",*(*(p+1)+0));　　D. printf("%s",*(p+1*8+0));

12. 设有定义语句 char str[]="Dev-C++";char *per=str; 则 per 的值为（　　）。

A. "Dev-C++"　　B. str 的首地址　　C. \n　　D. "D"

13. 设有说明语句 char *s[]={"Doctor","Teacher","Attorney","Police"},*ps=s[2]; 执行语句 printf ("%c,%s,%c",*s[1],ps,*ps)，则输出结果为（　　）。

A. T,Attorney,A　　　　　　　　B. Teacher,A,Attorney

C. Teacher,Attorney,Attorney　　D. 语法错误

14. 下面程序的运行结果是（　　）。

```
int main()
{
    int x[5]={2,4,6,8,10}, *p, **pp ;
    p=x,pp=&p;
    printf("%d",*(p++));
    printf("%3d",**pp);
}
```

A. 4 4　　B. 2 4　　C. 2 2　　D. 4 6

15. 若有函数 max(a,b)，并且已使函数指针变量 p 指向函数 max()，当调用该函数时，正确的调用方法是（　　）。

A. (*p)max(a,b)　　B. *pmax(a,b);　　C. (*p)(a,b);　　D. *p(a,b);

二、编程题（要求用指针实现）

1. 输入3个整数，按由小到大的顺序输出。

2. 编写函数，求一个字符串的长度，要求用字符指针实现。在主函数中输入字符串，调用该函数输出其长度。

3. 输入一行文字，找出其中大写字母、小写字母、空格、数字以及其他字符各有多少？

4. 编写函数，实现两个字符串的比较，即自己写一个strcmp()函数，函数原型为int strcmp(char * p1,char *p2)。

5. 利用指向行的指针变量求5×3数组各行元素之和。

第 9 章

结构体和共用体

9.1 结 构 体

9.1.1 结构体类型的定义

虽然 C 语言提供了一些系统定义好可直接使用的数据类型，如 double、int、char、float 等，但是在程序设计过程中，有时需要将不同类型的数据组合成一个有机的整体进行引用，这些组合在一个整体中的数据是相互关联的。例如，一个学生的学号、姓名、性别、年龄、班级、电话号码、家庭住址等项，这些项都与该学生相关联。如果将性别、年龄、班级、电话号码、家庭住址分别定义为相互独立的简单变量，很难反映出它们之间的内在联系。所以，应该把它们组织成一个组合项，在一个组合项中包含若干个不同类型（或相同类型）的数据项，那么这个组合就称为结构体。

定义一个结构体的一般形式为：

```
struct<结构体名>
{
    <数据类型> <成员名称>;
    <数据类型> <成员名称>;
    …
    <数据类型> <成员名称>;
};
```

其中，开头的 struct 为关键字；结构体名是编程者自行命名的；特别地，结构体名不写时被称为无名结构类型；数据类型可以是系统定义好的数据类型、数组或自己定义的结构体类型等；成员名称命名需符合标识符的书写规范，但是，在同一个结构体中，结构成员不能重复使用同一个名；若有多个结构体成员的数据类型相同时，也可以用逗号使其隔离开来；结构体定义最后大括号后边的分号（;）必须要加上，不可省去，才能算完整地定义了一个结构体类型。

```
struct student1
{
    int stuage;                    /* 学生年龄 */
    char sex;                      /* 学生性别 */
    char stuname[15];              /* 学生名字 */
    char stuclass[10];             /* 学生班级 */
};                                 /* 定义一个名为 student1 的结构体类型，包含四个成员 */
```

在此结构体定义中，结构名为 student1，该结构体由四个成员组成。stuage 是 int 类型的，sex 是 char 类型的，stuname 是具有 15 个元素的 char 类型数组，stuclass 是具有 10 个元素的 char 类型数组。

```
struct aaa
{
    double a,b,c;                 /* 定义 a、b、c 都为 double 类型的变量 */
};
```

在上面定义的结构体中，结构体名字为 aaa，在此结构体中有三个成员，分别为 a、b、c，三个成员都是 double 类型的简单变量。

结构体定义好之后，便可进行结构体变量的说明。凡是说明为结构体 student1 的变量都由上述四个成员（分别为 stuage、sex、stuname、stuclass）构成。综上所述，结构体是一种较为复杂的数据类型，它和系统定义的基本类型 int 等具有相似的作用，可以用来说明结构变量。

9.1.2　结构体变量的说明

之前虽然定义了结构体数据类型，但是并没有定义结构变量，所以系统并不为其分配存储单元。下面进行结构体变量的说明，主要有以下三种方法，以上文定义的 student1 结构体类型为例加以说明。

（1）先定义结构体类型，再说明结构变量。

一般格式如下：

```
struct <结构体名>
{
    <数据类型> <成员名称>;
    <数据类型> <成员名称>;
    …
    <数据类型> <成员名称>;
};
struct <结构体名> 结构变量名 1, 结构变量名 2, 结构变量名 3,…, 结构变量名 n;
```

【例 9.1】结构体实例。

【程序代码】

```
struct student1
{
    int stuage;
    char sex;
    char stuname[15];
    char stuclass[10];
};                         /* 定义了一个名为 student1 的结构体类型，包含四个成员 */
struct student1 s1,s2;
```

此例子说明了两个结构变量 s1 和 s2 为 student1 结构体类型，除此之外，还可以采用宏定义使用一个符号常量表示某个结构体类型，如例 9.2 所示，把 struct student1 用符号常量 STUD 表示。

【例 9.2】宏定义结构体。

【程序代码】

```
#define STUD struct student1
/* 用宏定义使用一个符号常量 STUD 来表示 student1 结构体类型，包含四个成员 */
STUD
{
    int stuage;
    char sex;
    char stuname[15];
    char stuclass[10];
```

```
};
STUD s1,s2;
```

（2）在定义结构体类型的同时说明结构变量。

一般格式如下所示：

```
struct <结构体名>
{
    <数据类型> <成员名称>;
    <数据类型> <成员名称>;
    …
    <数据类型> <成员名称>;
}结构变量名1,结构变量名2,结构变量名3,…,结构变量名n;
```

【例 9.3】定义结构体类型的同时说明结构变量。

【程序代码】

```
struct student1
{
    int stuage;
    char sex;
    char stuname[15];
    char stuclass[10];
}s1,s2;
struct teacher1
{
    int teaage;                    /*教师年龄*/
    char teasex;                   /*教师性别*/
    char teaname[15];              /*教师名字*/
    char teaoffice[10];            /*教师办公室*/
}t1,t2;                            /*t1,t2为说明的结构变量*/
```

此方法说明结构变量，直接在定义结构体时在其分号前直接写上结构变量名即可，可以同时说明多个结构变量名，中间用逗号（,）隔开。

（3）直接说明结构变量。

一般格式如下所示：

```
struct
{
    <数据类型> <成员名称>;
    <数据类型> <成员名称>;
    …
    <数据类型> <成员名称>;
}结构变量名1,结构变量名2,结构变量名3,…,结构变量名n;
```

【例 9.4】无名结构体

【程序代码】

```
struct
{
    int stuage;
    char sex;
    char stuname[15];
    char stuclass[10];
}s1,s2;
struct
```

```
{
    int teaage;
    char teasex;
    char teaname[15];
    char teaoffice[10];
}t1,t2;
```

此方法与第二种方法类似，可以理解为此方法是一个无名结构体在定义结构体类型的同时说明了其结构变量，不过这种方法用的不是很多，因为此种定义方法只用于定义 s1,s2（或 t1,t2）两个变量，只能定义一次结构变量，不能再继续定义其他结构变量，因为它没有名字，所以，此方法的实用性相对于前两种说明方法较差。

说明：

（1）结构体类型和结构体变量的概念不同。

① 结构体类型：不分配内存；而结构体变量：分配内存。

② 结构体类型：不能赋值、存储、运算；而结构体变量：既能赋值，也能存储和运算。

（2）结构体可以嵌套。

结构体的成员也可以是一个结构体，即可构成嵌套的结构，例如：

```
struct student1
{
    int stuage;
    char sex;
    char stuname[15];
    char stuclass[10];
};
struct teacher1
{
    char name[15];
    int age;
    char sex;
    struct student1 stud;
    /* 定义一个名为 stud 的 student1 类型的结构体变量 */
}t1,t2;
```

首先定义一个 student1 结构体，由 stuage、sex、stuname、stuclass 四个成员组成。接着定义一个 teacher1 结构体，由 name、age、sex、stud 四个成员组成，其中成员 stud 被说明为 student1 结构变量。可以看出两个结构体中都有 sex，但是两个 sex 不代表同一个对象，互不干扰。因此，结构体成员名称可与程序中其他变量同名。

9.1.3　结构变量成员的表示方法

一般在程序中使用结构变量时，往往不能把它作为一个整体来使用。在 ANSI C 中除了允许具有相同类型的结构变量相互赋值以外，一般对结构体变量的使用，包括赋值、输入 / 输出、运算等，都是通过结构变量的成员实现的。

在进行前面的结构变量的说明以后，便可引用此结构变量以及其各个成员。

结构体变量中成员的引用方式：

```
<结构体变量名>.<成员名称>
```

结构体变量中成员的用法与一般变量一样，例如：

```
student1.stuage=20;
```

表示将整数 20 赋值给结构变量 student1 的成员 stuage。

```
strcpy(student1.stuclass,"1 class");
```

表示将字符串 "1 class" 赋值给结构变量 student1 的成员 stuclass。

```
student1.sex='M';
```

表示将字符 'M' 赋值给结构变量 student1 的成员 sex。

```
strcpy(student1.stuname,"zhangsan");
```

表示将字符串 "zhangsan" 赋值给结构变量 student1 的成员 stuname。

而对于指针类型的结构变量，需要通过“->”或者“.”访问结构变量的成员，一般格式如下所示：

```
<结构体类型指针>-><结构变量成员名称>
```

或者：

```
(*结构体类型指针).<结构变量成员名称>
```

引用结构体变量应该遵守以下规则：

（1）不可将一个结构体变量作为一个整体进行输入/输出，只能通过引用其成员，分别进行输入/输出操作。

例如，不可以用以下语句进行输入操作：

```
scanf("%d,%c,%,d,%f",&student1);                /*输入一个结构体变量的整体*/
```

可用以下语句对结构变量成员依次进行输入：

```
scanf("%d,%c,%d,%f",&student1.stuage,&student1.stuname,…);
                                                /*依次输入student1的成员的值*/
```

输出语句类似，如下所示：

不可以用以下语句进行输入操作：

```
printf("%d,%c,%d,%f",student1);
```

可用以下语句对结构变量成员依次进行输出：

```
printf("%d,%c,%d,%f",&student1.stuage,&student1.stuname,…);
```

（2）如果结构体变量成员本身又属于另一个结构体类型，则需要用若干个成员运算符，逐级找到最低一级的成员。只能对低级结构体变量的成员进行赋值、存取和运算。

一般格式表示为：

```
<结构体变量名>.<变量成员名称>.<子变量成员名称>. ….<最低一级的成员名称>
```

【例 9.5】结构体变量成员本身又属于另一个结构体类型。

【程序代码】

```
struct student1
{
    int stuage;
    char sex;
    char stuname[15];
    char stuclass[10];
};
struct teacher1
{
    char name[15];
```

```
    int age;
    char sex;
    struct student1 stud;
}t1,t2;
teacher1.stud.stuname="zhangzhang";        /* 访问嵌套结构体的成员 */
```

注意：不能用 teacher1.student1 来访问 teacher1.student1 中的成员，因为 student1 本身又是一个结构体变量。当然，也不能使用 teacher1.stuname 访问 student1 中的成员 stuname。

9.1.4　结构变量的初始化

（1）与其他系统定义的基本数据类型一样，对结构体变量可以在定义的同时进行初始化赋值，一般形式为：

```
struct <结构体名>
{
    <数据类型> <成员名称 1>;
    <数据类型> <成员名称 2>;
    …
    <数据类型> <成员名称 n>;
}<结构变量名>={成员变量 1 的值，成员变量 2 的值，…，成员变量 n 的值};
```

如下例所示。

【例 9.6】对结构变量初始化。

【程序代码】

```
#include<stdio.h>
#include<string.h>
struct student1
{
    int stuage;
    char sex;
    char stuname[15]
    char stuclass[10];
}s={18,'M',"zhangsan","1 class"};
/* 构造 student1 结构体类型，并说明结构变量 s，同时对其进行初始化 */
void main()
{
    printf("age:%d\n",s.stuage);              /* 用"%d"格式符输出学生年龄 */
    printf("sex:%c\n",s.sex);                 /* 用"%c"格式符输出学生性别 */
    printf("name:%s\n",s.stuname);            /* 用"%s"格式符输出学生名字 */
    printf("stuclass:%s\n",s.stuclass);       /* 用"%s"格式符输出学生班级 */

}
```

【运行结果】

例 9.6 的运行结果如图 9-1 所示。

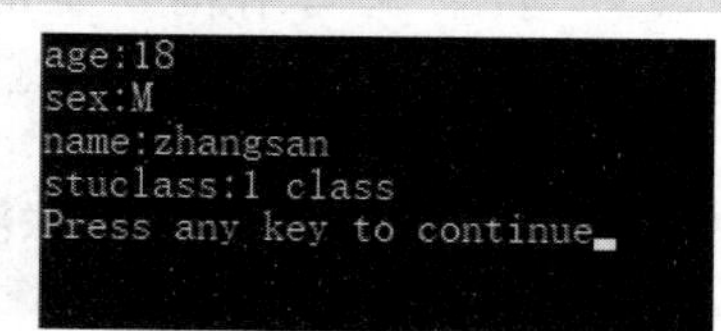

图 9-1　对结构变量初始化运行结果

【程序分析】

上述例子中是在定义结构体时就说明了结构体变量，并在其后边紧跟的大括号中对结构体变量的成员（age、sex、name、stuclass）依次进行赋值。

（2）结构体变量初始化还可以先定义结构体类型，之后再定义结构体变量时赋值，一般格式为：

```
struct <结构体名>
{
    <数据类型> <成员名称 1>;
    <数据类型> <成员名称 2>;
    …
    <数据类型> <成员名称 n>;
};
struct<结构体名> <结构变量名>={成员变量 1 的值,成员变量 2 的值,…,成员变量 n 的值}
```

【例 9.7】先定义结构体类型，然后在定义结构体变量时赋值。

【程序代码】

```
#include<stdio.h>
#include<string.h>
struct student1
{
    int stuage;
    char sex;
    char stuname[15];
    char stuclass[10];
};
void main()
{
    struct student1 s={18,'M',"zhangsan","1 class"};
    printf("age:%d\n",s.stuage);
    printf("sex:%c\n",s.sex);
    printf("name:%s\n",s.stuname);
    printf("stuclass:%s\n",s.stuclass);
}
```

【运行结果】

例 9.7 的运行结果如图 9-2 所示。

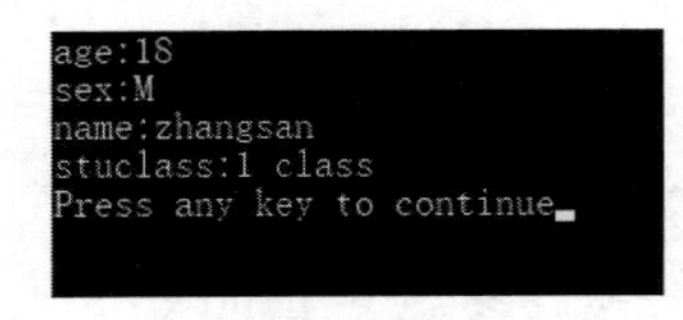

图 9-2　先定义结构体类型，然后在定义结构体变量时赋值运行结果

【程序分析】

此程序，并不是在定义结构体变量时进行初始化，而是在后面的 main() 函数中，对其进行初始化。也就是在大括号中，需要按照定义结构体的成员变量的顺序进行依次赋值。这与基本数组的初始化相似，不同的是，构成基本数组的元素都是同一类型的，而对于结构体来讲，它的每个成员变量可能是不同的，也可能是相同的，例如上述代码中的 struct student1 s={18,'M',"zhangsan","1 class"};。

如果初始化代码改成 struct student1 s={18,'M'}; 那么，结构变量中的成员 stuage 的值被赋成 18，sex 的值被赋成 M，而其余成员（stuname、stuclass）均为 NULL。

（3）如果说明结构变量时没有对其初始化，那么后来要对其进行赋值时，不能 s={18,'M',"zhangsan","1 class"}; 这样对其赋值。而应一个个对其赋值，或者用相同类型的结构变量对其赋值，如例 9.8 所示。

【例 9.8】对结构变量成员依次赋值

【程序代码】

```
#include<stdio.h>
#include<string.h>
struct student1
{
```

```
    int stuage;
    char sex;
    char stuname[15];
    char stuclass[10];
};
void main()
{
    struct student1 s;                  /* 说明 student1 结构体类型的结构变量 s*/
    s.stuage=18;
    s.sex='M';
    strcpy(student1.stuname,"zhangsan");
    strcpy(student1.stuclass,"1 class");
    printf("age:%d\n",s.stuage);
    printf("sex:%c\n",s.sex);
    printf("name:%s\n",s.stuname);
    printf("stuclass:%s\n",s.stuclass);
}
```

【运行结果】

例 9.8 的运行结果如图 9-3 所示。

【例 9.9】用相同类型的结构变量对其赋值。

【程序代码】

```
#include<stdio.h>
#include<string.h>
struct student1
{
    int stuage;
    char sex;
    char stuname[15];
    char stuclass[10];
};
void main()
{
    struct student1 sss0={18,'M',"zhangsan","1 class"};
    struct student1 s;
    s=sss0;
    printf("age:%d\n",s.stuage);
    printf("sex:%c\n",s.sex);
    printf("name:%s\n",s.stuname);
    printf("stuclass:%s\n",s.stuclass);

}
```

【运行结果】

例 9.9 的运行结果如图 9-4 所示。

```
age:18
sex:M
name:zhangsan
stuclass:1 class
Press any key to continue
```

图 9-3　对结构变量成员依次赋值运行结果

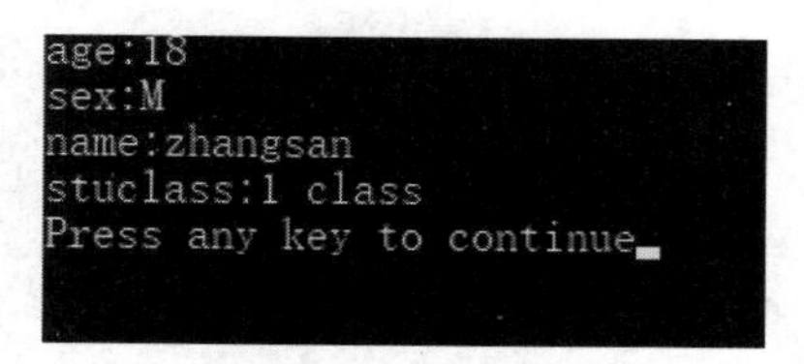

图 9-4　用相同类型的结构变量对其赋值运行结果

【程序分析】

注意：不同类型的结构体变量不能相互赋值。例如：

```
struct student1 sss0;            /* 说明 sss0 为 student1 结构体类型的变量 */
struct others ooo0;              /* 说明 ooo0 为 others 结构体类型的变量 */
sss0=ooo0;                       /* 将 others 结构体类型的变量的值赋值给 student1 结构
                                 体类型的变量，上述程序是错误的 */
```

9.1.5 结构数组的定义

一个结构体变量中可以存放一组有关联的数据（如一个学生的年龄、性别、名字、班级等）。如果有多组结构体数据参与运算，那么一个结构体已经满足不了要求，那么此时便可以采用结构体数组。结构体数组与数值型数组相似，不同的是结构体数组中每个数组元素都是一个结构体类型的变量，而且都分别包括每个成员项，即结构体数组是用来表示相同结构体的一个集合。从另一个角度来看，结构体数组就像一个二维表，二维表中的每一行表示结构体变量，二维表中的每一列表示结构体变量的成员。其中，二维表的行数代表结构数组的大小。

结构数组的定义与结构体变量相似，只需要说明它为数组类型即可，主要有两种方式，如以下例子所示。

先定义结构体类型，然后定义结构体数组。

（1）一般格式为：

```
struct <结构体名>
{
    <数据类型> <成员名称>;
    <数据类型> <成员名称>;
    …
    <数据类型> <成员名称>;
};
struct  <结构体名> <结构体数组名> [数组大小];
```

例如：

```
struct student1
{
    int stuage;
    char sex;
    char stuname[15];
    char stuclass[10];
};
struct student1 dent[6];
```

首先，定义结构体类型 struct student1, 然后定义一个结构体数组 dent[6]，此数组中各个元素为 struct student1 类型的变量。

【例 9.10】编写程序，完成输出班级为 1 class 的同学姓名的功能。

【程序代码】

```
#include<stdio.h>
#include<string.h>
struct student1
{
    int stuage;
    char sex;
    char stuname[15];
```

```
        char stuclass[10];
    };
    void main()
    {
        struct student1 dent[6]={
            {18,'F',"zhangsan","1 class"},
            {19,'M',"lisi","2 class"},
            {18,'F',"wangwu","1 class"},
            {17,'F',"liuyi","2 class"},
            {20,'M',"wuer","3 class"},
            {21, M',"zhang","3 class"}
        };              /* 说明 student1 类型结构体变量数组 dent[6]，并对其进行初始化 */
        int i;
        for(i=0;i<6;i++)
        {
            if(strcmp(dent[i].stuclass,"1 class")==0)
            {
                printf("%s\n",dent[i].stuname);     /* 将符合条件的学生姓名输出 */
            }
        }
    }
```

【运行结果】

例 9.10 的运行结果如图 9-5 所示。

```
zhangsan
wangwu
Press any key to continue
```

图 9-5　输出班级为 "1 class" 的同学运行结果

【程序分析】

本例中定义了一个外部结构数组 dent[6], 数组中有五个元素，并对它做了初始化赋值。在 main() 函数中用第一个 for 循环语句遍历，寻找 stuclass="1 class" 的同学，然后把满足条件的学生姓名输出。

（2）定义结构体类型的同时定义此结构体类型的数组。

一般格式为：

```
struct <结构体名>
{
    <数据类型> <成员名称>;
    <数据类型> <成员名称>;
    ...
    <数据类型> <成员名称>;
}<结构体数组名> [数组大小];
```

【例 9.11】定义结构体类型的同时定义此结构体类型的数组

【程序代码】

```
struct student1
{
    int stuage;
    char sex;
    char stuname[15];
    char stuclass[10];
}dent[6]={ {18,'F',"zhangsan","1 class"},
           {19,'M',"lisi","2 class"},
           {18,'F',"wangwu","1 class"},
           {17,'F',"liuyi","2 class"},
           {20,'M',"wuer","3 class"},
```

```
            {21,'M',"zhang","3 class"}
        };
```

【程序分析】

定义结构体的同时定义一个结构体数组 dent[6] 并对其进行初始化，此数组中各个元素为 struct student1 类型的变量。

【例 9.12】输出班级为 1 class 的学生姓名。

【程序代码】

```
#include<stdio.h>
#include<string.h>
struct student1
{
    int stuage;
    char sex;
    char stuname[15];
    char stuclass[10];
}dent[6]={ {18,'F',"zhangsan","1 class"},
           {19,'M',"lisi","2 class"},
           {18,'F',"wangwu","1 class"},
           {17,'F',"liuyi","2 class"},
           {20,'M',"wuer","3 class"},
           {21,'M',"zhang","3 class"}
        };
void main()
{
    int i;
    for(i=0;i<6;i++)
        if(strcmp(dent[i].stuclass,"1 class")==0)
            printf("%s\n",dent[i].stuname);
}
```

【运行结果】

例 9.12 的运行结果如图 9-6 所示。

```
zhangsan
wangwu
Press any key to continue
```

图 9-6　输出班级为 1 class 的学生姓名运行结果

9.1.6　结构数组的初始化

与基本数据类型的数组一样，结构体数组可以在定义的同时进行初始化，有如下两种方式。第一种是在定义结构体类型时对结构体数组进行定义并初始化，格式如下：

```
struct <结构体名>
{
    <数据类型> <成员名称>;
    <数据类型> <成员名称>;
    …
    <数据类型> <成员名称>;
}<结构体数组名> [数组大小] ={ { 初值表1 },{ 初值表2 },{ 初值表3 },…,{ 初值表n} };
```

其中，初值表为每个结构体数组元素的各成员的值（排列是有序的）。

如例 9.13 所示：

【例 9.13】结构数组的初始化

【程序代码】

```
struct student1
```

```
{
    int stuage;
    char sex;
    char stuname[15];
    char stuclass[10];
}dent[6]={ {18,'F',"zhangsan","1 class"},
           {19,'M',"lisi","2 class"},
           {18,'F',"wangwu","1 class"},
           {17,'F',"liuyi","2 class"},
           {20,'M',"wuer","3 class"},
           {21,'M',"zhang","3 class"}
};                  /* 说明 student1 的结构体类型的数组变量 dent[6] */
```

第二种是在定义结构体类型之后定义结构体数组，并在定义结构数组的同时进行初始化，格式如下：

```
struct <结构体名>
{
    <数据类型> <成员名称>;
    <数据类型> <成员名称>;
    …
    <数据类型> <成员名称>;
};
struct <结构体名> <结构体数组名>[数组大小]={{初值表1},{初值表2},{初值表3},…,{初值表n}};
```

其中，初值表为每个结构体数组元素的各成员的值（排列是有序的）。如例 9.14 所示：

【例 9.14】初值表值。

【程序代码】

```
struct student1
{
    int stuage;
    char sex;
    char stuname[15];
    char stuclass[10];
} ;
struct student1 dent[6]={ {18,'F',"zhangsan","1 class"},
                          {19,'M',"lisi","2 class"},
                          {18,'F',"wangwu","1 class"},
                          {17,'F',"liuyi","2 class"},
                          {20,'M',"wuer","3 class"},
                          {21,'M',"zhang","3 class"}
};
```

9.1.7　结构指针变量的说明和使用

1. 指向结构变量的指针

结构体指针与其他基本数据类型指针类似，一个指针变量用来指向一个结构变量时，称为结构指针变量。结构指针变量中的值是所指向的结构变量的首地址。通过结构指针即可访问该结构变量，这与数组指针和函数指针的情况一样。

结构指针变量说明的一般形式为：

```
struct 结构名 *结构指针变量名;
```

例如，在前面定义了 student1 结构，如要说明一个指向 student1 的指针变量 stup，可以写为：

```
struct student1 *stup;
```

当然也可在定义 student1 结构的同时说明 stup，与前面讨论的各类指针变量相同，结构变量也必须先赋值后使用。

赋值是把结构变量的首地址赋于该指针变量，不能把结构名赋予该指针变量，如果 s1 是被说明为 student1 类型的结构变量，则 stup=&s1 是正确的，而 stup=&student1 是错误的。

结构名和结构变量是两个不同的概念，不能混淆。结构体的名称只能表示一个结构形式，系统并不对它分配内存空间。只有当某变量被说明为这种结构类型时，才对该变量分配空间，因此，上面 &student1 这种写法是错误的，不可能去取一个结构名的首地址。有了结构指针变量，就能更方便地访问结构变量的各个成员。

其访问的一般形式为：

```
(* 结构指针量 ). 成员名称
```

或为：

```
结构指针变量 -> 成员名称
```

例如：

```
(*stup).stuname
```

或者：

```
stup->stuname
```

应该注意 (*stup) 两侧的括号不可少，因为成员符“.”的优先级高于“*”。如去掉括号写为 *stup.stuname，这样意思就完全不正确了。

【例 9.15】结构指针变量的具体说明和使用方法。

【程序代码】

```
#include<stdio.h>
#include<string.h>
struct student1
{
    int stuage;
    char sex;
    char stuname[10];
    char stuclass[10];
}s1={19,'M',"zhangsan","1 class"},*stup;
/* 构造 student1 结构体类型，并说明变量 s1 并对其进行初始化，还定义了一个 student1 结构体
类型指针变量 stup*/
void main()
{
    stup=&s1;
    printf("age:%d\n",s1.stuage);
    printf("age:%d\n",(*stup).stuage);
    printf("age:%d\n",stup->stuage);
    printf("sex:%c\n",s1.sex);
    printf("sex:%c\n",(*stup).sex);
    printf("sex:%c\n" stup->sex);
    printf("name:%s\n",s1.stuname);
    printf("name:%s\n",(*stup).stuname);
    printf("name:%s\n",stup->stuname);
```

```
        printf("class:%s\n",s1.stuclass);
        printf("class:%s\n",(*stup).stuclass);
        printf("class:%s\n",stup->stuclass);
}
```

【运行结果】

例 9.15 的运行结果如图 9-7 所示。

```
age : 19
age : 19
age : 19
sex : M
sex : M
sex : M
name : zhangsan
name : zhangsan
name : zhangsan
class: 1 class
class: 1 class
class: 1 class
Press any key to continue
```

图 9-7　结构指针变量的具体说明和使用方法运行结果

【程序分析】

本例程序定义了一个结构体 student1，还定义了 student1 类型的结构变量 s1，并做了初始化赋值，还定义了一个指向 student1 结构体类型的指针变量 stup，在 main() 函数中，stup 被赋予 s1 的地址，因此 stup 指向 s1，然后在 printf 语句内用三种形式输出 s1 的各个成员值。

从上述代码的运行结果可以看出：

```
结构变量 . 成员名称
(* 结构指针变量 ). 成员名称
结构指针变量 -> 成员名称
```

这三种用于表示结构成员的形式是完全等价的。

2. 指向结构数组的指针

指针变量可以指向一个结构数组，这时结构指针变量的值是整个结构数组的首地址，结构指针变量也可指向结构数组的一个元素，这时结构指针变量的值是该结构数组元素的首地址。

设 pd 为指向结构数组的指针变量，则 pd 也指向该结构数组的 0 号元素，pd+1 指向 1 号元素，pd+i 则指向 i 号元素。这与之前学过的普通基本类型数组的情况是一致的。

【例 9.16】用指针变量输出结构数组。

【程序代码】

```
#include<stdio.h>
#include<string.h>
struct student1
{
    int stuage;
    char sex;
    char stuname[10];
    char stuclass[10];
}student [6]={{1,'F',"wang","1 class"},
            {19,'M',"lisi","2 class"},
            {18,'F',"wangwu","1 class"},
            {17,'F',"liuyi","2 class"},
            {20,'M',"wuer","3 class"},
            {21,'M',"zhang","3 class"}
};
void main()
{
    struct student1 *pd;
    printf("age\tsex\tname\t\t\tstuclass\t\n");
    for(pd=student;pd<student+6;pd++)
        printf("%d\t%c\t%s\t\t\t%s\t\n",pd->stuage,pd->sex,pd->stuname,pd-
>stuclass);                    /* 用 for 循环语句依次输出结构变量中成员变量的值 */
}
```

【运行结果】

例 9.16 的运行结果如图 9-8 所示。

```
age     sex     name                    stuclass
18      F       wang                    1 class
19      M       lisi                    2 class
18      F       wangwu                  1 class
17      F       liuyi                   2 class
20      M       wuer                    3 class
21      M       zhang                   3 class
Press any key to continue
```

图 9-8　用指针变量输出结构数组运行结果

【程序分析】

在程序中，定义了 student1 结构体类型的外部数组 student，并做了初始化赋值，在 main() 函数内定义 pd 为指向 student1 结构体类型的指针。在循环语句 for 的表达式中，pd 被赋于 student 的首地址，然后经过六次循环，可以输出 student 中各成员的值。

值得注意的是，一个结构指针变量虽然可以用来访问结构变量或结构数组元素的成员，但是，不能使它指向一个成员，也就是说，不允许取一个成员的地址赋予它。因此，下面例子的赋值是错误的。

```
pd=&student[1].stuname;
```

而只能是：

```
pd=student;                    /* 表示赋予 pd student 数组的首地址 */
```

或者是：

```
pd=&student[0];                /* 表示赋予 pd student 数组的 0 号元素的首地址 */
```

3. 结构指针变量作函数参数

在 ANSI C 标准中允许用结构变量作函数参数进行整体传送。但是这种传送要将全部成员逐个传送，特别是成员为数组时将会使传送的时间和空间开销很大，严重降低了程序的效率，因此，最好的办法是使用指针，用指针变量作函数参数进行传送，这时由实参传向形参的只是地址，从而减少了时间和空间的开销。

【例 9.17】编写程序，实现输出学生姓名的功能，用结构体指针变量作函数参数编程。

【程序代码】

```
#include<stdio.h>
#include<string.h>
struct student1
{
    int stuage;
    char sex;
    char stuname[10];
    char stuclass[10];
}student [6]={{18,'F',"wang","1 class"},
             {19,'M',"lisi","2 class"},
             {18,'F',"wangwu","1 class"},
             {17,'F',"liuyi","2 class"},
             {20,'M',"wuer","3 class"},
             {21,'M',"zhang","3 class"}
};
```

```
void main()
{
    struct student1 *pd;                    /* 说明 student1 结构体类型指针变量 */
    void name(struct student1 *pd);        /* 函数声明 */
    pd=student;                            /* 使 pd 指针指向 student 首地址 */
    name(pd);                              /* 调用 name() 函数 */
}
void name(struct student1 *pd)
{
    int i;
    for(i=0;i<6;i++,pd++)
    {
        printf("name:%s\n",pd->stuname);
    }
}
```

【运行结果】

例 9.17 的运行结果如图 9-9 所示。

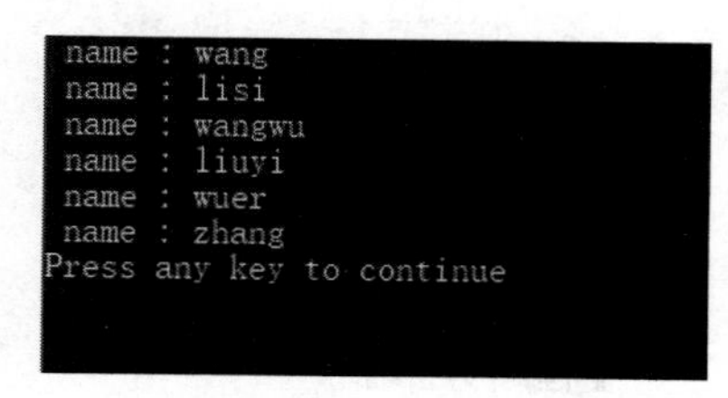

图 9-9　用结构体指针变量作函数参数运行结果

【程序分析】

本程序中定义了函数 name(), 其形参为结构指变量 pd，student 被定义为外部结构数组，因此在整个程序中有效。在 main() 函数中定义并说明了结构指针变量 pd，并把 student 的首地址赋予 pd，使 pd 指向 student 数组，然后以 pd 作为实参调用 main() 函数。在 name() 函数中完成学生姓名的输出结果。因本程序全部采用指针变量进行运算和处理，使程序运行速度更快，程序效率也更高。

到现在来说，结构体的学习已经结束，复杂数据类型的学习也已告一段落。C 语言中的复杂数据类型极大地提高了数据信息的处理能力，同时为编程者提供了方便。若编程者掌握了复杂数据类型的编程，对项目信息的描述将会很顺利。当然，数据结构中的链表、树、图也都是用复杂类型定义的。最后，如果对 C 语言中的复杂数据类型掌握很好的话，那么就可以更好地理解 C++ 和 Java 语言中类的概念，学起来也会很容易。

9.2　共用体（联合）

在实际问题中有很多这样的例子。例如，学校的教师和学生填写以下数据：姓名、年龄、职业、单位，其中“职业”这一项可分为“教师”和“学生”两类。对“单位”一项学生应填入班级编号，教师应填入某系某教研室，班级可用整型量表示，教研室用字符、字符串或字符数组类型，要求把这两种不同类型的数据都填入“单位”数据变量中，这在之前提到过的所有数据类型中都是不能实现的，但是，在编程中还常常遇到此种类型的数据。所以，为了满足此需要，必须把“单位”定义为包含整型和字符型数组这两种类型的“联合”。

“联合”与“结构”有一些相似之处，但两者本质上是不同的，在结构中各成员有各自的内存空间，一个结构变量的总长度是各成员长度之和，而在“联合”中，各成员共享一段内存空间，那么便很容易理解，一个联合变量的长度等于各成员中最长的长度，若联合变量的长度等于各成员中最短的长度，那么联合变量的一些成员可能没有办法存储在共享的那一段空间中。从某种意义上讲，结构体像全选，而联合（共用体）有点像单选。

所谓的共享不是指把多个成员同时装入一个联合变量内，而是指该联合变量可被赋予任一个成员值，但每次只能赋一种值，赋予新值则覆盖旧值，即在任何瞬时时刻，联合中只可存储一个数据。例如前面介绍的“单位”变量，如定义为一个可装入“班级”或“教研室”的联合后，就允许赋予整型值（班级）或字符串（教研室）。要么赋予整型值，要么赋予字符串，不能把两者同时赋予它，如果同时赋予它，一般来讲，一个学生的单位不可能同时拥有班级和教研室两种，这样是不合理的。一个联合类型必须经过定义之后，才能把变量说明为该联合类型（又称共用体）。

【例 9.18】共用体。

【程序代码】

```
struct student1
{
    int stuage;
    char sex;
    char stuname[15];
    char stuclass[10];
}sstudent;
union differentinfo
{
    int stuclass;
    char teaoffice[10];
}pdifferentinfo;
```

【程序分析】

上面程序定义了一个名为 student1 的结构体和一个名为 differentinfo 的共用体，同时，说明了名为 sstudent 的结构体变量和名为 pdifferentinfo 的共用体变量，假设在 32 位平台下，那么 sstudent 占 30 字节（占用字节数与编译器有关，在 VC++ 2010 中，stuage 占 4 字节，sex 占 1 字节，stuname 占 15 字节，stuclass 占 10 字节，所以，4+1+15+10=30），pdifferentinfo 占 10 字节（因为 teaoffice 占 10 字节，stuclass 占 4 字节，10>4，所以 pdifferentinfo 占 10 字节）。

9.2.1 联合（共用体）的定义

一个联合类型的一般形式为：

```
union <联合名>
{
    <数据类型> <成员名称>;
    <数据类型> <成员名称>;
    …
    <数据类型> <成员名称>;
};
```

成员名称的命名应符合标识符的规定，值得注意的是，在同一个联合中，联合的成员名称不能相同，这很好理解，如果名字相同，那么引用该名字时，计算机分不清要引用哪个。例如：

```
union differentinfo
{
    int stuclass;
    char teaoffice[10];
};
union data
{
    int ii1;
    float ff1;
};
```

定义了一个名为 differentinfo 的联合类型，它含有两个成员，一个为整型，成员名称为 stuclass，另一个为字符数组，数组名为 teaoffice。联合定义之后，可进行联合变量说明，被说明为 differentinfo 类型的变量，可以存放整型量 stuclass 或存放包含 10 个 char 类型元素字符数组 teaoffice；接着，定义了一个名为 data 的联合类型，它含有两个成员，一个为整型，成员名称为 ii1，另一个为 float 数据类型，成员名称为 ff1，在联合类型定义之后，可进行联合变量说明，被说明为 data 类型的变量，可以存放整型数据变量 ii1 或存放 float 数据类型变量 ff1。

9.2.2　联合变量的说明

联合变量的说明和结构变量的说明方式相同，也有三种形式：第一种，先定义联合类型，再说明联合变量；第二种，定义联合类型的同时说明联合变量；第三种，直接说明联合变量。以之前定义的 differentinfo 联合类型为例，说明如下：

（1）先定义联合类型，再说明联合变量。

该方法的一般形式为：

```
union <联合名>
{
    <数据类型> <成员名称>;
    <数据类型> <成员名称>;
    …
    <数据类型> <成员名称>;
};
union <联合名> <联合变量 1>,<联合变量 2>,<联合变量 3>… ;
```

如下例子所示：

```
union differentinfo
{
    int stuclass;
    char teaoffice[10];
};
union differentinfo p,pp;            /* 说明 p、pp 为 differentinfo 联合类型变量 */
/* 此例说明了两个联合变量 p、pp 为 differentinfo 联合体类型 */
union data
{
    int ii1;
    float ff1;
};
union data d,dd;                     /* 说明 d、dd 为 data 联合类型变量 */
```

（2）定义联合类型的同时说明联合变量。

此方法的一般形式为：

```
union <联合名>
{
    <数据类型> <成员名称>;
    <数据类型> <成员名称>;
    …
    <数据类型> <成员名称>;
}<联合变量 1>,<联合变量 2>,<联合变量 3> … ;
```

如下例所示：

```
union differentinfo
```

```
{
    int stuclass;
    char teaoffice[10];
}p,pp;
union data
{
    int ii1;
    float ff1;
}d,dd;                              /* 说明 d、dd 为 data 联合类型变量 */
```

此方法说明联合变量，在定义联合体时在其分号前直接写上联合变量名即可，可以同时说明多个联合变量名，中间用逗号（,）隔开。

（3）直接说明联合变量。

此方法的一般形式为：

```
union
{
    <数据类型> <成员名称>;
    <数据类型> <成员名称>;
    …
    <数据类型> <成员名称>;
}<联合变量 1>,<联合变量 2>,<联合变量 3> … ;
```

如下例子所示：

```
union
{
    int stuclass;
    char teaoffice[10];
}p,pp;
union
{
    int ii1;
    float ff1;
}d,dd;
```

此方法与第二种方法类似，可以理解为此方法是一个无名联合体在定义联合类型的同时说明了其联合变量，不过这种方法用的不是很多，因为此种定义方法只用于定义 p、pp 这两个变量，只能定义一次联合变量，不能再继续定义其他联合变量，因为它没有名字，所以，此方法的实用性相对于前两种说明方法较差。

经过说明的 p、pp 变量均为 differentinfo 类型或无名联合类型。p、pp 变量的长度应等于 differentinfo 的成员中最长的长度，即等于 teaoffice 数组的长度，即共 10 字节；经过说明的 d、dd 变量均为 data 类型或无名联合类型。d、dd 变量的长度应等于 data 成员中最长的长度，即等于 float 数据类型的长度 4 字节（或 int 数据类型的长度 4 字节）。

9.2.3 联合（共用体）变量的引用

联合变量的引用方法与结构体变量相同，如下所示：

```
<联合变量名>.<成员名称>;
```

【例 9.19】对共用体变量成员的引用

```
ppp.stuclass      /* 对共用体变量中的 stuclass 成员进行引用 */
ppp.teaoffice     /* 对共用体变量中的 teaoffice 成员进行引用 */
```

但是，不可进行直接输出共用体变量的操作，例如：

```
printf("%d",ppp);
```

上述语句是错误的，因为 ppp 中可以存储的数据多种多样，计算机无法判断出应该输出哪个值，但是可以写成如下语句：

```
printf("%d",ppp.stuclass);    /* 用 "%d" 格式符输出共用体变量的成员 stuclass 的值 */
```

或

```
printf("%s",ppp.teaoffice);    /* 用 "%s" 格式符输出共用体变量的成员 teaoffice 的值 */
```

因联合变量各成员共享一段内存空间，所以，无论共用体有多少成员，在任何瞬时时刻中，联合中只可以存储一个数据，如下程序所示。

【例 9.20】联合变量各成员存储一个数据。

【程序代码】

```
#include<stdio.h>
union uuu
{
    int a1;
    int a2;
};                          /* 定义名为 uuu 的联合体类型 */
void main()
{
    union uuu mmm;          /* 说明 mmm 为 uuu 联合类型的联合变量 */
    mmm.a1=1;
    printf("%d\n",mmm.a1);
    mmm.a2=10;
    mmm.a1=0;
    printf("%d\n",mmm.a2);
    printf("%d,%d\n",mmm.a1,mmm.a2);
}
```

【运行结果】

例 9.20 的运行结果如图 9-10 所示。

```
1
0
0,0
Press any key to continue
```

图 9-10　联合变量各成员存储一个数据运行结果

【程序分析】

从上方程序可以看出，联合变量 mmm 的成员 a1 和 a2 占相同的内存。当对 a1 赋值之后，其实，a2 也有了值，若对 a2 进行了修改，那么此时 a1 也就改成了和 a2 相同的值，所以，最后输出的 a1 和 a2 都是 0，因为最近一次的赋值语句为：mmm.a1=0;，那么联合变量中的 a1 和 a2 的值都为 0，所以经输出函数调用语句 printf() 输出为：0，0 。

若共用体的成员数据类型不一样，那该如何操作？如下面代码所示：

【程序代码】

```
#include<stdio.h>
void main()
{
    union complex
    {
        int integer11;
        char charater11;
    }ccc11;
```

```
        ccc11.charater11='Z';
        ccc11.integer11=100;
        ccc11.integer11=65;
        printf("%c\n",ccc11.charater11);
        printf("%d\n",ccc11.integer11);
    }
```

【运行结果】

程序运行结果如图 9-11 所示。

图 9-11　共用体成员数据类型不一样的运行结果

【程序分析】

从上方程序可以看出，最后只有 ccc11.integer11=65; 语句是有效的，共用体中存储的是 65，ccc11.charater='Z'; 和 ccc11.integer11=100; 都失效了。第一个 printf() 输出语句输出的是 'A'，因为，此时共用体中存储的是 65，printf() 输出语句说明的输出格式为 %c，所以根据 ASCII（美国信息交换标准代码）码 65 对应的为 'A'，所以输出结果为 'A'。第二个 printf() 输出语句，输出为 65 也是很容易理解的，共用体中的 65 用 "%d" 格式符输出仍是 65。

接下来看本节开始的例子对“单位 (用 publicinfo 表示)”一项学生应填入班级编号 , 教师应填入某系某教研室，班级可用整型量表示，教研室只能用字符类型，要求把这两种不同类型的数据都填入“单位 (用 publicinfo 表示)”这个数据变量中完整程序代码如下 ：

【例 9.21】填入两种不同类型数据。

【程序代码】

```
    #include<stdio.h>
    #include<string.h>
    struct schoolnumber
    {
        int memnum;
        char memname[10];
        char memsex;
        char memjob;
        union
        {
            int stuclass;
            char teacheroffice[10];
        }publicinfo;
    }schoolmem[2];
    int main()
    {
        int i;
        for(i=0;i<2;i++)
        {
            printf(" 请输入某一学校成员信息！ \n");
            scanf("%d%s%c%c",&schoolmem[i].memnum,&schoolmem[i].memname,&schoolmem[i].
memsex,&schoolmem[i].memjob);
            if(schoolmem[i].memjob=='S')
            {
                printf(" 请输入学生班级号！ \n");
                scanf("%d",&schoolmem[i].publicinfo.stuclass);
            }
            else if(schoolmem[i].memjob=='T')
            {
```

```
                printf(" 请输入老师办公室！ \n");
                scanf("%s",&schoolmem[i].publicinfo.teacheroffice);
            }
            else
                printf(" 输入信息错误！ \n");
        }
        printf("\n");
        printf(" 成员编号 \t 姓名 \t 性别 \t 职业 \t 班级 / 教研室 \n");
        for(i=0;i<2;i++)
        {
            if (schoolmem[i].memjob=='S')
            {
                printf("%d\t\t%s\t%c\t%c\t%d\n",schoolmem[i].memnum,schoolmem[i].
memname,schoolmem[i].memsex,schoolmem[i].memjob,schoolmem[i].publicinfo.stuclass);
            }
            else
            {
                printf("%d\t\t%s\t%c\t%c\t%s\n",schoolmem[i].memnum,schoolmem[i].
memname,schoolmem[i].memsex,schoolmem[i].memjob,schoolmem[i].publicinfo.teacheroffice);
            }
        }
    }
```

【运行结果】

例 9.21 的运行结果如图 9-12 所示。

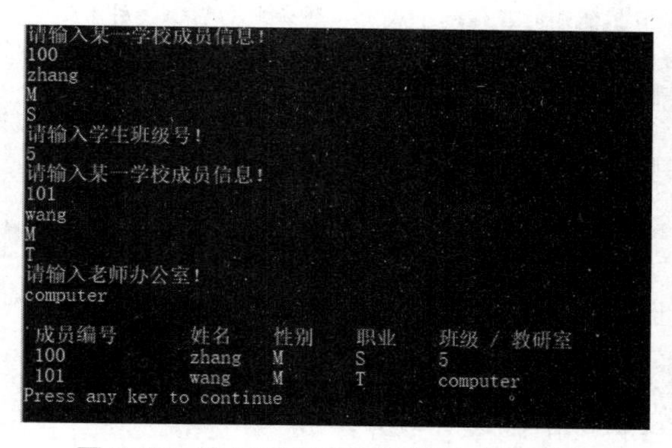

图 9-12　填入两种不同类型数据运行结果

【程序分析】

定义了一个名为 schoolnumber 的结构体类型，同时说明了结构变量数组 schoolmem[2]。在主函数（main()）中用 for 循环语句实现依次输入结构变量数组中的两个元素的各个结构变量成员。根据职业的不同，用 if 语句实现对 menjob 结构变量成员的初始化。最后，用 if 条件语句输出，按 menjob 的值不同分为两类（'S' 为学生，'T' 为教师），分别输出，若为学生则输出共用体中的 stuclass 成员的值，若是老师则输出共用体中的 teacheroffice 成员的值。

9.2.4　联合变量的赋值

（1）定义联合变量时就对其进行初始化，但此时只能对联合变量的第一个元素进行初始化赋值，而不能指定赋值或者依次赋值，如下语句所示：

```
union differentinfo
{
```

```
int stuclass;
char teaoffice[10];
};
union differentinfo infojob={03};
/* 正确，把 03 赋值给第一个成员 */
union differentinfo infojob={"jisuanji001"};
/* 错误，无法赋值给第二个成员 */
union differentinfo infojob={03,"jisuanji001"};
/* 错误，只能给第一个成员赋值，不能为两个成员赋值 */
union differentinfo infojob=03;    /* 错误，需要大括号（{ }）*/
```

（2）定义联合变量时未对其进行初始化，之后再进行赋值时，只能通过 <联合名>.<成员名称>=…，进行赋值，如例 9.22 所示。

【例 9.22】在定义联合变量之后进行赋值

【程序代码】

```
union differentinfo
{
    int stuclass;
    char teaoffice[10];
};
union differentinfo infojob;
infojob={"jisuanji001"};
/* 错误，不能加大括号，且必须指明给共用体变量 infojob 的哪个成员赋值 */
infojob={03,"jisuanji001"};
/* 错误，不能加大括号且不能同时赋值两个成员，还必须指明给共用体变量 infojob 的哪个成员赋值 */
infojob=03;
/* 错误，必须指明给哪个成员赋值 */
infojob="jisuanji001";
/* 错误，必须指明给哪个成员赋值 */
infojob={03};
/* 错误，不能加大括号，且必须指明给共用体变量 infojob 的哪个成员赋值 */
infojob={"jisuanji001"};
/* 错误，不能加大括号，且必须指明给共用体变量 infojob 的哪个成员赋值 */
infojob.stuclass=03;
/* 正确，把 03 赋值给共用体变量 infojob 的第一个成员 stuclass*/
Strcpy(infojob.teaoffice,"jisuanji001");
/* 正确，把 jisuanji001 赋值给共用体变量 infojob 的第二个成员 teaoffice*/
```

9.2.5 联合（共用体）的五点注意事项

（1）同一个内存段可以用来存放几种不同类型的成员，但在每一时刻只能存放其中一种类型的数据，而不是存放几种。即每一瞬时只有一个成员起作用，其他成员不起作用，它们不能同时起作用。

（2）联合类型中起作用的成员是最新存入的一个成员，在存入新的成员以后原有的成员就失去作用。

例如，若有以下赋值语句：

```
p.stuclass=1;
/* 将整数 1 赋值给共用体变量 p 的成员 stuclass*/
Strcpy(p.teaoffice,"jisuanji01");
/* 将字符串 "jisuanji01" 赋值给共用体变量 p 的成员 teaoffice*/
strcpy(p.teaoffice,"jisuanji02");
```

```
/* 将字符串 "jisuanji02" 赋值给共用体变量 p 的成员 teaoffice*/
p.stuclass=3;
/* 将整数 3 赋值给共用体变量 p 的成员 stuclass*/
```

在完成以上 4 个赋值运算以后，只有 p.stuclass=3; 是有效的，p.stuclass=1;，strcpy(p.teaoffice,"jisuanji01"); 和 strcpy(p.teaoffice ,"jisuanji02"); 已经无意义了，若此时引用 p.stuclass=1;，strcpy(p.teaoffice ,"jisuanji01"); 和 strcpy(p.teaoffice,"jisuanji02"); 是不行的。因此，在引用共用体变量时，应注意当前存放在共用体变量中的是哪个成员。

（3）联合中的成员使用同一地址的内存，一个联合变量的长度等于各成员中最长的长度，如下例子所示：

```
union publicinfo
{
    int stuclass;
    char teacheroffice[10];
};
```

那么 sizeof(union publicinfo) 等于 sizeof(成员)，即联合变量的长度为各成员中最长的长度。

（4）联合变量不能像结构体变量一样进行初始化。例如：

```
union
{
    int a1;
    float ff1;
    char ch1;
}uu={100,1.234,'q'};
```

此程序是错误的。

而改为如下程序则可以正常运行：

```
union uuu
{
    int a1;
    float ff1;
    char ch1;
};
union uuu uuu1={100};
```

或：

```
union uuu
{
    int a1;
    float ff1;
    char ch1;
};
union uuu uuu1.ff1=99.9;
```

（5）不可以对联合变量直接进行赋值。例如：

```
union uuu
{
    int a1;
    float ff1;
    char ch1;
}ppp;
```

```
int interger1;
ppp=1000;
interger1=ppp;
```

都是错误的。

而下面的程序是正确的。

```
union uuu
{
    int a1;
    float ff1;
    char ch1;
}ppp,pp;                    /* 定义一个名为 uuu 的联合体类型，包含三个成员 */
ppp=pp;                     /* 把 uuu 联合类型变量 pp 赋值给 uuu 联合类型变量 ppp*/
```

9.3 链　　表

9.3.1　链表的概念

在介绍链表之前需要了解一下线性表的概念，线性表是 n 个具有相同特性的数据元素的有限序列。线性表在存储数据时主要有两种方式：一种是顺序存储，主要用数组实现，称为顺序表；另一种是链式存储，主要用链表实现。顺序表需要地址连续的内存块，所以，在进行插入和删除元素时需要移动别的元素，比较麻烦。而链表则不需要连续的内存块，因为它可以通过指针将各结点的数据单元连接起来，在插入和删除元素时，不需要移动其他元素即可实现。

一种简单的链表结构如图 9-13 所示。

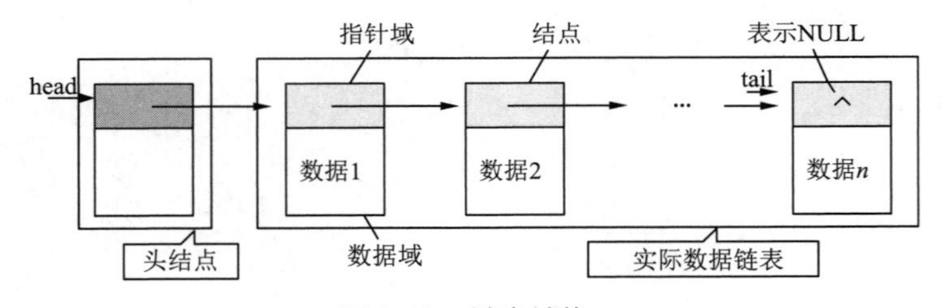

图 9-13　链表结构

（1）链表有一个头指针变量 head，指向第一个元素（表头），其中，第一个结点称为头结点，一般头结点的数据域不存放实际有效数据。

（2）链表中的每一元素称为结点。一个结点包括两部分：数据域和指针域。其中，数据域中存放实际数据，指针域用来指向下一个数据单元。

（3）链表有一个表尾，该元素不再指向其他元素，其地址部分存放一个空地址（NULL，NULL 是一个符号常量，代表整数 0，指针变量等于 0（NULL）表示一个空指针）。

结点的结构体类型定义一般格式为：

```
struct <结点的结构体类型名称>
{
    数据域的数据成员 1 定义；
    数据域的数据成员 2 定义；
    …
```

```
    数据域的数据成员 n 定义 ;
    struct <结点的结构体类型名称> *<指向下一个结点的指针变量名>;
};
```

例如，定义一个存放学生和成绩结点的结构体类型 :

```
struct student1
{
    int stunum;
    float grade;
    struct student1 *next;      /*student1 结构体类型的指针 */
};                              /* 定义一个名为 student1 的结构体类型，包含三个成员 */
```

student1 结构体中前两个成员项(stunum、grade)组成数据域,后一个成员项(next)构成指针域，它是一个指向 student1 类型结构的指针变量。

链表的基本操作对链表的主要操作有以下几种 :

（1）建立链表 ;

（2）链表结点的查找与输出 ;

（3）插入一个结点 ;

（4）删除一个结点。

9.3.2　建立简单的链表

建立链表是指从无到有地建立起一个链表，包括一个一个地输入各结点的数据，并建立起前后相连的关系。首先，建立一个头结点，使头指针指向头结点，并令指针域指向空 ; 接着，再创建一个结点，使指针 p 指向该结点，令其指针域指向空 ; 然后，让头结点的指针域指向 p 指针所指向的结点，即实现两个结点相连;最后，依次进行上述操作，实现更多结点相连的链表的建立。

【例 9.23】建立由 3 个结点组成的链表。

【程序代码】

```
#include<stdio.h>
#define NULL 0
/* 宏定义 NULL 为 0*/
struct student1
{
    int stunum;
    double grade;
    struct student1 *next;
};      /* 定义一个名为 student1 的结构体类型，包含三个成员 */
void main()
{
    struct student1 s,ss,sss,*head,*p;
        /* 说明三个 student1 类型结构体变量 s、ss、sss，以及两个指针 head 和 p*/
    s.stunum=00000;
    s.grade=90.0;
    ss.stunum=00001;
    ss.grade=92.5;
    sss.stunum=00003;
    sss.grade=99.9;
    s.next=&ss;
    ss.next=&sss;
    sss.next=NULL;
```

```
    p=head=&s;  /* 将 s 的地址赋给 student1 类型结构体类型指针 head、p*/
    while(p!=NULL)
    {
        printf("\n%d\t%f\n",p->stunum,p->grade);
        p=p->next;
    }
}
```

【运行结果】

例 9.23 的运行结果如图 9-14 所示。

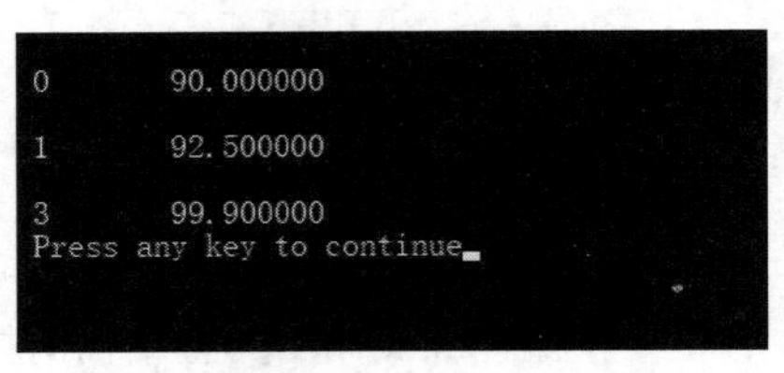
```
0       90.000000

1       92.500000

3       99.900000
Press any key to continue
```

图 9-14　建立由 3 个结点组成的链表运行结果

9.3.3　输出链表

输出链表是指将链表中各个结点的数据依次输出。首先，要知道链表表头 head 的地址，再定义一个指向结点的指针变量 p，使 p 先指向第一个结点，输出该点的数据，然后让 p 指向下一个结点，再输出，直到表尾结点的数据输出结束为止，也就是 p=NULL 时。

【例 9.24】编写一个输出链表的函数。

【程序代码】

```
void print_list(struct student1 *head)
{
    struct student1 *p;
    printf("\n 输出链表中的结点数据：\n ");
    p=head;            /* 使 p 指向 head 指针所指的地址 */
    if(head!=NULL)
    {
        do
        {
            printf("%d\t%f\n",p->stunum,p->grade);
            p=p->next;
        }while(p!=NULL);
    }
}
```

9.3.4　删除一个结点

从一个动态表中删除一个结点，并不是真正从内存中把它抹掉，而是把它从链表中分离出来，只要改变原来的连接关系即可，即让该结点的前一个结点直接指向结点的下一个结点，即：若要删除链表中第 m 个结点 Q_m，那么链表长度将减少 1，操作前，结点 Q_m 是结点 Q_{m-1} 的后继，是 Q_{m+1} 的前驱；而操作后，Q_{m+1} 变为 Q_{m-1} 的后继。

用函数删除一个指定的结点，方法如下：

（1）用一个指向结点的指针变量，从表头开始查找需要删除的结点。

（2）定义两个指针变量 p1 和 p2，其中 p1 指向要删除的结点，p2 是指向 p1 前面的一个结点。要删除 p1，使 p2->next=p1->next，即从链表中删除了 p 所指的结点。

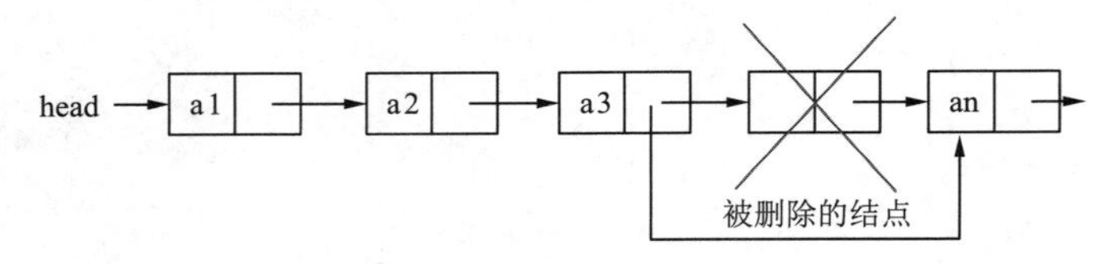

图 9-15　删除结点

（3）如果删除的是第一个结点，则要修改表头指针 head。

（4）如果链表是空表 (无结点) 或链表中找不到要删除的结点，则不删除。

【例 9.25】编写函数，用以删除链表中指定的结点。

【程序代码】

```
struct student1 *del(struct studnt1 *head,int stunum)
{
    struct student1 *p1,*p2;
    if(head==NULL)
    {
        printf("此链表为空链表! \n");
        goto end;                         /*跳转到 end*/
    }
    p1=head;                              /*使 p1 指向 head 指针所指的地址 */
    while(p1->stunum!=stunum&&p1->next!=NULL)
    {
        p2=p1;
        p1=p1->next;
    }
        if(p1->stunum==stunum)
        {
            if(p1==head)
            head=p1->next;                /*删除第一个结点，即修改表头 */
        else
            p2->next=p1->next;            /*完成删除结点 */
        printf("delete:%d\n",stunum);
        n=n-1;                            /*结点数减 1*/
    }
    else
        printf("没找到! \n");
    end:                                  /*前面的 goto end;语句跳转到此 */
    return(head);                         /*返回头指针 */
}
```

9.3.5　插入结点

对链表的插入是指将一个结点按某种规律插入到已有的链表中。例如在第 m 个结点 Q_m 与第 m+1 个结点 Q_{m+1} 之间插入一个新的结点 Q，这将会使链表长度增加 1，且结点 Q_m 与结点 Q_{m+1} 的关系也将发生变化，即操作前，Q_{m+1} 的前驱是 Q_m，Q_m 的后继是 Q_{m-1}；而操作后，结点 Q 将成为 Q_m 的后继和 Q_{m+1} 的前驱。

要正确插入结点，必须解决如下两个问题：

（1）如何找到插入位置；

（2）如何实现插入。

可以用函数实现插入一个结点，如图 9-16 中 C 结点。其中：用指针变量 p0 指向待插入的结点 C，用指针变量 p1 和 p2 找到需要插入的位置，使得结点 p0 在 p1 之前 p2 之后进行以下操作：

```
p0->next=p2->next;          /*使 p0 的 next 指向 p2 的 next 所指的结点 */
p2->next=p0;                /*使 p2 的 next 指向 p0 所指的结点 */
```

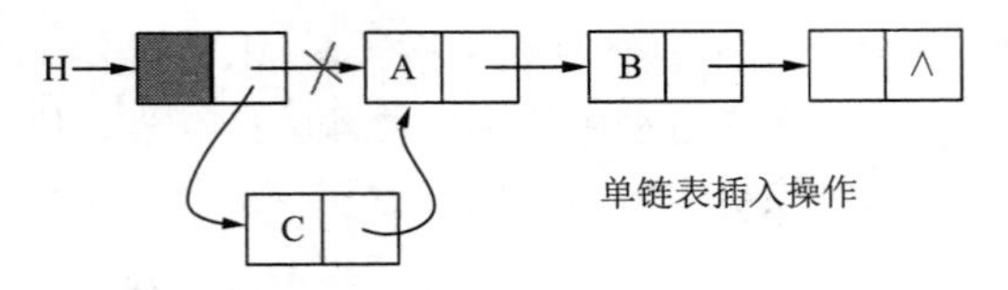

图 9-16　单链表插入

【例 9.26】插入结点的函数 insert_sq()。

【程序代码】

```
struct student1 *insert_sq(struct student1 *head,struct student1 *stud)
{
    struct student1 *p0,*p1,*p2;
    /* 说明 student1 类型结构体指针变量 p0、p1、p2*/
    p0=stud;
    /* 使 student1 类型结构体指针变量 p0 指向 stud 指针所指的结点 */
    p1=head;
    /* 使 student1 类型结构体指针变量 p1 指向 head 指针所指的结点 */
    if(head==NULL)
    {
        head=p0;
        /* 使 head 指向 student1 类型结构体指针变量 p0 所指的结点 */
        p0->next=NULL;
        /* 使 student1 类型结构体指针变量 p0 的 next 指针指向空 */
    }
    else
    {
        while((p0->stunum>p1->stunum)&&(p1->next!=NULL))
        {
            p2=p1;
            p1=p1->next;                    /* 继续查找，后移一个结点 */
        }
    }
    if(p0->stunum<=p1->stunum)
    {
        if(head==p1)
        head=p0;
        else
        {
            p2->next=p0;
            p0->next=p1;
        }
    }
    else
    {
        p1->next=p0;
        p0->next=NULL;
    }
    n=n++;
    return (head);
}
```

【例 9.27】为更加深刻地了解链表和结构体，编写程序实现以下功能：

建立一个学生成绩信息（学生信息包括学号（stunum）、姓名 (stuname)、成绩 (stugrade)）链表，学生信息按照学生学号由小到大顺序排列，要求实现对成绩的插入、修改、删除和遍历操作。

【程序代码】

```
#include<stdio.h>
#include<string.h>
#include<stdlib.h>
typedef struct student1
{
    char stunum[50];
    char stuname[20];
    int stugrade;
    struct student1 *next;
}STUNode;    /* 定义结构体并用类型定义符（typedef）为 student1 结构体类型取别名 */
STUNode *STULinkList;
int Initstu(STULinkList &SL)                      /* 初始化链表 */
{
    SL=new STUNode;
    SL->next =NULL;                               /* 令 SL 的 next 指针指向空 */
    printf("链表初始化成功！ \n\n");
}
int Creatstu(STULinkList &SL)                     /* 创建链表 */
{
    int n,i;
    STUNode *r,*p;
    r=SL;
    printf("请输入要添加的成绩人数：");
    scanf("%d",&n);
    for(i=0;i<n;i++)
    {
        p=new STUNode;
        printf("学生学号：");
        scanf("%s",p->stunum);
        printf("学生姓名：");
        scanf("%s",p->stuname);
        printf("学生成绩：");
        scanf("%d",&p->stugrade);
        p->next=NULL;
        r->next=p;
        r=p;
    }
    printf("\n");
}
int Insertstu(STULinkList &SL)                    /* 在某一位置插入结点 */
{
    int j=0,i;
    STUNode *s,*p;
    p=SL;
    printf("请输入要插入的位置：");
    scanf("%d",&i);
    while(p&&j<i-1)                               /*while 循环找到要插入的位置 */
    {
        p=p->next;
        ++j;
    }
```

```
    if(!p||j>i-1)
    {
        return 0;
    }
    s=new STUNode;
    printf("学生学号：");
    scanf("%s",s->stunum);
    printf("学生姓名：");
    scanf("%s",s->stuname);
    printf("学生成绩：");
    scanf("%d",&s->stugrade);                   /*创建新结点，并添加结点数据信息*/
    s->next=p->next;
    p->next=s;                                  /*将结点插入到之前找到的位置上*/
    printf("\n");
}
int Locatestu(STULinkList SL)                   /*查询某一结点信息*/
{
    int localsit=0;
    char a[10];
    STUNode *p;
    p=SL->next;
    printf("请输入要查找的学生名字：");
    scanf("%s",a);
    while(p)                                    /* while循环找链表中是否有所要查询的学生信息*/
    {
        if(strcmp(p->stuname,a)==0)
        {
            localsit=1;                         /*localsit=1表示链表中有所要查询的学生信息*/
            break;
        }
        p=p->next;
    }
    if(localsit==1)
    {
        printf("学号\t姓名\t成绩\n");
        printf("%s\t%s\t%d\n\n",p->stunum,p->stuname,p->stugrade);
    }
    else
        printf("没有找到这个学生！\n\n");
    /*若找到所要查询的学生，则输出其学号、姓名和成绩*/
}
int Deletestu(STULinkList &SL)                  /*在某位置删除结点*/
{
    int i,j=0;
    STUNode *p,*q;
    p=SL;
    printf("请输入要删除的位置:");
    scanf("%d",&i);
    while((p->next)&&(j<i-1))                   /*while循环找到要删除的结点位置*/
    {
        p=p->next;
        ++j;
    }
```

```
    if((!p->next)||(j>i-1))              /*if 条件语句判断位置是否合法 */
    {
        return 0;
    }
    q=p->next;
    p->next=q->next;
    delete q;                            /* 删除结点 */
}
int Printstu(STULinkList SL)             /* 打印链表信息 */
{
    STUNode *p,*s,*t;
    char stunum[10],stuname[50];
    int stugrade;
    p=SL->next;
    if(p==NULL)                     /* 当链表是空链表则 return 0*/
    {
        printf("此链表是空链表! \n\n");
        return 0;
    }
    printf("学号\t 姓名\t 成绩\n");
    while(p)                        /*while 循环将学生信息按学号由小到大排序 */
    {
        s=p->next;
        while(s)                    /*while 循环使 p 指针所指结点的学生学号是最小的 */
        {
            t=s;
            if(strcmp(p->stunum,t->stunum)>0)
            {
                strcpy(stunum,p->stunum);
                strcpy(p->stunum,t->stunum);
                strcpy(t->stunum,stunum);
                strcpy(stuname,p->stuname);
                strcpy(p->stuname,t->stuname);
                strcpy(t->stuname,stuname);
                stugrade=p->stugrade;
                p->stugrade=t->stugrade;
                t->stugrade=stugrade;
            }
            s=s->next;
            /* 令 s 指针指向 s 指针所指结点的指针域 next 指针所指的位置 */
        }
        p=p->next;       /* 令 p 指针指向 p 指针所指结点的指针域 next 指针所指的位置 */
    }
    p=SL->next;  /* 令 p 指针指向 SL 指针所指结点的指针域 next 指针所指的位置 */
    while(p)         /* 将排好的学生信息打印出来 */
    {
        printf("%s\t%s\t%d\n",p->stunum,p->stuname,p->stugrade);
        p=p->next;
    }
    printf("\n");
}
```

```
    int main()
    {
        int i;
        STULinkList SL;
        while (1)                            /*while 循环选择要对链表进行的操作 */
        {
            printf("1.初始化\n2.添加\n3.插入\n4.查找\n5.删除\n6.排序输出\n其他
退出\n");
            printf("请输入你的选择: ");
            scanf("%d",&i);
            switch(i)                        /* 根据选择调用相应的函数 */
            {
                case 1:
                    Initstu(SL);
                    break;
                case 2:
                    Creatstu(SL);
                    break;
                case 3:
                    Insertstu(SL);
                    break;
                case 4:
                    Locatestu(SL);
                    break;
                case 5:
                    Deletestu(SL);
                    break;
                case 6:
                    Printstu(SL);
                    break;
                default:
                    exit(0);
            }
        }
    }
```

9.4 枚举类型

在实际问题中，有些变量的取值被限定在一个有限的范围内。例如，一个星期内只有七天，一年只有十二个月，一个班每周有六门课程等，如果把这些量说明为整型、字符型或其他类型显然是不妥当的。为此，C 语言提供了一种称为"枚举"的类型，在"枚举"类型的定义中列举出所有可能的取值，被说明为该"枚举"类型的变量取值不能超过定义的范围。应该说明的是，枚举类型是一种基本数据类型，而不是一种构造类型，因为它不能够再分解为任何基本类型。

9.4.1 枚举类型的定义和枚举变量的说明

1. 枚举类型的定义

枚举类型定义的一般形式为：

```
enum <枚举名> {枚举值表};
```

其中，enum 为关键字，枚举名必须为合法的标识符，在枚举值表（即大括号中）中应罗列出所有可用的值。这些值又称枚举元素，枚举元素需要用逗号（,）隔开，枚举类型的定义后要用分号（；）结尾。

例如，定义 oneweek 为枚举类型，枚举元素包含 sun、mon、tue、wed、thu、fri、sat。

```
enum oneweek{sun,mon,tue,wed,thu,fri,sat};
```

该枚举名为 oneweek，枚举值共有七个，即一周中的七天。凡被说明为 oneweek 类型变量的取值只能是七天中的某一天。

```
enum color{pink,orange,yellow,whiteblack,red,blue,green};
```

该枚举名为 color，枚举值共有 8 个，即一共有八个颜色。凡被说明为 color 枚举类型变量的取值只能是八个颜色中的某一种颜色。

2. 枚举变量的说明

如同结构体和联合一样，枚举变量也可用不同的方式进行说明，即第一，先定义枚举类型，再进行枚举变量的说明；第二，定义枚举类型的同时定义说明枚举变量；第三，直接说明枚举变量。

（1）先定义枚举类型，再进行枚举变量的说明。

此方法的一般形式为：

```
enum <枚举名> {枚举元素1，枚举元素2，枚举元素3,…};
enum <枚举名> <枚举变量1>,<枚举变量2>,<枚举变量3> …;
```

如下例所示：

```
enum oneweek{sun,mon,tu,wed,thu,fri,sat};
enum oneweek w,ww,www;
```

变量 w,w,www 就变为了 enum oneweek 类型，所以它们的取值也只能是 sun、mon、tue、wed、thu、fri、sat 七种。

```
enum color{pink,orange,yellow,white,black,red,blue,green};
enum color c,cc,ccc;
```

变量 c、cc、ccc 就变为了 enum color 枚举类型，所以它们的取值也只能是 pink、orange、yellow、white、black、red、blue、green 这八种。

（2）定义枚举类型的同时定义枚举变量。

此方法的一般形式为：

```
enum <枚举名> {枚举元素1，枚举元素2，枚举元素3,…} <枚举变量1>,<枚举变量2>,<枚举
变量3>,…;
```

如下例所示：

```
enum oneweek{sun,mou,tue,wed,thu,fri,sat}w,ww,www;
enum color{pink,orange,yellow,white,black,red,blue,green}c,cc,ccc;
```

此方法说明枚举变量，直接在定义枚举类型时，在其分号前直接写上枚举变量名即可，可以同时说明多个枚举变量名，中间用逗号（,）隔开。

（3）直接说明枚举变量。

此方法的一般形式为：

```
enum {枚举元素1，枚举元素2，枚举元素3,…} <枚举变量1>,<枚举变量2>,<枚举变量3>,…;
```

如下例所示：

```
enum {sun,mon,tue,wed,thu,fri,sat}w,ww,www;          /*省略了枚举名*/
enum {pink,orange,yellow,white,black,red,blue,green}c,cc,ccc;
```

此方法与第二种方法类似，可以理解为此方法是一个无名枚举类型在定义枚举类型的同时说明了其枚举变量，不过这种方法用的不是很多，因为此种定义方法只用于定义 w、ww、www（或 c、cc、ccc）3 个变量，只能定义一次枚举变量，不能继续定义其他枚举变量，因为它没有名字，所以，此方法的实用性相对于前两种说明方法较差。

9.4.2 枚举类型变量的值和使用

枚举类型在使用中有以下规定：

（1）枚举值是常量，不是变量。不在程序中用赋值语句再对它赋值。

例如：

```
enum oneweek{sun,mon,tue,wed,thu,fri,sat};      /* 定义 oneweek 枚举类型
enum oneweek w,ww,www;                        /* 说明 oneweek 枚举类型变量 w、ww、www 对
                                              oneweek 枚举类型的元素再做以下赋值： */
    sun=5;                                    /* 为枚举元素 sun 赋值 */
    mon=4;
    tue=6;
    wed=3;
    thu=6;
    fri=2;
    sat=1;
```

都是错误的。

```
enum color{pink,orange,yellow,white,black,red,blue,green};
enum color c,cc,ccc;
```

对 color 枚举类型的元素再做以下赋值：

```
pink=10;
white=4;
orange=6;
```

也是错误的。而：

```
enum oneweek{sun,mon,tue,wed,thu,fri,sat};
enum oneweek w,ww,www;
w=mon;
ww=tue;
www=sat;
enum color{pink,orange,yellow,white,black,red,blue,green};
enum color  c , cc ,ccc ;
c=pink;
cc=green;
ccc=red;
```

是正确的，即把枚举列表中的某一个元素赋予枚举类型的变量。

（2）枚举元素本身由系统定义了一个表示序号的数值，从 0 开始顺序定义为 0，1，2，…，例如在 oneweek 中，sun 值为 0，mon 值为 1，tue 值为 2，wed 值为 3，…，sat 值为 6。

当然，程序员在编写程序时，也可以重新定义序号，例如：

```
enum oneweek{sun=7,mon=1,tue=2,wed=3,thu=4,fri=5,sat=6}
w,ww,www;
enum color{pink=1,orange=2,yellow=3,white=4,black=5,red=6,blue=7,green=8}
c,cc,ccc;
```

或者为：

```
enum oneweek{sun=7,mon=1,tue,wed,thu,fri,sat}w,ww,www;
enum color{pink=1,orange,yellow,white,black,red,blue,green}c,cc,ccc;
```

经上面程序定义之后，sun 的值就变成了 7，mon 值仍为 1，…，sat 值仍为 6；pink 值由 0 变为 1，orange 值由 1 变为 2,……,green 值由 7 变成 8。

【例 9.28】枚举变量的具体使用

【程序代码】

```
#include<stdio.h>
void main()
{
    enum oneweek{sun,mon,tue,wed,thu,fri,sat};
    enum oneweek w,ww,www;
    w=sun;
    ww=mon;
    www=tue;
    printf("%d,%d,%d\n",w,ww,www);
}
```

【运行结果】

例 9.28 的运行结果如图 9-17 所示。

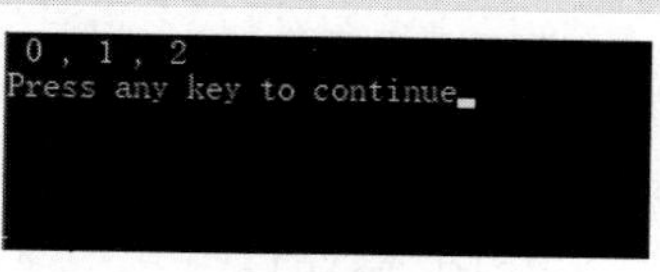

图 9-17　枚举变量的具体使用运行结果

【程序分析】

只能把枚举值赋予枚举变量，不能把元素的数值直接赋予枚举变量。例如：

```
enum oneweek{sun,mon,tue,wed,thu,fri,sat};
enum oneweek w,ww,www;
w=sun;
ww=mon;
www=tue;
```

是正确的。而：

```
enum oneweek{sun,mon,tue,wed,thu,fri,sat};
enum oneweek w,ww,www;
w=0;
ww=1;
www=2;
```

是错误的。

但是如果一定要把数值赋予枚举变量，则必须用强制类型转换。例如：

```
enum oneweek{sun,mon,tue,wed,thu,fri,sat};
enum oneweek w,ww,www;
/* 定义一个名为 oneweek 的枚举类型（包含七个枚举元素），随后说明三个枚举变量 w、 ww、www*/
w=(enum oneweek) 2;
```

其意义是将顺序号为 2 的枚举元素赋予枚举类型变量 w，相当于：

```
w=tue;
```

还应该说明的是：

（1）枚举元素不是字符常量也不是字符串常量，使用时不要加单引号或者双引号。

（2）枚举变量的值是一个整数类型，所以输出应该用整型格式说明符。例如：

```
enum oneweek{sun,mon,tue,wed,thu,fri,sat};
enum oneweek w,ww,www;
ww=wed;
printf("%d\n",ww);
```

输出结果：

```
3
```

（3）因为枚举类型变量的值是整型，所以，它们可以进行比较，即，如果没有重新定义序号，那么默认选择 sun<mon<tue<wed<thu<fri<sat。

例如：

```
enum oneweek{sun,mon,tue,wed,thu,fri,sat};
enum oneweek w,ww,www;
if(www==sat||www=sun)
    printf("到周末了，可以休息喽！");
if(www>wed)……
```

【例 9.29】 编写程序，当 temp='A' 时输出 95；temp='B' 时输出 85；temp='C' 时输出 75；temp='D' 时输出 65；temp='E' 时输出 59。

【程序代码】

```
#include<stdio.h>
#include<stdlib.h>
void main()
{
    enum grade {A,B,C,D,E};
    enum grade  grade0;
    char temp='A';
    printf("请输入！(A,B,C,D,E)\n");
    scanf("%c",&temp);
    if(temp=='A')
        grade0=A;
    else if(temp=='B')
    grade0=B;
    else if(temp=='C')
    grade0=C;
    else if(temp=='D')
        grade0=D;
    else if(temp=='E')
        grade0=E;
    else
        printf("输入不符合规定！\n");
    /*if 语句判断输入的字符，然后为 grade0 赋值 */
    switch(grade0)
    {
        case A:printf("95\n");  break;
        case B:printf("85\n");  break;
        case C:printf("75\n");  break;
        case D:printf("65\n");  break;
        case E:printf("59\n");  break;
        default:printf("无对应分数！\n");
    }                                   /* switch 根据 grade0 的值打印相应的分数 */
}
```

【运行结果】

例 9.29 的运行结果如图 9-18 所示。

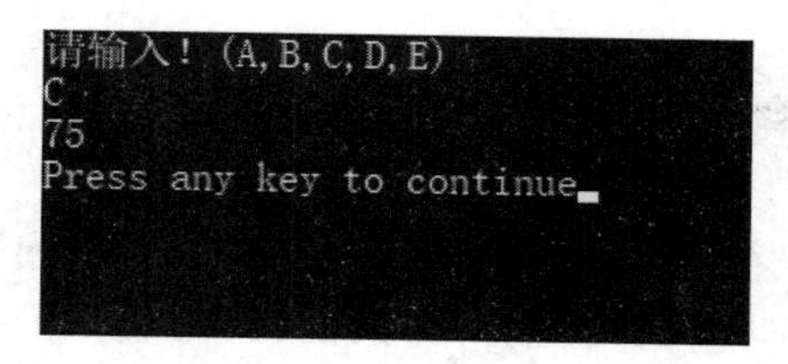

图 9-18　用枚举实现输入成绩等级输出分数

9.5　类型定义符 typedef

C 语言不仅提供了丰富的数据类型，而且还允许用户自己定义类型说明符，也就是说允许由用户为数据类型取“别名”，即用别名代替原有的数据类型名。类型定义符 typedef 即可用来完成此功能。例如，有整型变量 i、ii，其说明如下：

```
int i,ii;
```

其中，int 是整型变量的类型说明符。int 的完整写法为 integer。为了增加程序的可读性可把整型说明符用 typedef 定义为：

```
typedef int INTEGER
```

这以后就可用 INTEGER 代替 int 做整型变量的类型说明。例如：

```
INTEGER i,ii;
```

它等价于：

```
int i,ii;
```

用 typedef 定义数组、指针、结构等类型将带来很大的方便，不仅使程序书写简单而且使意义更为明确，因而增强了程序的可读性。例如：

```
typedef char NAME[20];
```

表示 NAME 是字符数组类型，数组长度为 20，然后可用 NAME 说明变量，例如：

```
NAME n,nn,nnn;
```

它等价于：

```
char n[20],nn[20],nnn[20];
```

又例如：

```
typedef struct student1
{
    char stuname[20];
    int stuage;
    char sex;
}STUDENT;
```

定义 STUDENT 表示 student1 的结构体类型，然后可用 STUDENT 说明结构变量，例如：

```
STUDENT  stud1 , stud2;
```

typedef 定义的一般形式为：

```
typedef  <原类型名> <新类型名>;
```

其中，原类型名中含有定义部分，新类型名一般用大写字母表示，以便于区别。有时也可用宏定义代替 typedef 的功能，但是宏定义是由预处理完成的，而 typedef 则是在编译时完成的，后者更为灵活方便。

定义类型说明符之后，原有的数据类型仍然可以正常使用，因为定义类型说明符只是为数据类型起了别名。这也是很容易理解的，就像一个人生下来就被取了一个大名，后来，就会被取一些小名，如果叫这个人，既可以使用大名，也可以使用小名，小名的存在并不影响大名的正常使用。所以，别名的存在，也并不影响原来数据类型的使用，而且使程序的通用性和移植性更好，所以，编程中提倡使用 typedef 为数据类型取别名。

【例 9.30】typedef 的例子。

【程序代码】

```
#include<stdio.h>
typedef int zzz;
typedef char qqq;
typedef float ppp;
int main()
{
    zzz intnum=996;
    qqq charnum='U';
    ppp floatnum=99.99f;
    printf("intnum=%d\n",intnum);
    printf("charnum=%c\n",charnum);
    printf("floatnum=%f\n",floatnum);
    return 0;
}
```

【运行结果】

例 9.30 的运行结果如图 9-19 所示。

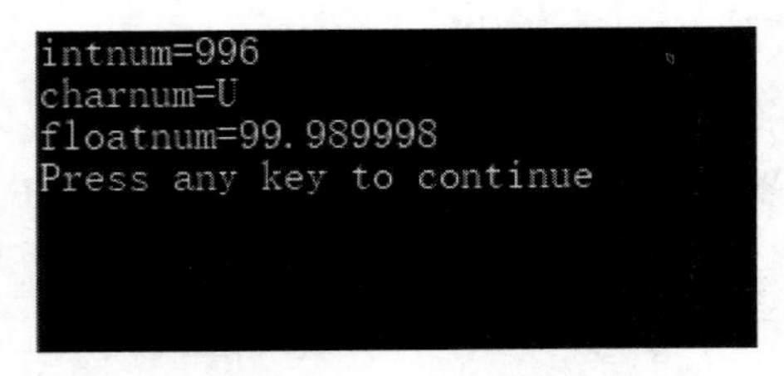

图 9-19　typedef 的例子运行结果

简单来讲，类型定义符 typedef 可以为已有数据类型名起别名，较实用的功能是，用类型定义符 typedef 为一个表示复杂的数据类型起一个简单的别名，使程序结构更加清晰，可读性更好，例如：

（1）double a[7]

可以写为：

```
typedef double D[7];
D d1,d2;
```

（2）double *a[7]

可以写为：

```
typedef double *DOU[7];              /* 为含有7个double型指针的数组取别名为DOU*/
DOU d3,d4;                           /* 使用别名DOU定义指针数组 */
```

（3）double (*a)[7]　　　　/* 指向7个double类型数据的数组指针 */

可以写为：

```
typedef double (*DOUB)[7];           /* 为指向7个double类型数据的数组指针取别名 */
DOUB d5,d6;                          /* 使用别名DOUB定义其变量 */
```

（4）为自定义的结构体类型取别名：

```
typedef struct
{
    int dateyear;
    int datemonth;
    int dateday;
}DATE;                      /* 为此结构体取别名为DATE
DATE happyday;              /* 使用上述结构体别名DATE定义其结构变量happyday*/
DATE sadday;                /* 使用上述结构体别名DATE定义其结构变量sadday*/
DATE *datep;                /* 使用上述结构体别名DATE定义其结构体指针变量datep*/
```

可以看出上述程序，用类型定义符typedef定义了一个别名DATE表示上述定义的结构体，然后用DATE说明了结构体变量（happyday、sadday）以及结构体指针变量（datep），而不用再像之前一样，为结构体取名字假设为date11，再使用struct date11 happyday; struct date11 sadday; 说明结构变量。

小　　结

（1）结构体、共用体和枚举类型都是可以让用户自己定义新的复杂的数据类型的方法。它们说明变量都有三种方法：第一种，先定义类型，再说明变量；第二种，定义类型的同时说明变量；第三种，直接说明变量。

（2）结构名和结构变量是两个不同的概念，不能混淆，结构名只能表示一个结构形式，系统并不对它分配内存空间。所以只定义结构体数据类型，不定义结构体变量，系统是不分配内存的，只有当某变量被说明为这种结构类型时，才对该变量分配内存空间。

（3）一般在程序中使用结构变量时，往往不能把它作为一个整体使用。不可将一个结构体变量作为一个整体进行输入/输出，只能通过引用其成员，分别进行输入/输出操作。

（4）如果结构体变量成员本身又属于另一个结构体类型，则需要用若干个成员运算符，逐级找到最低一级的成员。只能对最低级的结构体变量的成员进行赋值、存取和运算。

（5）如果有多组类型相同的结构体数据参与运算，那么一个结构体已经满足不了要求，那么此时便可以采用结构体数组。结构体数组与数值型数组相似，不同的是结构体数组中每个数组元素都是一个结构体类型的变量，而且都包括相同的成员项，即结构体数组是用来表示相同结构体的一个集合。

（6）结构体指针变量中的值是所指向的结构变量的地址。通过结构指针即可访问该结构变量，这与数组指针和函数指针的情况一样。

（7）在共用体中，各成员共享一段内存空间，那么便很容易理解，一个联合变量的长度等于各成员中最长的长度。这里所谓的共享不是指把多个成员同时装入一个联合变量内，而是指该联合变量可被赋予任一个成员值，但每次只能赋一种值，赋入新值则覆盖旧值，即在任何瞬时时刻中，联合变量中只可存储一个数据。

（8）链表可以根据需要开辟内存单元。链表的基本操作，对链表的主要操作有四种：①建立链表；②结构的查找与输出；③插入一个结点；④删除一个结点。

（9）C 语言提供了一种称为“枚举”的类型,在“枚举”类型的定义中列举出所有可能的取值，被说明为该“枚举”类型的变量取值不能超过定义的范围。应该说明的是，枚举类型是一种基本数据类型，而不是一种构造类型，因为它不能够再分解为任何基本类型。

（10）枚举值是常量，不是变量。不能在程序中用赋值语句对其赋值。枚举元素本身由系统定义了一个表示序号的数值，从 0 开始顺序定义为 0，1，2，…。除此之外，只能把枚举值赋予枚举变量，不能把元素的数值直接赋予枚举变量。但是如果一定要把数值赋予枚举变量，则必须用强制类型转换。

（11）C 语言不仅提供了丰富的数据类型，而且还允许由用户自己定义类型说明符，也就是说允许由用户为数据类型取“别名”。类型定义符 typedef 即可用来完成此功能。

（12）定义类型说明符之后，原有数据类型仍然可以正常使用。用 typedef 定义数组、指针、结构等类型将带来很大的方便，不仅使程序书写简单而且使意义更为明确，因而增强了程序的可读性。

习 题 九

1. 简述 C 语言程序设计中结构体的作用。

2. 结构变量的三种方法分别是什么？

3. 执行下列程序后，结构变量 sss1 的各个成员的值分别是什么？

```
struct student1
{
int stuage;               /* 学生年龄 */
char sex;                 /* 学生性别 */
char stuname[15];         /* 学生姓名 */
char stuclass[10];        /* 学生班级 */
}sss1;                    /* 定义 student1 类型结构体，并说明结构变量 sss1*/
sss1.stuage=18;           /* 将整数 18 赋值给结构体变量 sss1 的成员 stuage*/
sss1.sex='M';             /* 将字符 'M' 赋值给结构体变量 sss1 的成员 sex*/
sss1.stuname="zhangzhang";
                          /* 将字符串 "zhangzhang" 赋值给结构体变量 sss1 的成员 stuname*/
sss1.stuclass="3 class";/* 将字符串 "3 class" 赋值给结构体变量 sss1 的成员 stuclass*/
```

4. 执行下列程序后，结构变量 iii1 各成员的值分别为什么？

```
union iiint
{
   int a1;                /* 说明 a1 为整型变量 */
   int a2;                /* 说明 a2 为整型变量 */
   int a3;                /* 说明 a3 为整型变量 */
}iii1;                    /* 定义名为 iiint 的联合体类型，并说明联合变量 iii1*/
iii1.a1=999;              /* 将整数 999 赋值给联合变量 iii1 的成员 a1*/
iii1.a2=888;              /* 将整数 888 赋值给联合变量 iii1 的成员 a2*/
iii1.a3=666;              /* 将整数 666 赋值给联合变量 iii1 的成员 a3*/
```

5. 简述联合的特点。

6. 定义一个名为 idenfident 的联合数据类型，成员包括两个，一个为 stu_num(int)，另一个为 tea_name(char[10])，联合变量名为 iden11。

7. 有如下程序段：

```
struct qwerrt
{
    int mmm;               /* 说明 mmm 为整型变量 */
    char ccc;              /* 说明 ccc 为 char 类型变量 */
    float fff;             /* 说明 fff 为 float 类型变量 */
}qqq;    /* 定义一个名为 qwerrt 的结构体类型（包含三个成员），并说明结构体变量 qqq*/
```

问：结构体变量 qqq 在内存中占多少字节？

8. 有如下程序段：

```
union qwerrt
{
    int mmm;               /* 说明 mmm 为整型变量 */
    char ccc;              /* 说明 ccc 为 char 类型变量 */
    float fff;             /* 说明 fff 为 float 类型变量 */
}qqq;     /* 定义一个名为 qwerrt 的联合体类型（包含三个成员），并说明联合变量 qqq*/
```

问：联合变量 qqq 在内存中占多少字节？

9. 下面程序的运行结果为________。

```
#include<stdio.h>
union uuu1
{
    int mmm;               /* 说明 mmm 为整型变量 */
    char ccc;              /* 说明 ccc 为 char 类型变量 */
    float fff;             /* 说明 fff 为 float 类型变量 */
};
void main()
{
    union uuu1 uuu0;     /* 说明 uuu1 类型联合变量 uuu0*/
    uuu0.mmm1=999;       /* 将整数 999 赋值给联合变量 uuu0 的成员 mmm1*/
    uuu0.nnn1=998;       /* 将整数 998 赋值给联合变量 uuu0 的成员 nnn1*/
    uuu0.cc1='A';        /* 将字符 'A' 赋值给联合变量 uuu0 的成员 cc1*/
    printf("%d\n",uuu0.mmm1);          /* 输出联合变量 uuu0 的成员 mmm1*/
}
```

因为只有最后一句赋值语句 uuu0.cc1='A'; 是有效的，所以，联合中最后存储的是 'A'，但最后输出语句 printf() 用 "%d" 格式符输出，根据 ASCII 码（美国信息交换标准代码）'A' 对应的为 65，所以输出之后结果为 65。

10. 编写一个 insert_sq 函数，实现链表插入功能。

11. 枚举是否为基本数据类型？

12. 编写一个名为 color_c 的枚举类型，枚举元素包括八个：red,pink,black,white,orange,blue, green,yellow。

13. 简述枚举数据类型的特点。

14. 简述 typedef（自定义类型）与 define 宏定义的不同之处。

15. 用 typedef 为 int 数据类型取一个别名为 INTEGERINT，并用 INTEGERINT 说明一个变量，变量名为 hhh，值为 9989。

16. 学生信息存在结构体 student1{int stunum; char *stuname; char sex; float grade;} 中，编写程序实现可以输出学生的学号、姓名、性别、成绩。

第 10 章

位 运 算

C 语言诞生之初是为了编写 UNIX 操作系统软件，操作系统是用来管理和控制计算机系统的软件和硬件资源的系统软件，而系统软件中经常需要以二进制位为单位进行数据处理，比如将某一个（或若干）二进制位置位或复位等，所以 C 语言提供了丰富的位运算实现对计算机硬件底层的操作，运算速度快，节约内存，能实现汇编语言完成的若干功能，从而使得高级语言也能实现低级语言的功能。C 语言同其他高级语言相比，能直接对机器硬件进行操作，这也正是 C 语言从诞生至今一直长盛不衰的原因。

位运算是指对一个数的各个二进制位进行运算，故所有位运算的对象必须首先转换成二进制才能运算，其运算结果也是二进制，如果需要以其他进制形式呈现运算结果，还需要再次进行相应的进制转换。此外，进行位运算时还要注意以下几点：

（1）参与位运算的对象在类型上只能是整型（包括 int、unsigned、long）和字符型数据，不能为实型数据，在形式上可以是常量、变量或表达式。

（2）位运算时，运算对象若是整数，要以补码形式参与运算；若是字符，要以 ASCII 码形式参与运算。

（3）位运算是对整个数按二进制进行运算，不能只针对数据的某一位进行操作。

10.1 位运算的预备知识

实际进行位运算前，需要理解并掌握以下内容：

1. 内存中数据的存储单位是字节

由于数据在内存中是以字节为单位存储的，所以进行位运算时，要将参与位运算的数据凑成以字节为单位的数，比如凑够 1 字节或 2 字节或 4 字节（TC 环境下一个整数占 2 字节，VC 环境下一个整数占 4 字节）。

2. 求整数的补码

因为整数要以补码形式参与运算，需要会求整数的补码。

整数在计算机中以二进制形式存储，具体有三种不同的编码方式，即原码、反码和补码，整数在内存中是以补码形式存放的。

（1）对正数：原码、反码和补码相同。

（2）对负数：求补码先要求反码，而求反码先要求原码。

下面简要说明原码、反码和补码的求法。

原码：将最高位作为符号位（0 代表正，1 代表负），其他二进制位代表数值本身的绝对值。

反码：将原码的符号位保持不变、其余位按位取反，即 0 变 1，1 变 0。

补码：反码加 1 即补码。

3. 通过补码求原码

整数进行位运算后，结果是补码形式，需转换回原码，那么如何将补码转换回原码呢？

根据补码的符号位分两种情况：

① 若补码的符号位为“0”，说明这是一个正数，故补码就是原码，不用再做转换。

② 若补码的符号位为“1”，说明这是一个负数，需保持补码符号位不变，其余位按位取反再加 1 即可得到该数的原码。

4. 对位数不同的数进行位运算

整数和字符型数据都可以进行位运算，这两种不同类型的数据如果进行位运算，系统将自动进行数据位数的转换，转换过程如下：

① 将两个不同类型数的最低位对齐。

② 将位数少的那个数向高位扩充，对无符号数和正数，高位用 0 补充；对负数高位用 1 补充。

至此，两个数的位数相同，即可进行按位运算。

10.2　位运算符及其运算规则

C 语言主要提供了六种位运算符，各运算符的含义见表 10-1。

在六种位运算中，除按位取反 ~ 是单目运算（仅需一个操作对象）外，其余运算符都是二元（目）运算符，即需要两个操作对象。

六种位运算的优先级如图 10-1 所示。

表 10-1　位运算符及运算含义

位运算符	运算含义
&	按位与
|	按位或
^	按位异或
~	按位取反
<<	按位左移
>>	按位右移

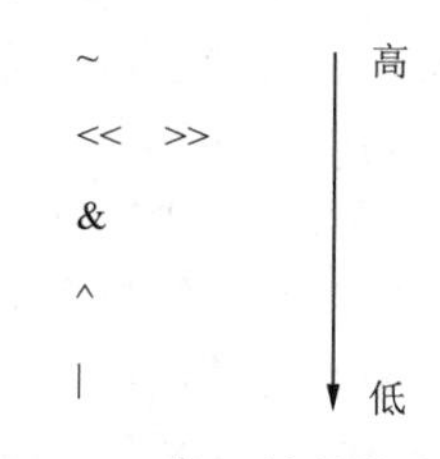

图 10-1　位运算的优先级

六种位运算的结合性是：只有按位取反 ~ 是右结合性，即自右向左运算，其余都是自左向右运算。

10.2.1　~ ——按位取反运算

1. 运算规则

按位取反运算是单目运算符，只需要一个操作数即可。假设有一个操作对象 a，则按位取反运算的运算规则见表 10-2。

【例 10.1】求 ~12。

首先求 12 的补码，然后用补码进行按位取反运算。（假设一个整数用 2 字节表示）

$[12]_{补码}=[12]_{原码}=0000\ 0000\ 0000\ 1100$

~ 0000 0000 0000 1100

1111 1111 1111 0011

表 10-2　按位取反运算的运算规则

a	~a
0	1
1	0

故～ 12 的补码为二进制的 1111 1111 1111 0011，其原码是 1000 0000 0000 1101，转换成十进制就是 -13。

2. 按位取反运算的用途

计算机硬件不同可能导致存储整数所占的字节数不同，比如想生成一个所有位都为 1 的整数，如果用 a=0x1111，则只适用于整数占 2 字节的机器，若占 4 字节，此语句就失效了，此时只要用取反操作即可解决，即 a=~0 表示 a 的所有位都是 1。所以取反运算可用来生成与系统实现无关的常数，以提高程序的通用性。

10.2.2 &——按位与运算

1. 运算规则

假设有两个操作对象 a 和 b，二者进行按位与运算的运算规则见表 10-3。

【例 10.2】求 35&108。

首先求 35 和 108 的补码，然后用补码进行按位与运算。（假设一个整数用 2 字节表示）

表 10-3 按位与运算的运算规则

a	b	a & b
0	0	0
0	1	0
1	0	0
1	1	1

$[35]_{补码}=[35]_{原码}$=0000 0000 0010 0011

$[108]_{补码}=[108]_{原码}$=0000 0000 0110 1100

0000 0000 0010 0011

& 0000 0000 0110 1100

0000 0000 0010 0000

故 35&108 结果补码为二进制的 0000 0000 0010 0010，其原码也是这个数，转换成十进制就是 32。

实际上，如果单纯为了计算出结果，在高 8 位确定为 0 的情况下，直接写低 8 位即可。如上题中，直接用 0010 0011 和 0110 1100 进行按位与运算即可。

2. 按位与运算的用途

通过上例不难发现，按位与运算中，只要与 0 相与，结果肯定为 0，而同 1 相与时，结果保持原值不变，即原来是 0 结果仍为 0，原来是 1 结果仍为 1。利用按位与运算的这个特点，对底层硬件操作时，当需要对某位清零（又称“屏蔽”）或保持某位值不变时，就可用到按位与运算。

例如：若 a=5872，如何将 a 的高 8 位清零而低 8 位保持不变？

既要某些位清零又保持某些位不变，自然想到按位与运算，关键是用什么数与 a 相与。根据按位与运算的特点，该数的高 8 位应全部为 0，而低 8 位全部为 1，所以该数应该是二进制的 0000 0000 1111 1111，转换成十进制就是 255，即 a&255 可实现题目要求。

10.2.3 |——按位或运算

1. 运算规则

假设有两个操作对象 a 和 b，二者进行按位或运算的运算规则见表 10-4。

【例 10.3】求 -23|79。

首先求 -23 和 79 的补码，然后用补码进行按位或运算。（假设一个整数用 2 字节表示）

表 10-4 按位或运算的运算规则

a	b	a | b
0	0	0
0	1	1
1	0	1
1	1	1

$[-23]_{原码}$=1000 0000 0001 0111

$[-23]_{反码}$=1111 1111 1110 1000

$[-23]_{补码}$=1111 1111 1110 1001

$[79]_{补码}=[79]_{原码}$=0000 0000 0100 1111

```
  1111 1111 1110 1001
| 0000 0000 0100 1111
---------------------
  1111 1111 1110 1111
```

故 -23|79 的补码为二进制的 1111 1111 1110 1111，转换成十进制就是 -17。

2. 按位或运算的用途

从例 10.3 中可以看出，按位或运算中，只要同 1 相或，结果肯定为 1，而与 0 相或时，则能保持原值不变。所以如果想将某些位置 1（又称“置位”），就可以同 1 相或，而不需要改变的位则可与 0 相或，如例 10.4 所示。

【例 10.4】若 a=5872，如何将 a 的第 3 位和第 9 位置 1 而其他位保持不变？

（注：二进制数的最低位编号为 0，即从右向左，编号依次为 0，1，2…。）

题目要求置 1，就要想到或运算。关键是用什么数与 a 相或。根据按位或运算的特点，这个数的第 3 位和第 9 位应是 1，而其他位均为 0 即可，所以该数应该是 0000 0010 0000 1000，它是十进制 520 的补码，即 a|520 可实现题目要求。

10.2.4 ^——按位异或运算

1. 运算规则

假设有两个操作对象 a 和 b，二者进行按位异或运算的运算规则见表 10-5。

【例 10.5】求 072^0x5a。

首先将八进制 072 和十六进制 0x5a 转成二进制，然后再按位异或运算。（假设一个整数用 2 字节表示）

072 的二进制形式是：0000 0000 0111 0010

0x5a 的二进制形式是：0000 0000 0101 1010

```
  0000 0000 0111 0010
^ 0000 0000 0101 1010
---------------------
  0000 0000 0010 1000
```

表 10-5 按位异或运算的运算规则

a	b	a ^ b
0	0	0
0	1	1
1	0	1
1	1	0

故 072^0x5a 的结果是二进制的 0000 0000 0010 1000，转换成十进制就是 40。

2. 按位异或运算的用途

从例 10.5 可以看出，同 1 异或时，原值会变反，同 0 异或时，原值保持不变。利用这个特点，按位异或运算可将个别位取反或保持原值不变，如例 10.6 所示。

【例 10.6】若 a=5872，如何将 a 的低 8 位反转？

题目要将低 8 位按位取反，其余位保持不变，可用异或运算。与 a 异或的数应该设置成低 8 位为 1，高 8 位为 0，即 0000 0000 1111 1111，转成十进制就是 255，即 a^255 后可实现题目要求。

此外，异或运算还可实现不借助中间变量即可将两变量进行值交换。例如：

```
int x=1,y=2;
x=x^y;
y=x^y;
x=x^y;
```

第一次异或运算后，x 值为 3，y 值为 2。

第二次异或运算后，x 值为 3，y 值为 1。

第三次异或运算后，x 值为 2，y 值为 1，达到 x 和 y 值交换的目的。

10.2.5 << ——按位左移运算

1. 运算规则

左移运算的一般形式是：

```
a<<n                        /*a 代表参与位运算的数据，n 代表移动的位数 */
```

表示将 a 的各个二进制位全部向左移动 n 位，移出的高位部分全部丢弃，移后空出的低位部分补 0。

【例 10.7】求 10<<3。

首先求 10 的补码，然后再按位进行左移运算。（假设一个整数用 2 字节表示）

$[10]_{补码}=[10]_{原码}$=0000 0000 0000 1010

0000 0000 0000 1010<<3=0000 0000 0101 0000=80

故 10<<3=80。

2. 按位左移运算的用途

左移运算时，若舍弃的高位中不含 1 时，每左移 1 位相当于原数乘以 2，左移 n 位相当于原数乘以 2^n，利用这个特点，可以通过左移运算实现快速乘 2 的运算，而且效率比乘法形式高。比如 10<<3 结果为 80，80 相当于 10 乘以 2^3，就是因为左移时舍弃的高位部分全为 0。

10.2.6 >> ——按位右移运算

1. 运算规则

右移运算的一般形式是：

```
a>>n                        /*a 代表参与位运算的数据，n 代表移动的位数 */
```

表示将 a 的各个二进制位全部向右移动 n 位，移出的低位部分全部丢弃，空出的高位补什么取决于数据是无符号数还是有符号数，对无符号数，补 0；对有符号数，一般补符号位。

【例 10.8】求 86>>4。

首先求 86 的补码，然后再按位进行右移运算。（假设一个整数用 2 字节表示）

$[86]_{补码}=[86]_{原码}$=0000 0000 0101 0110

0000 0000 0101 0110>>4=0000 0000 0000 0101=5

故 86>>4=5。

2. 按位右移运算的用途

右移运算时，若舍弃的低位中不含 1，每右移 1 位相当于原数除以 2，右移 n 位相当于原数除以 2^n，利用这个特点，可以通过右移运算实现快速除以 2 的操作。比如 200>>3=0000 0000 1100 1000>>3=0000 0000 0001 10001=25。而 86>>4=5，由于低位移出的数据中含 1，所以结果 5 并不是 86 除以 2^4。

此外，需要注意，所有二元运算均可以同赋值运算符结合，构成复合赋值运算符，位运算也不例外，位运算符中除取反运算符外，其余运算符均可与赋值运算符构成复合的赋值运算，如：&=、|=、^=、<<=、>>=。

【例 10.9】将任意一个整数以二进制形式输出。

【程序代码】

```
#include<stdio.h>
int main()
{
    int num,bin;
    unsigned mask=1u<<31;          /* 将无符号常数 1 左移 31 位 */
```

```
    scanf("%d",&num);
    for(;mask;mask>>=1)
    {
        bin=num&mask?1:0;
        printf("%d",bin);
    }
    printf("\n");
    return 0;
}
```

【运行结果】

例 10.9 的运行结果如图 10-2 所示。

图 10-2　例 10.9 运行结果

【程序分析】

本例以一个整数占 4 字节为例，所以首先将最低位的 1 左移 31 位移到最高位。

在 mask 将 1 从最高位循环移到最低位的过程中，将要判断的整数同 mask 做与运算，若返回非 0，说明 num 对应二进位为 1；若返回 0，说明 num 对应二进位为 0。

小　结

（1）位运算是指进行二进制位的运算。

（2）位运算主要有六种：

①按位与 &　　②按位或 |　　③按位异或 ^

④按位取反 ~　　⑤按位左移 <<　　⑥按位右移 >>

（3）位运算符中除了 ~ 以外，均为双目运算符。

（4）位运算时运算量只能是整型或字符型数据，不能为实型数据。

（5）左移运算中，当舍弃的高位中不含 1 时，左移 1 位相当于该数乘以 2，左移 n 位等价于原始数据 $\times 2^n$。

（6）右移运算中，当舍弃的低位中不含 1 时，右移 1 位相当于原始数据除以 2。

习　题　十

一、单选题

1. 若变量已正确定义，值不为 2 的是（　　）。

A. 2&3　　B. 1<<1　　C. a==2　　D. 1^3

2. 若有以下程序段：

```
int a=3,b=4;
a=a^b;b=b^a;a=a^b;
```

执行以上语句后，a 和 b 的值分别是（　　）。

A. a=3,b=4　　B. a=4,b=3　　C. a=4,b=4　　D. a=3,b=3

3. 在位运算中，操作数每左移一位，若移出的数据没有 1，其结果相当于（　　）。

A. 操作数乘以 2　　B. 操作数除以 2

C. 操作数乘以 16　　D. 操作数除以 16

二、填空题

1. 假设有定义 unsigned a,b;a=0x9a; 则 b= ～ a 后，b 的十进制值为________。

2. 假设有定义 unsigned a,b;a=0x1c; 则 b=a>>2 后，b 的十六进制值为________。

3. 若有定义 int a=1,b=2,c=3; 则表达式 (a&b)||(a|b) 的值是________。

三、简答题

1. 位运算中的位指的是什么？

2. 简述各位运算符的用途。

第 11 章

文　件

11.1 概　述

在前面各章中，程序执行过程中输入、输出操作分别由键盘（标准的输入设备）和显示器（标准的输出设备）完成，此时输入/输出的特点是：

（1）输入的数据量不大；

（2）输出结果只需给用户临时看一下，无须保存。

但在实际应用中，可能需要大量的数据输入并保存运行结果以供后期使用。比如需要输入上千名学生的学号、姓名等信息，如果每次操作都需要重新输入，显然费时费力，这时就可以把所有学生的信息事先存放在文件中，需要时直接调用文件即可，节省输入时间；如果需要修改学生信息，只需修改并保存文件，以后再调取文件时就是最后一次修改的信息。再比如，银行的储户信息，也要事先存储在数据库文件中，并根据用户的存取款操作随时更新储户的余额等信息，方便用户随时查询。可见，当数据量很大，而且被反复使用时，采用文件存储数据就显得尤为重要。

简而言之，文件的作用主要有两点：

（1）当有大量数据需要输入/输出时，采用文件可以大大提高效率。

（2）利用文件，可长期保存并重复利用数据。

11.1.1 文件的定义

所谓文件就是指存储在外部介质上的一组相关数据的集合。前面我们编程时得到的扩展名为 c 的源程序代码、编译、连接后形成的 .obj 的目标文件和 .exe 的可执行文件、Word 文档、PPT 幻灯片等都是文件。为了区分不同的文件，每个文件都要有自己的名字，由操作系统按照“按名存取”的原则管理计算机中的所有文件，即通过文件名找到文件并从文件中读取信息或向文件中写入信息。

利用文件专门存储数据，既可以重复使用数据、节省输入/输出时间，又可以实现数据与程序的分离，方便不同应用访问同一批数据，进而减少数据冗余。

本章主要研究存储程序运行需要的原始数据和运行结果的数据文件。

11.1.2 文件的分类

文件可从以下几个角度进行分类。

1. 按文件编码的方式分类

从文件编码的方式看，文件可分为文本文件和二进制文件。

C 语言把文件看作字符（字节）的序列，即由一个一个字符（字节）的数据顺序组成。数据在磁盘上存储时采用不同的存储格式，按照数据在磁盘上的存储格式（文件编码方式），将文件分成了文本文件和二进制文件。

1）文本文件

在文本文件（又称 ASCII 文件或正文文件）中，文件中的每一个字符均采用 ASCII 码形式存储，把所有字符的 ASCII 码写出即形成 ASCII 文件。一个 ASCII 码占用一个字节，故 *n* 个字符占用 *n* 个字节。通过读取 ASCII 码，即可知道对应字符。文本文件可用编辑软件直接查看，比如用记事本程序。

2）二进制文件

数据在内存中的存储格式如果不做任何转换直接存到外部存储介质上的文件中，这样的文件就是二进制文件。也就是说，数据在二进制文件中的存储形式同内存中存储形式保持一致。二进制文件不能用编辑软件直接查看。

文本文件和二进制文件实例对比：

比如存储整数 65535，采用文本文件存储时，需要存储每个数字的 ASCII 码，共 5 个数字，则需 5 字节存储，文本文件存储形式如图 11-1 所示。而采用二进制文件存储 65535 时，假设占用 2 字节存储，则其在内存中的存储形式如图 11-2 所示，故二进制文件中也是这样存储。

0000011000000101000001010000001100000101

图 11-1 整数 65535 的文本文件存储形式

1111111111111111

图 11-2 整数 65535 的二进制文件存储形式

2. 从用户的角度分类

从用户的角度，文件可分为普通文件和特殊文件。

1）普通文件（又称磁盘文件）

普通文件就是存储在磁盘等外部存储介质上的数据集，包括程序文件和数据文件。顾名思义，程序文件存储的是程序，而数据文件存储的是数据。前面提及的源程序文件、目标文件、可执行程序均属于程序文件；而 Word 文档、PPT 幻灯片则属于数据文件。因为这些文件通常存储在外部的磁盘存储介质中，如硬盘、U 盘，所以普通文件又称磁盘文件。

2）特殊文件（又称设备文件）

在 C 语言中，文件的范畴更大，将与计算机连接的各种输入 / 输出设备也看成是文件，这样便于操作系统对计算机进行管理。操作系统负责管理计算机的软件和硬件资源，如果能将硬件看成是文件，即可将硬件和软件统一起来。故在 C 语言中，将实际的物理设备抽象成逻辑文件，把键盘看成是标准的输入文件，记作 stdin；把显示器看成是标准的输出文件，记作 stdout，常用的打印机也作为输出文件，记作 PRN。

3. 从数据的读写方式分类

从数据的读写方式看，文件可分为顺序读写文件和随机存取文件。

（1）从文件头开始，顺序读写各个数据。在文件内部有一个读写位置指针，用来指向文件的当前读写位置，当文件打开时，该指针总是指向文件的开始位置，每对文件进行一次读写操作，读写位置指针就自动向后移动。这种通过顺序读写形成的文件就是顺序读写文件。

（2）顺序读写时总是要从文件起始位置开始，若想读写文件中任一指定位置，可将文件读写位置指针移动到指定的读写位置，然后进行读写，这就是随机读写，又称随机存取。

11.1.3 缓冲文件系统

针对文本文件和二进制文件，不同的操作系统有不同的处理方式，如 UNIX 操作系统采用缓冲文件系统处理文本文件，用非缓冲文件系统处理二进制文件。而标准 ANSI C 于 1983 年提出采用缓冲文件系统既处理文本文件又处理二进制文件。

众所周知，由于内存速度远大于外存速度，所以 CPU 直接与内存进行数据交换，那么在对磁盘文件等大量数据进行操作时如果能在内存中开辟出一段内存空间临时存放文件中待输入或输出的数据，就节省了每次读写操作时磁头移动寻找数据所在磁道扇区的时间，从而提高读写效率。

所谓缓冲文件系统就是由系统自动在内存中分配一块内存缓冲区，临时存放从文件中读取的数据或准备输出到文件中的数据，以提高文件数据的传输效率，把具有这种缓冲机制的文件系统称为缓冲文件系统。采用缓冲文件系统后，可以从磁盘文件中一次性调入一批数据，也可以将缓冲区写满后再一次性输出到磁盘文件进行保存，这样可以避免每执行一次输入 / 输出函数就去访问一次磁盘，从而节省时间、提高效率。

而在非缓冲文件系统中，系统不会自动开辟文件缓冲区，而是由应用程序自行设置。在 1983 年标准 ANSI C 中已经取消了非缓冲文件系统，故此后无论是对文本文件还是对二进制文件均采用缓冲文件系统处理。

11.1.4 文件类型指针和文件读 / 写位置指针

1. 文件类型指针

处理文件时要为数据开辟文件缓冲区，此外，还要另外开辟内存空间临时存储该文件的其他相关信息，如数据缓冲区“满”或“空”的程度、缓冲区的首地址和缓冲区大小、文件当前的读写位置、文件操作方式等。为方便记录文件相关信息，缓冲文件系统为每个文件开辟出专门区域作为“文件信息区”，因为描述的是同一个文件的相关信息，但由于每个成员的类型可能不完全一致，所以通过定义结构体类型的变量来实现文件相关信息的存储。这个结构体类型已经事先在标准头文件“stdio.h”中定义好了，即名为 FILE 的结构体类型，其中的每个成员及其代表含义如下：

```
struct_iobuf
{
    char  *_ptr;                /* 文件输入的下一个位置 */
    int   _cnt;                 /* 当前缓冲区的相对位置 */
    char  *_base;               /* 文件的起始位置 */
    int   _flag;                /* 文件标志 */
    int   _file;                /* 文件的有效性验证 */
    int   _charbuf;             /* 检查缓冲区状况，如果无缓冲区则不读取 */
    int   _bufsiz;              /* 文件大小 */
    char  *_tmpfname;           /* 临时文件名 */
};
typedef  struct_iobuf  FILE;
```

在对文件具体操作前，首先要定义一个 FILE 类型的指针，即文件型指针，下文中所有对文件的操作都是通过文件指针完成的。

文件型指针不同于前面章节中定义的普通指针变量，普通指针变量指向的是内存中某一内存单元，而文件型指针指向的是描述文件相关信息的结构体。

声明文件型指针的一般格式为：

```
FILE * 文件指针名；
```

程序中涉及的每个文件都需要定义一个文件指针，即程序中涉及几个文件就定义几个文件指针，每个文件指针指向对应的文件，通过文件指针可以实现对其指向文件的操作。本书后续要对文件进行各种操作，操作时用到很多库函数，调用到对文件进行操作的库函数时，只要直接使用文件指针即可代表对其指向的文件进行操作。例如：

```
FILE  *fp;
```

就是定义了一个名为 fp 的文件指针（指针名是用户自己定义的，起名时同样要遵循标识符命名规则)。但此时 fp 还没有指向任何文件，要想与其他文件建立联系，需要用下文中的打开文件函数实现，即用文件打开函数实现文件指针与其要指向的文件的关联。

使用文件指针时，注意不能使用 fp++、++fp 或 *fp 的形式，因为 fp 是指向 FILE 结构体类型数据的指针，假设当前 FILE 结构体后面还有一个 FILE 结构体，则 fp++ 或 ++fp 表示 fp 指向下一个 FILE 结构体；*fp 则没有实际意义。

文件指针在使用时，需要注意：

(1) 文件指针指向的结构体类型是在标准头文件 "stdio.h" 中定义好的，用户不用自己定义该结构体类型，如果用户只是想用文件指针实现对文件的操作，也不用特别关心每个成员的含义，只要会定义文件类型的指针即可，并且注意有几个文件就定义几个文件指针。

(2) 在涉及文件操作时，由于 FILE 和后续要介绍的所有文件操作函数都是事先定义在 "stdio.h" 中的，故程序前必须加 #include "stdio.h" 或 #include <stdio.h>。

2. 文件读 / 写位置指针

对每个文件操作时，都需要知道当前已经读写到哪里或者说要从哪里开始读写，即读写位置。因而每当打开具体某个文件时，都有一个读写位置指针指向当前读写位置，具体指向哪里取决于文件打开方式。

文件中的内容是以字节为单位进行存储的，因而读写指针就以字节为单位从当前所指位置进行移动，如果就是正常的顺序读写，则文件读写指针就从当前位置向后移动相应的字节数。理论上，向文件写数据时，只要磁盘存储空间允许，文件可无限大，但实际使用时不可能让这种情况发生，否则会造成不必要的空间浪费，所以有必要在文件结束处设置一个文件结束标志。假定文件长度为 n，每个文件起始字节的地址用 0 表示，则最后一个字节的地址编码为 $n-1$，文本文件中最后的位置存放一个文件结束符，其地址为 n（同时也表示该文件的长度）。当文件读写指针指向文件尾即指向文件结束符时，就可以结束读写操作了。

注意： 文件结束符也是在头文件 "stdio.h" 中定义好的，用符号常量 EOF 表示文件结束标志，代表常值 -1。

3. 文件类型指针和文件读 / 写位置指针的比较

文件类型指针和文件读 / 写位置指针是两种截然不同的指针，具体区别如下：

1) 是否需要用户定义

(1) 文件类型指针是用户自己定义的指向 FILE 型结构体的指针变量。

(2) 文件读 / 写位置指针不需要用户定义，它是在打开文件时由系统自动设置的。

2) 指向对象不同

(1) 当打开文件时，就将文件类型指针与具体的文件建立了关联，可以简单地理解为文件型指针指向了该文件。

(2) 文件读 / 写位置指针则指向文件中的某个字符或字节。

3) 能否移动

(1) 用文件打开函数让文件型指针与某文件建立关联后，就可用该文件型指针代表它指向的文件参与文件操作，在没关闭文件前，这个文件型指针只能指向该文件，即指针值不变，直到关闭该文件，这个文件型指针才可以再指向其他文件。故在对文件操作期间，文件型指针不变，即不能移动。

(2) 通常在用读或写方式打开文件时，文件读 / 写位置指针会在打开文件后自动指向文件中的第一个字符或字节，每进行一次读写操作就自动下移，移到下一个读取位置，为下一次读写操作做准备。

如果是以追加方式打开一个已经存在的文件，则文件读 / 写位置指针自动指向文件尾部，在尾部追加新数据。

不过，用户可以通过后面介绍的文件定位函数对文件读 / 写位置指针重新定位，指向文件的任一位置。

从以上描述可以看出，在文件读写过程中，文件读 / 写位置指针可随时移动。

11.2　文件的打开与关闭

就像看书前要先打开书、看完书要合上书一样，对文件操作前也要先打开文件、对文件操作后要关闭文件，即文件操作过程如下：打开文件→操作文件→关闭文件。

对文件的所有操作都是通过库函数实现的，表 11-1 列出了与文件相关的函数，这些函数都是定义在库文件 stdio.h 中，使用时可直接调用。

表 11-1　与文件相关的函数

函数名称	函数功能
fopen()	打开文件
fgetc() 或 getc()	从文件中读取一个字符
fputc() 或 putc()	向文件中写入一个字符
fgets()	从文件中读取一个字符串
fputs()	向文件中写入一个字符串
fscanf()	按指定格式从文件中读取数据送入内存
fprintf()	按指定格式将内存数据写入文件
fread()	从二进制文件中读取已知块数和每块大小的数据送入内存一连续空间
fwrite()	将内存一连续空间分成几块，并已知每块大小的数据写入二进制文件
getw()	从文件读取一个字（即整数）
putw()	向文件写入一个字（即整数）
rewind()	将文件读写位置指针返回文件开始
fseek()	任意调整文件读写位置指针
ftell()	求读写位置指针相对文件开始处的位移量（单位是字节）
feof()	测试文件是否结束
ferror()	检查文件在使用输入 / 输出函数进行读写时，是否有错误发生
clearerr()	清除错误标志
fclose()	关闭文件

下面逐一介绍这些函数的具体功能、使用方法和注意事项。

11.2.1　文件打开函数

前面说过，对文件操作时要先定义文件指针，但仅定义文件指针，并不意味着该指针与具体文件有所关联，需要借助文件打开函数使文件指针和要操作的文件建立起联系，然后通过文件指针代表要操作的文件参与具体操作。无论对文件做什么操作，都要先调用文件打开函数。

调用文件打开函数的一般格式（即函数原型）如下：

```
FILE *  fopen(char *pname, char *mode)
```

函数的功能是：以指定方式打开要操作的文件（指定方式包括只读方式、只写方式或读写方式）。

练习 1：以只读方式打开 D 盘根目录下的 f1.txt 文件。

主要代码如下：

```
FILE  *fp;
fp=fopen("d:\\f1.txt","r");
```

执行完以上语句后，系统会在内存中为文件 f1.txt 分配一块 FILE 类型的结构体区，准备存放该文件相关的信息，同时文件指针 fp 得到该结构体区的首地址，通常形象地说 fp 指向了 f1.txt，接下来借助 fp 对文件 f1.txt 进行操作。与此同时，系统还为 f1.txt 分配一块文件缓冲区，方便 CPU 与文件进行数据传输。

注：

（1）两个反斜杠 \\ 是转义字符，代表一个反斜杠 \，作为路径分隔符。

（2）"r" 代表以只读方式（不能写入数据）打开文件。文件打开方式有很多，详见表 11-2。

表 11-2　文件打开方式说明

<table>
<tr><th>文件打开方式</th><th>含　义</th><th>注　意</th></tr>
<tr><td>r</td><td>以只读方式打开一个已经存在的文本文件</td><td rowspan="2">（1）只允许从文件中读数据；
（2）文件必须事先存在，若不存在，则会出错</td></tr>
<tr><td>rb</td><td>以只读方式打开一个已经存在的二进制文件</td></tr>
<tr><td>w</td><td>以只写方式打开或建立一个文本文件</td><td rowspan="2">（1）只允许向文件写数据；
（2）若文件已存在，会覆盖原文件；
（3）若文件不存在，则先建立文件，然后再写入数据</td></tr>
<tr><td>wb</td><td>以只写方式打开或建立一个二进制文件</td></tr>
<tr><td>a</td><td>以追加方式打开一个文本文件，并将数据写在文件末尾</td><td rowspan="2">（1）若文件已存在，将在原文件末尾追加新数据；
（2）若文件不存在，则先建立新文件，再往文件中写入数据</td></tr>
<tr><td>ab</td><td>以追加方式打开一个二进制文件，并将数据写在文件末尾</td></tr>
<tr><td>r+</td><td>以读写方式打开一个已经存在的文本文件</td><td rowspan="2">（1）既可以读又可以写；
（2）文件必须事先存在，若不存在，则会出错；
（3）若是写数据，则从文件开头逐个覆盖当前数据</td></tr>
<tr><td>rb+</td><td>以读写方式打开一个已经存在的二进制文件</td></tr>
<tr><td>w+</td><td>以读写方式打开或建立一个文本文件</td><td rowspan="2">（1）若文件已存在，写时会覆盖原文件；
（2）若文件不存在，则先建立新文件</td></tr>
<tr><td>wb+</td><td>以读写方式打开或建立一个二进制文件</td></tr>
<tr><td>a+</td><td>以读写方式打开或建立一个文本文件</td><td rowspan="2">（1）若文件已存在，写时，向文件尾部追加数据；
（2）若文件不存在，则先建立新文件</td></tr>
<tr><td>ab+</td><td>以读写方式打开或建立一个二进制文件</td></tr>
</table>

从表 11-2 中可以看出，作为文件读写方式，无论是对文本文件还是对二进制文件，其中的一些基本符号具有通用含义，见表 11-3。

表 11-3　文件打开方式中基本符号通用含义

文件打开方式中的基本符号	含　义
r	read，只能读
w	write，只能写
a	append，在文件末尾追加数据
b	binary，对二进制文件操作，不写 b 时，默认对文本文件操作
+	既能读又能写

如果要操作的文件与运行程序在同一路径（称为当前目录）下，则可以不写路径，如练习 2 所示。

练习 2：打开当前目录下的 f2.txt 文件，并准备向其中写入数据。

主要代码如下：

```
FILE  *fp;
fp=fopen("f2.txt","w");
```

练习 2 就是使用 fopen() 函数经常出现的形式，即该函数常见的调用形式如下：

```
fopen("文件名","打开文件方式")
```

需要注意，fopen() 函数原型中的形参 pname 和 mode 是字符指针变量，所以在调用 fopen() 函数的过程中，需要传两个地址过去。通过指针的学习可知，函数调用时，字符串常量作函数参数传递的是该字符串的首地址，故在练习 1 和练习 2 中正是将代表文件名和文件读写方式的两个串常量的首地址传给了形参 pname 和 mode。既然是传地址，在实际调用 fopen() 函数时也可不写串常量，比如练习 2 可以写成以下两种形式：

```
FILE  *fp;
char fname[20]="f2.txt";
fp=fopen(fname,"w");
```

或

```
FILE  *fp;
char *p="f2.txt";
fp=fopen(p,"w");
```

在后面两种形式中，fname 和 p 已经代表了文件名字符串的首地址，所以不用再加双引号括起来。

针对文件打开方式，也有类似情况，比如练习 2 还可以写成以下两种形式：

```
FILE  *fp;
char fname[20]="f2.txt",mode[10]="w";
fp=fopen(fname,mode);
```

或

```
FILE  *fp;
char *p1="f2.txt",*p2="w";
fp=fopen(p1,p2);
```

但因为读写方式字符串相对较短，这两种写法略显累赘，含义也不是一目了然，故使用中很少采用。

以上两个练习，默认文件都是能成功打开的，但实际应用中，文件未必都能成功打开，比如从表 11-2 中可知，当以只读方式打开文件时，文件必须是事先存在的，如果不存在，则会出错，此时用只读方式打开这样的文件就会失败。那么如何确定打开是否成功呢？一句话，通过 fopen() 函数的返回值是否为 0 进行判断。具体地说，当文件打开成功时，fopen() 函数会返回一个地址，即为要打开文件分配的 FILE 结构内存区的首地址，这是一个非 0 的数据；当文件打开失败时，则返回空指针 NULL，其值为 0（NULL 是定义在头文件 "stdio.h" 中的符号常量，代表数值 0）。也就是说，只要 fopen() 函数返回非 0 值，就代表已经成功打开了文件，否则打开失败。

一旦文件打开失败，程序不能再继续往下执行，屏幕没有任何提示信息，按任意键都没有任何反应，陷入死机状态，只能强行结束软件运行。这是用户无法接受的，即使不能打开文件，也该有应对的措施，所以在实际应用中，经常会用下面程序段应对文件打开失败的情况：

```
FILE  *fp;
if((fp=fopen("文件名","打开方式"))==NULL )
{
```

```
    printf("Can not open this file\n");
    exit(0);
}
```

上面这段代码就是当打开文件失败时，在屏幕上显示提示信息 "Can not open this file" 然后退出，当然如果打开成功就继续向下执行。

对这段代码做以下说明：

（1）屏幕提示信息可任意修改，具体提示内容无所谓，可换成 "error"、" 不能打开文件 " 等。提示信息只是告诉用户打开文件时出问题了，但并不知道具体是什么原因。注意有很多种情况都可能导致文件打开失败，比如磁盘空间不足亦或读写磁盘时产生错误等。要想知道出错原因，需要回到程序界面具体分析。

（2）exit() 函数的功能是立即终止当前程序的执行，其实就是在调用处强行退出程序。用户可按任意键返回程序界面，然后找出错误修改后再重新运行。因该函数定义在头文件 <stdlib.h> 中，故使用该函数时要在程序前加上 #include<stdlib.h>。

（3）请特别注意文件是否能被成功打开是由 fopen() 函数的返回值是否为 0 来判断的，故条件表达式中要将 fopen() 函数的返回值先赋值给 fp，然后让 fp 与 NULL 进行比较，而赋值运算符优先级低于关系运算符，因此表达式 fp=fopen(" 文件名 "," 打开方式 ") 必须用括号括起来以提升赋值运算的优先级。

在具体题目中，有时直接采用练习 1 和练习 2 的形式，默认打开文件一定是成功的，其主要目的是简化程序。

11.2.2 文件关闭函数

打开文件后就可以对文件进行读写操作了，具体读写函数将在后面章节详细介绍，本节先介绍对文件读写操作后必须要做的事情，那就是关闭文件。

调用文件关闭函数的一般格式（即函数原型）如下：

```
int  fclose(FILE  *fp)
```

函数的功能是：关闭文件，释放为文件分配的结构体区和文件缓冲区。

说明：

（1）关闭文件的目的主要有两个：

① 释放内存空间。前面说过，在用 fopen() 函数打开文件时，系统会为待打开的文件分配一块用于存放文件相关信息的 FILE 类型的结构体区和用于 CPU 与文件进行数据传输的文件缓冲区，在对文件操作完后不再需要这些空间，如果不释放这些空间势必造成内存空间的浪费，释放后可以供其他程序使用。

② 防止数据丢失。在缓冲文件系统中，如果要对文件进行写操作，通常是等文件缓冲区数据满时，再将数据输出到文件中，这样可以提高传输效率。可是如果文件缓冲区还没满就结束了写操作，那这些数据势必就不能输出到文件中，造成数据丢失。此时，通过调用关闭文件函数，就可以将未满的文件缓冲区中的数据写入文件，避免数据丢失。

（2）该函数最常见的调用形式如下：

```
fclose(文件指针)
```

例如：

```
FILE  *fp;
fp=fopen("文件名","打开方式");
…
fclose(fp);
```

（3）一个文件关闭函数只能关闭一个文件，如果一个程序涉及 n 个文件，则需要调用 n 次文件关闭函数分别进行关闭。例如：

```
FILE  *fp1,*fp2;
fp1=fopen("f1.txt","r");
fp2=fopen("f2.txt","w");
…
fclose(fp1);
fclose(fp2);
```

（4）文件关闭后，文件指针不再指向该文件，二者之间没有任何关联，如果再想对此文件进行读写操作，需要重新打开该文件。

（5）像文件打开函数会通过返回值来确定是否成功打开一样，关闭函数也是通过返回值告知是否关闭成功。当文件关闭成功时，fclose() 函数返回数值 0，否则返回 -1（即 EOF，也是事先定义好的符号常量，代表常值 -1）。既然有可能关闭失败，可以仿照打开文件失败的处理方式，对错误打开时做相应反馈，等返回修改错误后再运行，比如下面这两段代码：

```
if(fclose(fp)!=0)
{  printf("Can not close this file\n");
   exit(0);
}
```

或

```
if(fclose(fp))
{  printf("Can not close this file\n");
   exit(0);
}
```

通常情况下，在本书后续的例题中，主要用以下形式对程序进行简化：

```
fclose(文件指针);
```

这种写法默认就是关闭文件成功。

其实，在接下来要介绍的各种对文件操作的函数，都涉及函数返回值问题，即通过返回值判断函数调用是否成功，建议大家特别留意一下。

11.3　文件的读写操作

通过前面的学习可知，文件可用于长期保存文件，当需要文件中的数据时，可以随时读取。所以对文件的操作主要就是写操作和读操作，前者是保存数据到文件，后者是从文件中读取需要的数据。下面介绍对文件进行读写的几对函数。需要大家重点掌握每个函数的功能和调用方法，使用时要特别留意读写的文件类型，即读写的对象是文本文件还是二进制文件。

11.3.1　文本文件的读写

文本文件保存的是字符的 ASCII 码，以字符为单位进行存取时主要有三对读写函数，下面逐一进行详细介绍。

1. 字符读 / 写函数

对文本文件进行读写字符的函数是 fputc() 和 fgetc()，前者一次向文本文件中写入一个字符，后者则每次从文本文件中读取一个字符。下面介绍这对函数的使用方法。

1）fputc()——向文件写字符函数

调用 fputc() 函数的一般格式（即函数原型）如下：

```
int  fputc(char  ch, FILE  *fp)
```

或

```
int  putc(char  ch, FILE  *fp)
```

函数的功能是：向文本文件中写入（输出）一个字符。

函数说明：

（1）该函数最常见的调用形式如下：

```
fputc(一个字符,文件指针)
```

练习：将变量 c 中的字符写入文件 f1.txt。

主要代码如下：

```
FILE  *fp;
char  c;
fp=fopen("f1.txt","w");
…
fputc(c,fp);
```

为简化程序，系统有如下定义：

```
#define  putc(ch,fp)  fputc(ch,fp)
```

所以也可以用 putc(c,fp); 替换 fputc(c,fp); 但毕竟 f 是 file 的首字母，所以实际使用时为了含义更清晰，还是较多使用 fputc() 函数。

（2）能否成功写入字符也取决于函数的返回值。当字符成功写入文件后，该函数返回写入字符的 ASCII 码值，否则返回 EOF(−1)。

【例 11.1】将从键盘输入的一个字符串，存入文本文件 f1.txt。

【程序代码】

```
#include<stdio.h>
#include<stdlib.h>
void main()
{
    FILE *fp;
    char ch;
    if((fp=fopen("f1.txt","w"))==NULL)
    {
        printf("Can't open this file\n");
        exit(0);
    }                               /* 以写方式打开文件 */
    printf("Please input a string:\n");
    ch=getchar();                   /* 从键盘输入一个字符给变量 ch*/
    while(ch!='\n')
    {
        fputc(ch,fp);               /* 将变量 ch 写入 fp 所指向的文件 f1.txt 中 */
        ch=getchar();               /* 从键盘输入下一个字符，为下一次写入文件做准备 */
    }
    if(fclose(fp)!=0)
    {
        printf("Can't close this file\n");
```

```
        exit(0);
    }                          /* 关闭文件 */
}
```

【运行结果】

例 11.1 的运行结果如图 11-3 所示。

运行时输入任意一个字符串，比如 "Hello world!" 并按【Enter】键后，因为程序中没有调用 printf() 函数或 putchar() 函数向屏幕输出 ch，所以屏幕上没有任何输出，但到当前文件夹下，用记事本程序或 Word 软件打开 f1.txt 文件，会发现文件内容正是 "Hello world!"，如图 11-4 所示，说明从键盘输入的字符已全部写入到文本文件中。

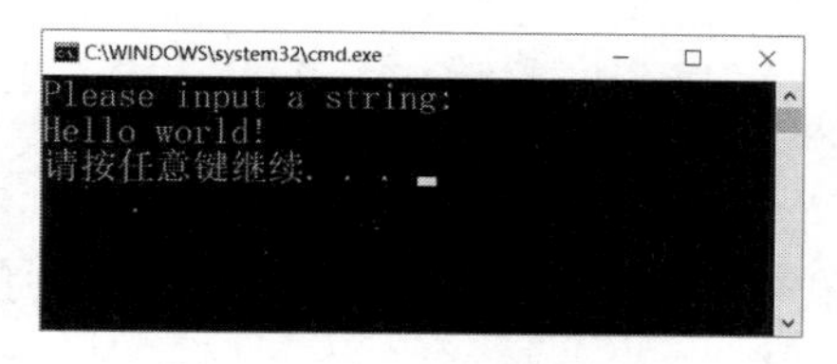

图 11-3　例 11.1 运行结果

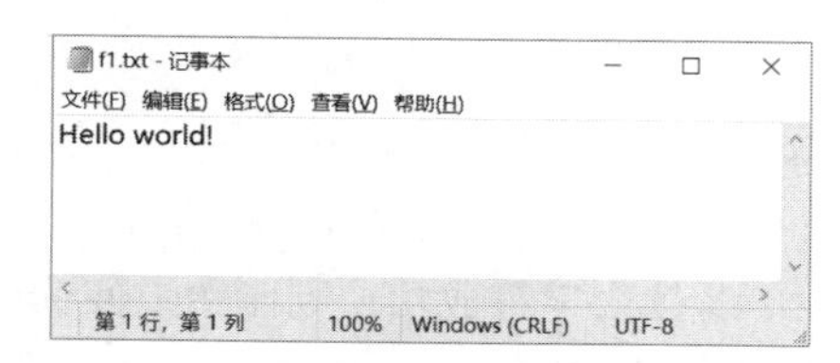

图 11-4　例 11.1 运行后文件 f1.txt 中的内容

【程序分析】

（1）题中如果指明输入结束标志，就与指定的字符作比较，用以判断是否结束循环，但本题中没特别说明用什么字符作为字符串输入结束标志，所以用【Enter】键作为输入的结束标志，所以循环时用输入的字符 ch 与 '\n' 作比较。

（2）由于外设速度远低于 CPU，CPU 不能直接与外存打交道，而是与内存进行数据交换。所以本题中，数据先通过 getchar() 函数从键盘接收到内存的 ch 单元中，再通过 fputc() 函数从内存写入到文件中。可以看出，内存充当了数据中转站，请注意，后面对文件的读写函数都是用内存做中转的。

（3）因为用 "w" 方式打开文件，所以本题文件 f1.txt 可事先存在，也可不存在。

（4）本题中 while 语句可用 do-while 语句简化，如果默认文件打开或关闭都成功，源程序可简化如下：

【程序代码】

```
#include<stdio.h>
void main()
{
    FILE  *fp;
    char  ch;
    fp=fopen("f1.txt","w");
    printf("Please input a string:\n");
    do
    {   ch=getchar();           /* 从键盘输入一个字符给变量 ch*/
        fputc(ch,fp);           /* 将变量 ch 写入 fp 所指向的文件 f1.txt 中 */
    } while(ch!='\n');
    fclose(fp);
}
```

2）fgetc()——从文件读字符函数

调用 fgetc() 函数的一般格式（即函数原型）如下：

```
int  fgetc(FILE *fp)
```

或

```
int  getc(FILE *fp)
```

函数的功能是：从指定的文件读入一个字符。

函数说明：

（1）该函数最常见的调用形式如下：

```
fgetc(文件指针)
```

练习：从 fp 指向的文件中读取一个字符（即当前读 / 写位置指针所指向的字符）赋值给变量 ch。

主要代码如下：

```
FILE  *fp;
char  ch;
ch=fgetc(fp);
```

这里，fgetc(fp) 可以换成 getc(fp)。

（2）若读取字符成功，则函数返回读取的字符代码；若读取字符失败或读取的字符是文件结束标志，则返回 EOF。

【例 11.2】将例 11.1 中文本文件 f1.txt 中的字符输出到屏幕上。

【程序代码】

```
#include<stdio.h>
#include<stdlib.h>
void main()
{
    FILE *fp;
    char ch;
    if((fp=fopen("f1.txt","r"))==NULL)
    {
        printf("Can't open this file\n");
        exit(0);
    }                               /* 以读方式打开文件 */
    printf("The contents of file f1.txt are:\n");
    ch=fgetc(fp);                   /* 从 fp 指向的文件 f1.txt 中读取一个字符给变量 ch*/
    while(!feof(fp))                /* 当文件未结束 */
    {
        putchar(ch);                /* 将变量 ch 输出到屏幕上 */
        ch=fgetc(fp);               /* 从文件读取下一个字符，为下一次输出做准备 */
    }
    if(fclose(fp)!=0)
    {   printf("Can't close this file\n");
        exit(0);
    }                               /* 关闭文件 */
}
```

【运行结果】

例 11.2 的运行结果如图 11-5 所示。

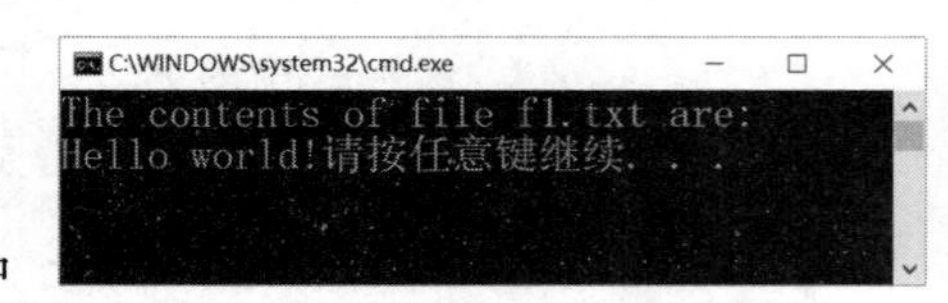

图 11-5　例 11.2 运行结果

【程序分析】

（1）本题中，数据先通过 fgetc() 函数将字符从文件中读取出来送变量 ch 中，再通过 putchar() 函数将变量 ch 的内容输出到屏幕上。

（2）feof(fp) 是判断文件是否结束的函数，当文件未结束时，该函数返回 0，故 !feof(fp) 就是文件未结束。此函数后续会详细介绍。

（3）因为用 "r" 方式打开文件，所以本题文件 f1.txt 必须事先存在，故采用了上题中刚写好的 f1.txt 文件。

（4）因为本题是从前面例题刚生成的 f1.txt 中读取字符，而 f1.txt 中已经保存若干字符，不可能是空文件，所以本题中 while 语句也可用 do-while 语句简化，还是默认文件打开或关闭都成功，源程序可简化如下：

【程序代码】

```
#include<stdio.h>
void main()
{
    FILE *fp;
    char ch;
    fp=fopen("f1.txt","r");
    printf("The contents of file f1.txt are:\n");
    do
    {
        ch=fgetc(fp);             /* 从 fp 指向的文件 f1.txt 中读取一个字符给变量 ch*/
        putchar(ch);              /* 将变量 ch 输出到屏幕上 */
    }while(!feof(fp));            /* 当文件未结束 */
    fclose(fp);
}
```

【例 11.3】将例 11.1 中的 f1.txt 文件复制一份，形成 f2.txt 文件，并在屏幕上显示 f2.txt 的内容。

【程序代码】

```
#include<stdio.h>
void main()
{
    FILE *fp1,*fp2;
    char ch;
    fp1=fopen("f1.txt","r");  /* 以读方式打开 f1.txt*/
    fp2=fopen("f2.txt","w");  /* 以写方式打开 f2.txt */
    ch=fgetc(fp1);            /* 从 fp1 所指的文件 f1.txt 中读取一个字符赋值给 ch*/
    while(ch!=EOF)            /* 当文件 f1.txt 未结束时循环继续 */
    {
        fputc(ch,fp2);        /* 将从 f1.txt 中读出的字符写到 f2.txt 中 */
        ch=fgetc(fp1);        /* 从 f1.txt 中读取下一个字符送变量 ch*/
    }
    fclose(fp1);              /* 关闭 f1.txt*/
    fclose(fp2);              /* 关闭 f2.txt*/
    fp1=fopen("f2.tx","r");   /* 以读方式打开 f2.txt*/
    ch=fgetc(fp1);            /* 从 f2.txt 中读取字符送变量 ch 中 */
    while(ch!=EOF)            /* 判断文件是否结束 */
    {
        putchar(ch);          /* 将字符输出到屏幕上 */
        ch=fgetc(fp1);        /* 再从 f2.txt 中读取字符送变量 ch 中 */
    }
    fclose(fp1);              /* 关闭 f2.txt*/
}
```

【运行结果】

例 11.3 的运行结果如图 11-6 所示，文件 f2.txt 中的内容如图 11-7 所示。

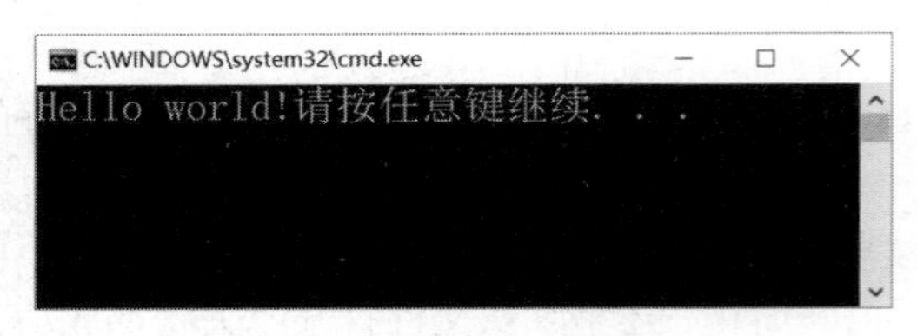

图 11-6　例 11.3 运行结果

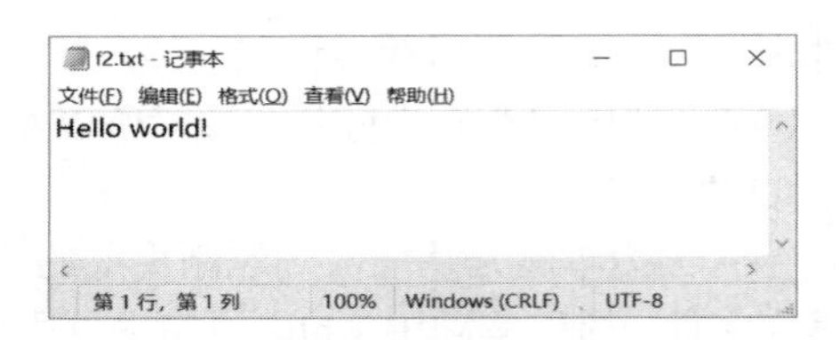

图 11-7　例 11.3 运行后文件 f2.txt 中的内容

执行完程序后，f2.txt 文件内容与 f1.txt 的内容相同，并且屏幕上显示的也是 f1.txt 的内容。

【程序分析】

（1）本题对两个文件进行操作，所以定义两个文件指针变量。

（2）EOF 是文件结束标志。

（3）打开几个文件就要关闭几个文件，关闭文件后，文件指针不再与之前指向的文件有任何联系。本题先是以 "w" 方式打开 f2.txt 文件，但此方式不允许读数据，接下来需要从其中读出数据时，只能先关闭再重新以 "r" 方式打开。因为两个文件都被关闭了，fp1 和 fp2 都不再指向原来的文件，所以再次打开 f2.txt 时，两个文件指针用哪个都可以。

（4）题中的以下这段代码：

```
ch=fgetc(fp1);
while(ch!=EOF)
{
    putchar(ch);
    ch=fgetc(fp1);
}
```

可以用下面这段代码简化。

```
while((ch=fgetc(fp1))!=EOF)
    putchar(ch);
```

2. 字符串读 / 写函数

用 fputc() 和 fgetc() 一次只能对一个字符进行读写，如果文件中有很多以字符串形式存放的内容，再用这对函数显然效率有点低，有没有能一次对一个字符串进行读写的函数，答案是肯定的，那就是 fputs() 函数和 fgets() 函数。

1）fputs()——写字符串函数

调用 fputs() 函数的一般格式（即函数原型）如下：

```
int fputs(char *str, FILE *fp)
```

函数的功能是：将内存中某地址开始的一个字符串输出到指定文件中（不包括字符串结束标志 '\0'）。

函数说明：

（1）该函数最常见的调用形式如下：

```
fputs(字符串常量或地址，文件指针)
```

例如，将字符串 "C language!" 写入文本文件 f.txt。

```
FILE  *fp;
fp=fopen("f.txt","w");
fputs("C language!",fp);
```

或

```
FILE  *fp;
char  str[20]="C language!";
```

```
fp=fopen("f.txt","w");
fputs(str,fp);
```

这两段代码都能实现题目功能。二者比较：

① 字符串常量作实参，传递的是地址，所以第一段代码就是将字符串 "C language!" 的首地址传过去；而第二段代码先将字符串存入字符数组，数组名代表串的首地址，调用 fputs() 函数时直接用数组名作实参即可。

② 第一段代码直接用字符串常量，不浪费内存，系统只为字符串 "C language!" 分配 12 字节内存；而第二段代码则开辟 20 字节内存存放该字符串，显然浪费空间。

（2）若字符串写入成功，则返回写入的字符串中最后一个字符的 ASCII 码（不包括字符串结束标志 '\0'）；若写入失败，则返回 EOF。其实，因为写入的字符串是任意的，其最后一个字符是什么无所谓，故函数调用成功时的返回值对用户没有特别的意义。

【例 11.4】 从键盘输入 5 个同学的姓名，写入 E 盘 stu_message 文件夹中的文本文件 name.txt 中（E 盘 stu_message 文件夹需提前创建好）。

【程序代码】

```
#include<stdio.h>
#include<stdlib.h>
#include<string.h>
void main()
{
    FILE *fp;
    char s[60];
    int i;
    if((fp=fopen("e:\\stu_message\\name.txt","w"))==NULL)
    {
        printf("Can’t open this file\n");
        exit(0);
    }                         /* 以写方式打开 e:\stu_message\name.txt*/
    for(i=0;i<5;i++)
    {
        gets(s);              /* 从键盘接收字符串送到 s 数组中 */
        fputs(s,fp);          /* 将字符串写入 fp 所指向的文件中 */
        fputc('\n',fp);       /* 在写入的字符串后写入换行符 */
    }
    fclose(fp);
}
```

【运行结果】

例 11.4 的运行结果如图 11-8 所示。name.txt 中的内容如图 11-9 所示。

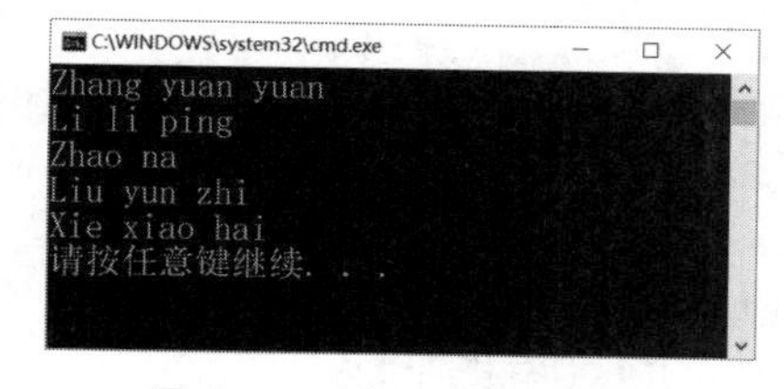

图 11-8　例 11.4 运行结果

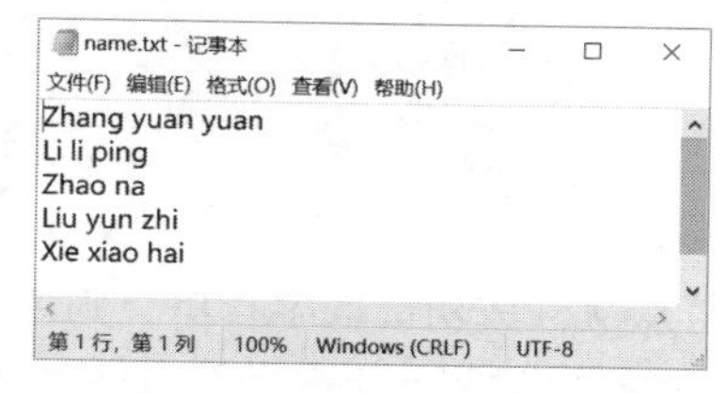

图 11-9　例 11.4 运行后文件 name.txt 中的内容

运行时输入以下 5 个同学的姓名：

```
Zhang yuan yuan
Li li ping
```

```
Zhao na
Liu yun zhi
Xie xiao hai
```

按【Enter】键后屏幕上就是按任意键继续，没有其他输出内容，但用记事本程序打开 E 盘 stu_message 文件夹中的文本文件 name.txt，可以看到里面的内容正是这 5 个字符串，见图 11-9。

【程序分析】

（1）本题通过 gets() 函数从键盘接收一个字符串先存放在内存的字符数组 s 中，然后通过 fputs() 函数将内存中的字符串写入文件中。一次处理一个字符串，一共 5 个字符串，则此过程循环 5 遍。

（2）需要注意：前面介绍 fputc() 函数时，可以用 putc() 替换 fputc()，但 puts() 不能替换 fputs()，因为 puts() 函数已经表示向屏幕上输出字符串了。

（3）puts() 函数向屏幕输出字符串时，自动输出一个换行符，但 fputs() 函数向文件写入字符串时，不会自动输出换行符，故本题中用 fputc('\n',fp) 向每个字符串后写入一个换行符，达到在文本文件中每个字符串占一行的效果。注意文件中字符串后的换行符不是输入时最后的那个换行符，那个换行符只是起到分隔输入字符串的作用，并未写入数组，当然也不会写入文件。

（4）题中 fputc('\n',fp) 可以换成 fputs("\n",fp)，需要灵活把握。

2）fgets()——读字符串函数

调用 fgets() 函数的一般格式（即函数原型）如下：

```
char  *fgets(char  *str, int  n, FILE  *fp)
```

函数的功能是：从指定文件读入一个字符串。

函数说明：

（1）该函数最常见的调用形式如下：

```
fgets(内存地址,整数,文件指针)
```

例如：

```
FILE  *fp;
char  s[20];
…
fgets(s,n,fp);
```

上面代码表示从 fp 指向的文件，读出 *n*-1 个字符（包括换行符），复制到首地址为 s 的内存区中，在这些字符的最后系统自动添加一个字符串结束标志 '\0'。

注意：包括 '\0' 在内一共是 *n* 个字符。

例如，假设文本文件 f.txt 中有一个字符串 "C language!"，将该字符串输出到屏幕上。

```
FILE  *fp;
char  s[20];
fp=fopen("f.txt","r");
fgets(s,12,fp);
puts(s);
```

（2）若从文件成功读取字符串，则返回内存区首地址，即形参 str 的值；若读取失败（如文件不存在）或还没读完 *n*-1 个字符文件就已结束，则返回 NULL（空指针）。

（3）fgets() 不能用 gets() 替换，因为 gets() 函数已代表从键盘输入字符串。

【例 11.5】将例 11.4 中 name.txt 中第四个同学的姓名输出到屏幕上。

【程序代码】

```
#include<stdio.h>
```

```
#include<stdlib.h>
#include<string.h>
void main()
{
    FILE  *fp;
    char  s[60];
    int  i;
    if((fp=fopen("e:\\stu_message\\name.txt","r"))==NULL)
    {
        printf("Can't open this file\n");
        exit(0);
    }
                                   /* 以读方式打开e:\stu_message\name.txt*/
    for(i=0;i<4;i++)
        fgets(s,60,fp);            /* 循环4次后数组s中即为第4个人的姓名 */
    puts(s);                       /* 将第4个字符串输出到显示器 */
    fclose(fp);
}
```

【运行结果】

例11.5的运行结果如图11-10所示。

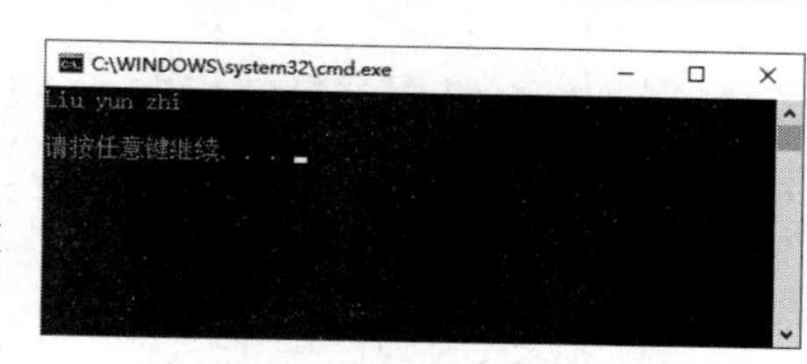

图11-10 例11.5运行结果

【程序分析】

（1）本题4次循环读取的4个字符串都是读入同一数组s中，因只要求输出第4个字符串，所以前3次读取时不用输出，只在第四次读取后输出一次即可，故退出循环后才有输出。

（2）因要读取的字符串字符个数未知，所以只能以数组能存放字符的最大上限60作为第2个实参，表示最多从文件中读取59个字符（给'\0'预留1个字符的位置）。

3. 格式读/写函数

学习本章之前，一直使用printf()函数和scanf()函数实现格式化读写，比如输入/输出时指定数据类型、输入时截取数据位数、输出时数据占的场宽等。同printf()和scanf()类似，对文件操作也可以进行格式化读写，用到的函数就是fprintf()和fscanf()，可以看出与前面那对函数相比只多了字母f，f表示对文件操作，而以前的输入/输出对象是键盘或显示器。

1）fprintf()——格式化写函数

调用fprintf()函数的一般格式（即函数原型）如下：

```
int fprintf(FILE *stream, char *format, <variable-list>)
```

函数的功能是：按照用户指定的格式将变量中的数据写入文件中。

函数说明：

（1）该函数最常见的调用形式如下：

```
fprintf(文件指针,格式字符串,输出表列)
```

（2）若数据写入成功，则fprintf()函数返回实际写入文件中字符的个数（字节数），如上例fprintf()函数返回23；若写入时发生错误导致函数调用失败，则返回一个负数。

（3）函数调用时，fprintf()和printf()相似，唯一区别是前者比后者多了文件指针这个参数，原因很好理解，fprintf()的输出对象是文件，printf()的输出对象是显示器，往文件输出时要指定输出到具体哪个文件。

我们知道，操作系统将硬件也看成是文件，故键盘被称为标准输入文件，显示器被称为标准输出文件，并在头文件“stdio.h”中定义了指向这两个文件的文件指针：

stdin（键盘）：标准输入文件的文件指针。

stdout（显示器）：标准输出文件的文件指针。

这样，以前学的 printf(" 格式说明字符串 ", 输出地址列表); 可以写成如下形式：

```
fprintf(stdout," 格式说明字符串 ", 输出地址列表 );
```

而 scanf(" 格式说明字符串 ", 输入地址列表); 可以写成如下形式：

```
fscanf(stdin," 格式说明字符串 ", 输入地址列表 );
```

可以看出，硬件和软件实现高度统一，方便操作系统进行管理。

【例 11.6】将整数 10、实数 98.5 和字符串 "How are you!" 保存到文件 data.txt 中。

【程序代码】

```
#include<stdio.h>
void main()
{
    FILE *fp;
    int i=10;
    float f=98.5;
    char str[]="How are you!";
    fp=fopen("data.txt","w");
    fprintf(fp,"%3d%5.1f%15s",i,f,str);
    fclose(fp);
}
```

【运行结果】

例 11.6 的运行结果如图 11-11 所示。

运行后屏幕上没有输出，文件 data.txt 内容如图 11-12 所示。

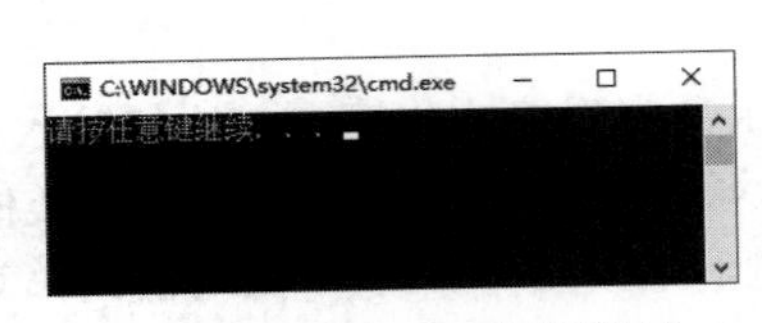

图 11-11　例 11.6 运行结果

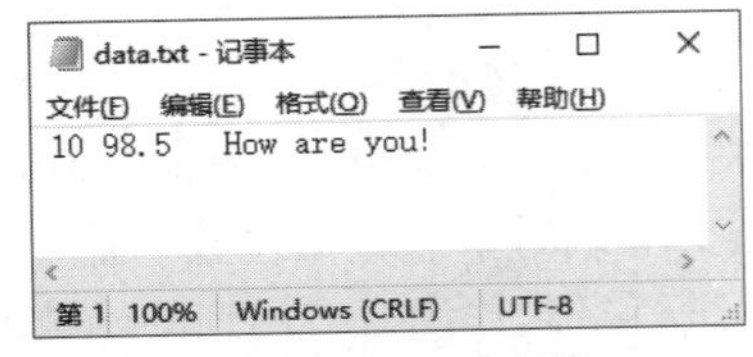

图 11-12　例 11.6 运行后文件 data.txt 中内容

【程序分析】

fprintf() 函数的输出格式符含义与 printf() 函数的相同，如 %d 仍代表整型格式，故 fprintf() 函数在使用时仅仅比 printf() 函数多了一个参数而已。

【例 11.7】从键盘输入三个学生的学号、姓名和英语成绩，并把这些信息保存到文件 stu_msg.txt 中。

【程序代码】

```
#include<stdio.h>
void main()
{
    FILE *fp;
    int i,num;
    char name[10];
    float score;
    fp=fopen("stu_msg.txt","w");
    printf(" 请输入三个学生的学号、姓名和英语成绩 ":\n");
    for(i=0;i<3;i++)
```

```
    {
        scanf("%d%s%f",&num,name,&score);              /* 从键盘输入一个学生的信息 */
        fprintf(fp,"%d%12s%10.1f\n",num,name,score);  /* 将学生信息写入文件 */
    }
    fclose(fp);
}
```

【运行结果】

例 11.7 的运行结果如图 11-13 所示。

运行时键盘输入如图 11-13 所示，然后到源程序文件所在路径下找到文件 stu_msg.txt，打开查看其中内容正是刚刚输入的学生信息，如图 11-14 所示。

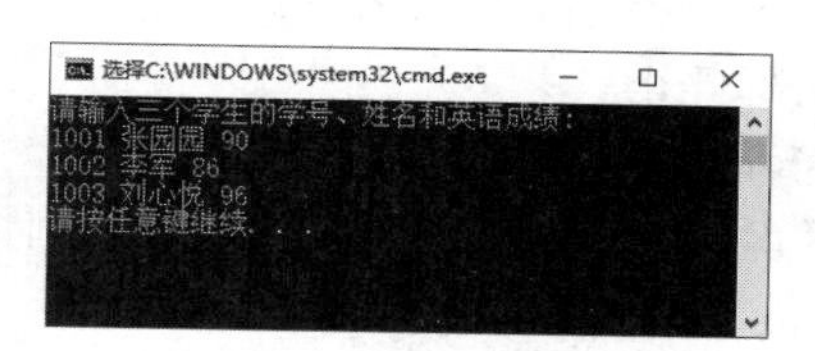

图 11-13　例 11.7 运行结果

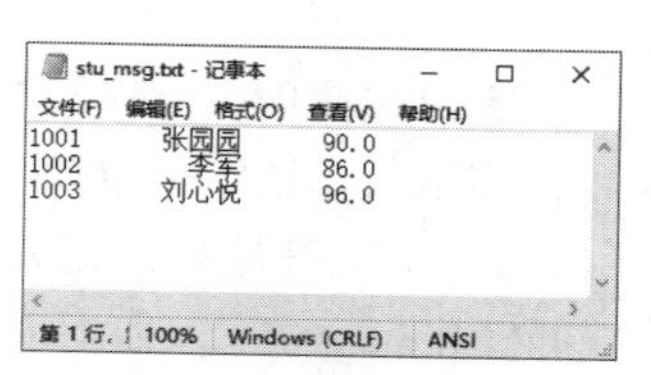

图 11-14　例 11.7 运行后文件 stu_msg.txt 中内容

【程序分析】

字体为微软雅黑时，会出现文字对不齐的情况，如图 11-15 所示，这点需要注意。遇到这种情况时只要改变字体即可，比如改成“宋体”或“楷体”等，图 11-14 所示为“宋体”的显示结果。

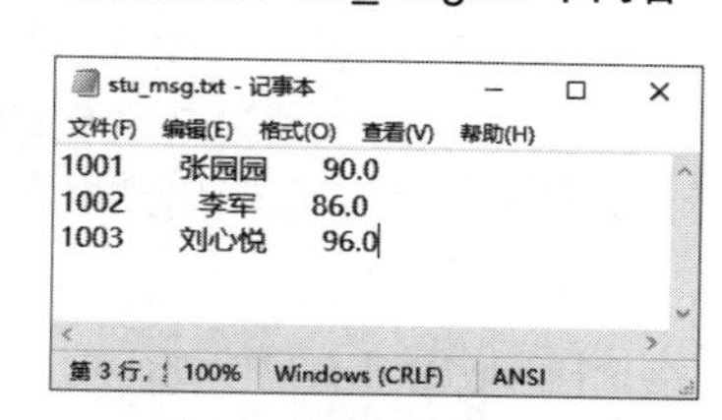

图 11-15　字体为微软雅黑时文件 stu_msg.txt 中内容

2）fscanf()——格式化读函数

调用 fscanf() 函数的一般格式（即函数原型）如下：

```
int fscanf(FILE *stream, char *format, <address-list>)
```

函数的功能是：按照用户指定的格式从文件中读出数据送到对应的变量中。

函数说明：

（1）该函数最常见的调用形式如下：

```
fscanf(文件指针,格式字符串, 输入表列)
```

（2）若读取字符成功，fscanf() 函数返回成功输入数据的个数，如上例中 fscanf() 的返回值是 3；若读取出错或到文件尾则返回 EOF。

【例 11.8】将例 11.6 生成文件 data.txt 的内容输出到屏幕上。

【程序代码】

```
#include<stdio.h>
void main()
{
    FILE *fp;
    int i;
    float f;
    char str[20];
    fp=fopen("data.txt","r");
    fscanf(fp,"%d%f%[^\n]",&i,&f,str);
    printf("%d %f %s\n",i,f,str);
    fclose(fp);
}
```

【运行结果】

例 11.8 的运行结果如图 11-16 所示。

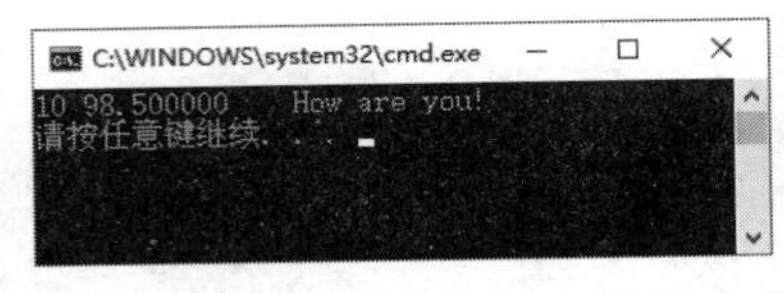

图 11-16 例 11.8 运行结果

【程序分析】

fscanf() 中格式说明符与 scanf() 类似，而且同 scanf() 一样，不能接收带空格的字符串，而文件 data.txt 中 "How are you!" 带空格，此时直接用 %s 就只能读出 "How"。如何用 fscanf() 读取带空格的字符串呢？题中 %[^\n] 表示读取 '\n' 之外的所有字符，当然也就包括空格了。具体说明如下：

% 后跟一对中括号 [ ]，在 [ ] 中写上要读取字符的范围，即

%[ ]　　　　表示读取 [ ] 内指定字符集范围内的字符。

例如：

%[0-9]　　　表示仅读取数字字符，遇到非数字字符即停止。

%[a-zA-Z]　表示仅读取字母字符，遇到非字母字符即停止。

如果 [ ] 内第一个字符是 '^'，则表示反向读取，不读取 [ ] 中 ^ 符号后的字符，遇到指定字符集中的字符立即停止。

例如：

%[^0-9]　　表示仅读取非数字字符，遇到数字字符即停止。

【例 11.9】从例 11.7 生成的文件 stu_msg.txt 中找到英语成绩优秀（≥ 90 分）的学生，并将满足条件的学生信息输出到屏幕上。

【程序代码】

```
#include<stdio.h>
void main()
{
    FILE *fp;
    int i,num;
    char name[10],ch;
    float score;
    fp=fopen("stu_msg.txt","r");
    printf("英语成绩优秀学生名单: \n");
    for(i=0;i<3;i++)
    {
        fscanf(fp,"%d%s%f",&num,name,&score);     /* 从文件读取一个学生的信息 */
        if(score>=90)
            printf("%d%12s%10.1f\n",num,name,score);/* 输出满足条件的学生信息 */
    }
    fclose(fp);
}
```

【运行结果】

例 11.9 的运行结果如图 11-17 所示。

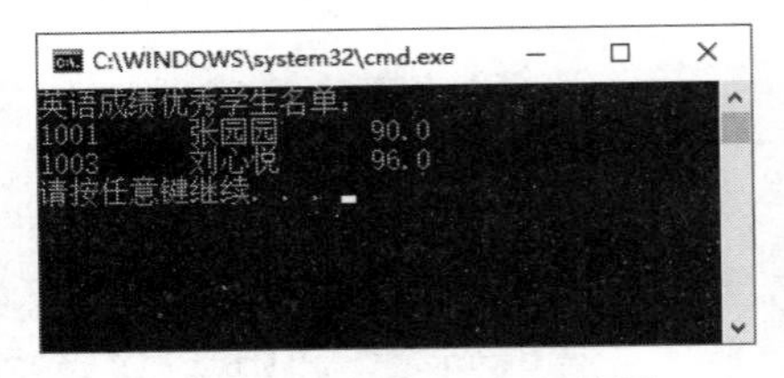

图 11-17 例 11.9 运行结果

【程序分析】

语句“fscanf(fp,"%d%s%f",&num,name,&score);”表示从 fp 所指文件 "stu_msg.txt" 中读取一个学生的信息（包括该学生的学号、姓名和成绩），因为读出的数据已经送入内存变量，所以可以用 printf() 函数输出满足条件的学生信息到屏幕上。

11.3.2 二进制文件的读写

下面介绍两对针对二进制文件进行读写的函数。

1. 数据块读/写函数

1）fwrite()——写数据块函数

调用 fwrite() 函数的一般格式（即函数原型）如下：

```
int fwrite(void *ptr,int size,int nitems,FILE *stream)
```

函数的功能是：将内存中 ptr 指向的 nitems 块每块 size 字节数据区的数据写入 stream 指向的二进制文件。

函数说明：

（1）该函数最常见的调用形式如下：

```
fwrite(buffer,size,number,fp)
```

其中：

① buffer：代表内存中数据区的起始地址。

② size：一次写入数据块的字节数。

③ number：写入数据块的块数。

④ fp：文件型指针。

（2）若写入成功，则函数返回 number 的值；若调用函数失败，则返回 0。

【例 11.10】 从键盘输入 5 个职员的信息（包括职员的工号、姓名、性别、年龄和手机号），将职员信息存入 staff.dat 文件。

【程序代码】

```
#include<stdio.h>
#include<stdlib.h>
#define N 5
struct worker
{
    int id;
    char name[10];
    char sex[4];
    int age;
    char tel[12];
}workers[N];
void main()
{
    FILE *fp;
    int i;
    if((fp=fopen("staff.dat","wb"))==NULL)
    {
        printf("Can not open this file\n");
        exit(0);
    }
    for(i=0;i<N;i++)
    {
        printf("Please input the message of number %d workers:\n",i+1);
        printf("%6s","ID: ");
        scanf("%d",&workers[i].id);
        printf("Name: ");
```

```
        scanf("%s",workers[i].name);
        printf("%6s","Sex: ");
        scanf("%s",workers[i].sex);;
        printf("%6s","Age: ");
        scanf("%d",&workers[i].age);
        printf("%6s","TEL: ");
        scanf("%s",workers[i].tel);
    }
    for(i=0;i<N;i++)
        fwrite(&workers[i],sizeof(struct worker),1,fp);
    fclose(fp);
}
```

【运行结果】

例 11.10 的运行结果如图 11-18 所示。

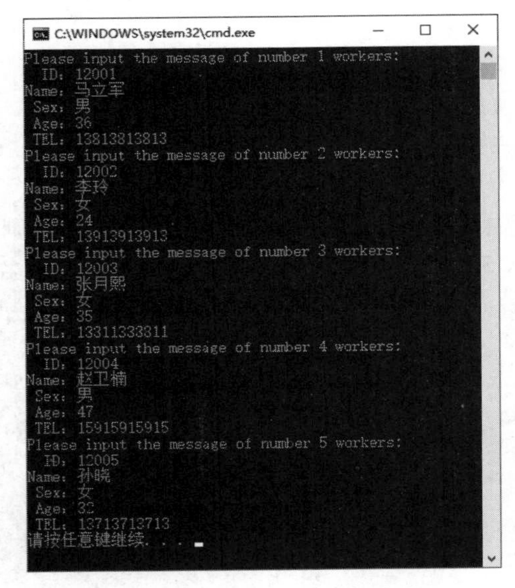

图 11-18　例 11.10 运行结果

【程序分析】

（1）运行时输入如图 11-18 所示，所有输入内容送入内存结构体数组 workers 中，然后通过 fwrite() 函数将结构体数组存入 staff.dat 文件中。

（2）因为二进制文件不能用“记事本”等文本查看器查看内容，所以要想查看职员信息有没有写入成功，需要将文件内容显示到屏幕上才可以验证，详见例 11.11。

（3）对二进制文件操作时，打开方式别忘了加字母 b。

（4）结构体成员是数组时，数组名已代表首地址，故向结构体字符数组输入时前面不再加 &。

（5）题中定义了含有 5 个结构体元素的结构体数组，将每个结构体元素看成是一块数据，则 5 个元素就是 5 块数据，每块数据的首地址为 &workers[i]，即第一个实参。一次向文件中写入一个结构体元素就是一次写入一块数据，故第三个实参为 1。一块的大小就是结构体元素的大小，即 sizeof(struct worker) 字节，也就是第二个实参。

2）fread()——读数据块函数

调用 fread() 函数的一般格式（即函数原型）如下：

```
int fread(void *ptr, int size, int nitems, FILE *stream)
```

函数的功能是：从 stream 指向的二进制文件中读 nitems 块每块 size 字节的数据送入内存中。

函数说明：

（1）该函数最常见的调用形式如下：

```
fread(buffer,size,number,fp )
```

各参数的含义同 fwrite() 函数，不再赘述。

（2）若读取成功，则返回 number 的值；若函数调用失败，则返回 0。

【例 11.11】 将例 11.10 形成的 staff.dat 文件内容显示到屏幕上。

【程序代码】

```
#include<stdio.h>
#include<stdlib.h>
#define N 5
struct worker
{
    int id;
    char name[10];
    char sex[4];
    int age;
    char tel[12];
}t;
void main()
{
    FILE *fp;
    int i;
    if((fp=fopen("staff.dat","rb"))==NULL)
    {
        printf("Can not open this file\n");
        exit(0);
    }
    for(i=0;i<N;i++)
    {
        fread(&t,sizeof(struct worker),1,fp);
        printf("%d%12s%6s%6d%16s\n",t.id,t.name,t.sex,t.age,t.tel);
    }
    fclose(fp);
}
```

【运行结果】

例如 11.11 的运行结果如图 11-19 所示。

从输出信息可以看出与例 11.10 输入时的内容完全一致，说明前例文件写入成功。

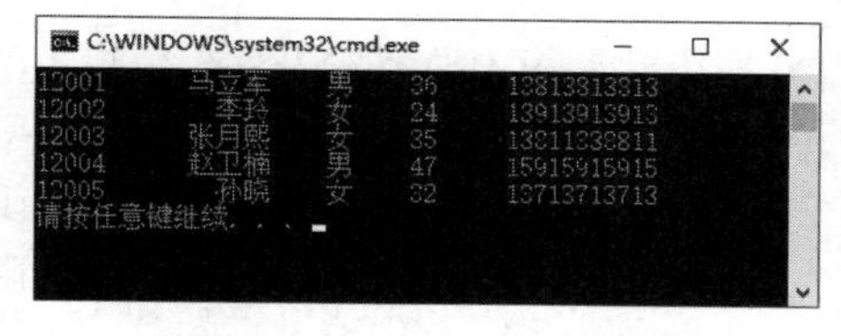

图 11-19　例 11.11 运行结果

【程序分析】

（1）以只读方式打开二进制文件，打开方式选 "rb"，应注意此文件需事先存在。

（2）fread(&t,sizeof(struct worker),1,fp) 表示从 fp 指向的 staff.dat 文件中读出一块、每块是 sizeof(struct worker) 字节的数据送入首地址为 &t 的内存中，即每次读取一个结构体元素，共读取 5 次，故循环 5 次。

（3）因为一次只读取一个结构体元素，所以只需定义一个结构体变量做中间变量，将读出的数据输出到屏幕后可重复使用该结构体变量，故本题不用再定义一个结构体数组。

2. 读写字函数

1）putw()——写一个字（整数）函数

调用 putw() 函数的一般格式（即函数原型）如下：

```
int putw(int n,FILE *fp)
```

函数的功能是：以二进制形式将一个整型数据写入文件中。

函数说明：

（1）该函数最常见的调用形式如下：

```
putw(整数，文件指针)
```

即将整数写入文件指针指向的文件中。

例如，把整数 10 写入 fp 指向的文件。

```
FILE  *fp;
…
putw(10,fp);
```

（2）若写入成功，则返回输出的整数；若函数调用失败，则返回 EOF。

【例 11.12】从键盘输入 3 个学生的英语成绩（假设均为整数），把成绩保存到文件 Eng_score.dat 中。

【程序代码】

```
#include<stdio.h>
void main()
{
    FILE *fp;
    int a[3],i;
    fp=fopen("Eng_score.dat","wb+");
    printf("Please input English scores:\n");
    for(i=0;i<3;i++)
        scanf("%d",&a[i]);
    for(i=0;i<3;i++)
        putw(a[i],fp);
    fclose(fp);
}
```

【运行结果】

例 11.12 的运行结果如图 11-20 所示。

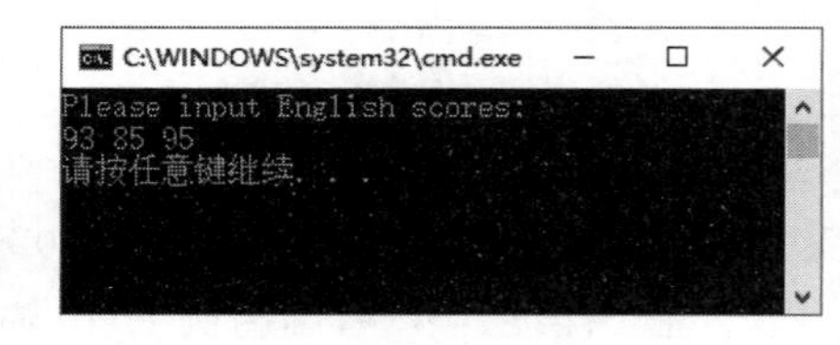

图 11-20　例 11.12 运行结果

【程序分析】

从键盘输入的数据先写入数组，然后通过数组写入文件中。

2）getw()——读一个字（整数）函数

调用 getw() 函数的一般格式（即函数原型）如下：

```
int getw(FILE *fp)
```

函数的功能是：从文件中以二进制形式读取一个字。

函数说明：

（1）该函数最常见的调用形式如下：

```
getw(文件指针)
```

即从文件指针所指向的文件中读取一个整数。

例如，从 fp 指向的文件中读取一个整数赋给变量 n。

```
FILE  *fp;
int  n;
…
n=getw(fp);
```

（2）若读取成功，则返回从文件中读出的整数；若函数调用失败，则返回 EOF。

【例 11.13】将例 11.12 中文件 Eng_score.dat 内容显示到屏幕上。

【程序代码】

```
#include<stdio.h>
void main()
{
    FILE  *fp;
    int  a[3],i;
    fp=fopen("Eng_score.dat","rb+");
    for(i=0;i<3;i++)
        a[i]=getw(fp);
    printf("English scores are as follows:\n");
    for(i=0;i<3;i++)
        printf("%5d",a[i]);
    printf("\n");
    fclose(fp);
}
```

【运行结果】

例 11.13 的运行结果如图 11-21 所示。

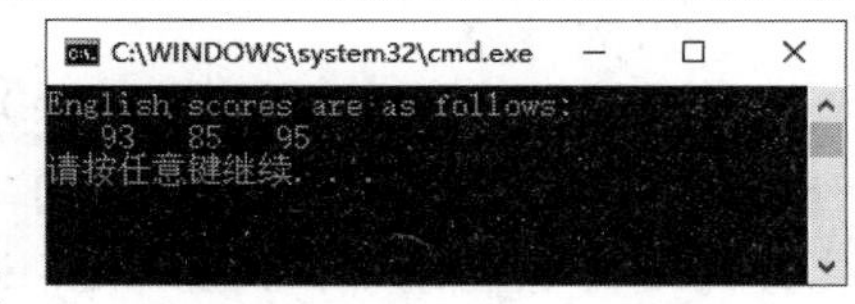

图 11-21　例 11.13 运行结果

【程序分析】

与写文件正好相反，把从文件中读取的数据先送入数组，然后通过数组输出到显示器上。

11.4　文件读 / 写位置指针的定位

前面对文件读写时，不管是文本文件还是二进制文件，只要打开方式不是追加方式，都是从文件头开始进行读写的，这是因为除追加方式外，文件打开时，文件读写位置指针都是定位在文件开始处的（追加方式下读写位置指针定位在文件尾）。读写过程中，文件指针也是自动后移，不需要用户干预。但是，实际问题中，有时需要从文件指定位置开始读写操作。如果用户能操作文件位置指针，那么也就可以灵活对文件进行读写了。下面介绍几个与文件位置指针相关的函数。

11.4.1　将读 / 写位置指针定位于文件头

文件读写时，经常会将读 / 写位置指针定位于文件头以方便从文件开始处进行读写，此时需要用到 rewind() 函数。

调用 rewind() 函数的一般格式（即函数原型）如下：

```
void rewind(FILE *fp)
```

函数的功能是：将文件的读写位置指针重新指向文件首部。

函数说明：

（1）该函数最常见的调用形式如下：

```
rewind(文件指针)
```

（2）该函数无返回值。

【例 11.14】将字符串 " I love China! " 保存到 zfc.txt 文件中，并将文件内容输出到屏幕上。

【程序代码】

```
#include<stdio.h>
void main()
{
    FILE *fp;
    char s1[20],s2[20];
    fp=fopen("zfc.txt","w+");
    gets(s1);
    fputs(s1,fp);
    rewind(fp);
    fgets(s2,strlen(s1)+1,fp);
    printf("%s\n",s2);
    fclose(fp);
}
```

【运行结果】

运行时输入 I love China!，按【Enter】键后屏幕上显示的是同一个串，如图 11-22 所示。

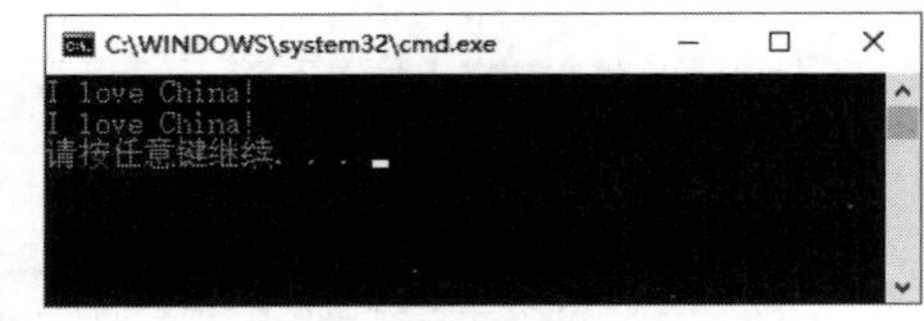

图 11-22　例 11.14 运行结果

【程序分析】

（1）本题思路，将字符串先读入 s1 数组，通过 s1 数组写入文件，然后从文件读取字符串送 s2 数组，再将 s2 数组中字符串输出到屏幕上。其实用一个数组即可，但为了避免初学者有疑虑，定义了两个不同的数组。

（2）因为既要写数据又要读数据，所以用 "w+" 方式表示既可以写又可以读。

（3）执行 fputs(s1,fp) 语句后，文件指针已到达文件尾，为了从头开始读数据，所以要用 rewind(fp) 让文件读写指针返回文件首部。

（4）fgets(s2,strlen(s1)+1,fp) 表示从 fp 指向的文件中读取 (strlen(s1)+1)−1 个字符写入地址为 s2 开始的内存区，即存入 s2 数组。

（5）本题也可以在写入数据后先关闭文件，然后重新打开再读。源程序可改写成如下形式：

【程序代码】

```
#include<stdio.h>
void main()
{
    FILE *fp;
    char s[20];
    fp=fopen("zfc.txt","w");
    gets(s);
    fputs(s,fp);
    fclose(fp);
    fp=fopen("zfc.txt","r");
    fgets(s,strlen(s)+1,fp);
    printf("%s\n",s);
    fclose(fp);
}
```

【运行结果】同图 11-22。

11.4.2　读 / 写位置指针的随机定位

不难看出，rewind() 函数是将读写位置指针固定返回到文件开始处，如果想从任意位置进行读写怎么办呢？这就引出 fseek() 函数，这是一个更能灵活操纵文件读写指针的函数。

调用 fseek() 函数的一般格式（即函数原型）如下：

int fseek(FILE *fp,long offset,int whence)

函数的功能是：把 fp 所指向的文件中的读写位置指针移动到相对于位置 whence 来说有 offset 个字节的地方。

函数说明：

（1）函数原型中各参数的含义如下：

- fp：代表文件指针。
- offset：代表指针移动的位移量，长整型整数，单位是字节。

用此数的正负表示读写位置指针移动的方向：

为正数时，表示指针向文件尾部方向移动 offset 个字节。

为负数时，表示指针向文件首部方向移动 |offset| 个字节。

- whence：代表读写位置指针移动时的参照位置，即相对于这个位置移动 |offset| 个字节。

实际上参照位置只有三种：文件首部、当前读写位置和文件末尾，对应的实参值也就只有三种可能，但这三种可能有两种表示方法，具体表示方法及其含义见表 11-4。

表 11-4　读写位置指针移动时参照位置的表示方法

参照位置含义	符号表示（宏名）	数值表示
文件首部	SEEK_SET	0
当前读写位置	SEEK_CUR	1
文件末尾	SEEK_END	2

表 11-4 中符号表示与数值表示可任选其一。

注：whence 值为 SEEK_SET（或 0）时，表示文件读写指针在文件首部，此时，不能再向前移动，所以 offset 不能为负数。只有当 whence 值为 SEEK_CUR（或 1）及 SEEK_END（或 2）两种情况，参数 offset 才允许出现负数。同理，whence 值为 SEEK_END（或 2）时，offset 不能为正数，即不能再向后移动。

（2）该函数最常见的调用形式如下：

```
fseek(文件指针，长整型数，整数)
```

举几个例子：

例 1：fseek(fp,10L,SEEK_SET)

表示将文件读写位置指针从文件首部向后移 10 字节。

也可写成 fseek(fp,10L,0)

例 2：fseek(fp,20L,SEEK_CUR)

表示将读写位置指针从当前位置开始向后移 20 字节。

也可写成 fseek(fp,20L,1)

例 3：fseek(fp,-20L,SEEK_CUR)

表示将读写位置指针从当前位置开始向前移 20 字节。

也可写成 fseek(fp,-20L,1)

例 4：fseek(fp,-50L,SEEK_END)

表示将读写位置指针从文件末尾向前移 50 字节。

也可写成 fseek(fp,-50L,2)

（3）若函数调用成功，则返回 0；若调用失败，返回非 0。

【例 11.15】将例 11.10 形成的 staff.dat 文件中第 4 个职员的信息输出到屏幕上。

【程序代码】

```
#include<stdio.h>
#include<stdlib.h>
struct worker
{
    int id;
    char name[10];
    char sex[4];
    int age;
    char tel[12];
}t;
void main()
{
    FILE *fp;
    if((fp=fopen("e:\\4\\4\\staff.dat","rb"))==NULL)
    {
        printf("Can not open this file\n");
        exit(0);
    }
    fseek(fp,-(long)sizeof(struct worker)*2,2);    /*将文件读写指针从文件末尾向
                                                     前移动两个结构体类型数据*/
    fread(&t,sizeof(struct worker),1,fp);          /*从文件中读取一个职员的信息
                                                     放入结构体变量t中*/
   printf("%d%12s%6s%6d%16s\n",t.id,t.name,t.sex,t.age,t.tel);
                                                   /*将该职员信息输出到屏幕上*/
    fclose(fp);
}
```

【运行结果】

例 11.15 的运行结果如图 11-23 所示。

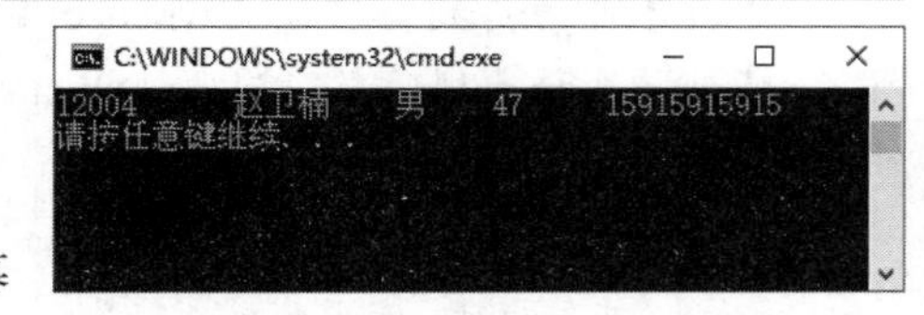

图 11-23　例 11.15 运行结果

【程序分析】

（1）本题还是从文件读取数据经结构体变量送屏幕输出。

（2）例 11.10 中 staff.dat 的存放路径是 e:\4\4\staff.dat，没有与例 11.15 的源程序代码放在同一路径下，故打开该文件时要指定路径。

（3）因为 fseek() 函数的第二个形参要求是长整型数，所以题中用强制类型转换得到长整型的实参。

（4）第 4 个职员信息是倒数第 2 个结构体元素，所以文件指针从文件尾要向前移动 2 个结构体元素，故需用一个结构体元素占的字节数乘以 2。

11.4.3　测试读 / 写位置指针当前位置

通过 rewind() 函数和 fseek() 函数可以灵活移动文件读写位置指针，通过 ftell() 函数可以求出文件读写位置指针距离文件首部的偏移量。

调用 ftell() 函数的一般格式（即函数原型）如下：

```
long ftell(FILE *fp)
```

函数的功能是:获得文件读写位置指针的当前位置，此位置为相对于文件开始位置的偏移量。

函数说明：

（1）该函数最常见的调用形式如下：

```
ftell(文件指针)
```

（2）若函数调用成功，则返回值是当前读写位置距离文件起始位置的字节数；若调用失败，则返回 -1L。

【例 11.16】从键盘任意输入一字符串保存到文件 test.dat 中，求出该文件的长度。

【程序代码】

```
#include<stdio.h>
void main()
{
    FILE *fp;
    char s[20];
    long length;
    fp=fopen("test.dat","w");
    gets(s);
    fputs(s,fp);
    length=ftell(fp);            /* 文件读写位置指针返回的偏移量正好是文件长度 */
    printf("%ld\n",length);
    fclose(fp);
}
```

【运行结果】

例 11.16 的运行结果如图 11-24 所示。

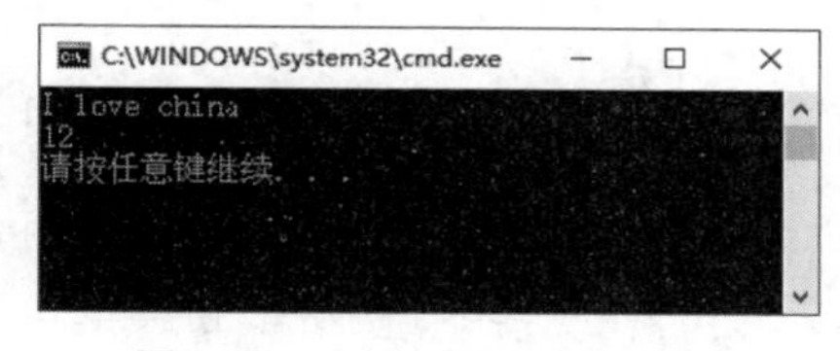

图 11-24　例 11.16 运行结果

【程序分析】

（1）ftell(fp) 返回值是当前读写位置距离文件起始位置的字节数，此字节数即为文件长度。

（2）ftell() 函数返回的是长整型数，所以有 long length 的定义。

（3）本题是先生成文件然后求文件读写位置指针位置，而 fputs(s,fp) 后文件读写位置指针恰好到达文件结尾处，所以可直接利用 ftell() 函数求出读写位置指针的偏移量。如果是求已经存在文件的长度，那么打开对应文件时文件指针通常在文件首部（除非用追加方式打开），此时，需要通过 fseek(fp,0L,SEEK_END) 先将读写位置指针定位到文件尾才能用 ftell() 函数。

注：ftell() 函数既适用于文本文件又适用于二进制文件。

11.5　文件的检测

11.5.1　文件末尾检测函数 feof()

在文本文件中，存储的是字符的 ASCII 码，ASCII 码取值范围是 0 ～ 255，不可能出现负数，所以判断文本文件是否结束时，可与文件结束标志 EOF（-1）比较。但在二进制文件中，数据存储形式与其内存形式一致，这就可能出现有效数据是 -1 的情形，此时如果还用 EOF 做结束标志，二者势必产生冲突。故不能用与文件结束标志 EOF 比较的方法判断二进制文件是否结束，此时需要用专门判断文件是否结束的函数即 feof() 函数。

调用 feof() 函数的一般格式（即函数原型）如下：

```
int feof(FILE *fp)
```

函数的功能是：判断文件是否结束。

函数说明：

（1）该函数的调用形式如下：

```
feof(文件指针)
```

（2）如果文件未结束，则该函数返回 0；若文件已结束，则返回非 0 整数。

注：feof() 函数既能判断二进制文件又能判断文本文件。

【例 11.17】不用 ftell() 函数实现从键盘任意输入一字符串保存到文件 test.dat 中，求出该文件的长度。

【程序代码】

```
#include<stdio.h>
void main()
{
    FILE  *fp;
    char  s[20];
    int  length=0;
    fp=fopen("test.dat","w+");
    gets(s);                          /* 接收从键盘输入的一个字符串，送入 s 数组 */
    fputs(s,fp);                      /* 把以 s 为首地址的字符串写到 fp 所指文件中 */
    rewind(fp);
    while(!feof(fp))                  /* 判断 test.dat 文件是否结束 */
    {
        fgetc(fp);
        length++;                     /* 每从文件中读取一个字符，长度增 1*/
    }
    printf("%d\n",length-1);
}
```

【运行结果】

例 11.17 的运行结果同图 11-24。

【程序分析】

（1）本题思路是每读出一个字符，文件长度增 1。通过 feof() 函数判断文件是否结束，若未结束，则通过字符读取函数 fgetc() 读取一个字符，本题读取字符的目的只是使文件读写位置指针下移，并没有使用读出的字符。

（2）循环体中读取字符后尚未判断文件是否结束，长度 length 就已自增，所以文件结束标志 EOF 也计入到了长度中，故最后输出文件实际长度为 length-1。

11.5.2 读写出错检测函数 ferror()

通过前面内容的介绍可知，每个文件读写函数都有返回值，借由返回值可以判断函数调用是否成功。下面介绍一个专用检查函数调用成功与否的函数 ferror()。

调用 ferror() 函数的一般格式（即函数原型）如下：

```
int ferror(FILE *stream)
```

函数的功能是：检查调用各种文件读写函数时是否出错。

函数说明：

（1）该函数的调用形式如下：

```
ferror(文件指针)
```

（2）每次调用文件读写函数时，就产生一个新的 ferror() 函数值。若 ferror() 函数返回值为 0，表示文件读写函数调用成功；如果返回非零值，文件读写函数调用失败。调用 fopen() 函数时，ferror() 函数的初始值自动设为 0。

注：通过 ferror() 函数只能检测刚刚调用的文件读写函数是否成功，一旦调用了新的文件读写函数，则 ferror() 函数值就只能检测新的函数是否调用成功了，因为 ferror() 函数值已发生改变。

【例 11.18】读取当前文件夹下的 test.txt 文件，若读取成功显示读取内容，若不成功，显示出错提示。（假设当前文件夹下并没有 test.txt 文件）

【程序代码】

```
#include<stdio.h>
void main()
{
    FILE  *fp;
    char  s[20];
    fp=fopen("test.txt","w");
    fgets(s,20,fp);
    if(!ferror(fp))
        printf("%s\n",s);
    else
        printf("Read failure!\n");
    fclose(fp);
}
```

【运行结果】

例 11.18 的运行结果如图 11-25 所示。

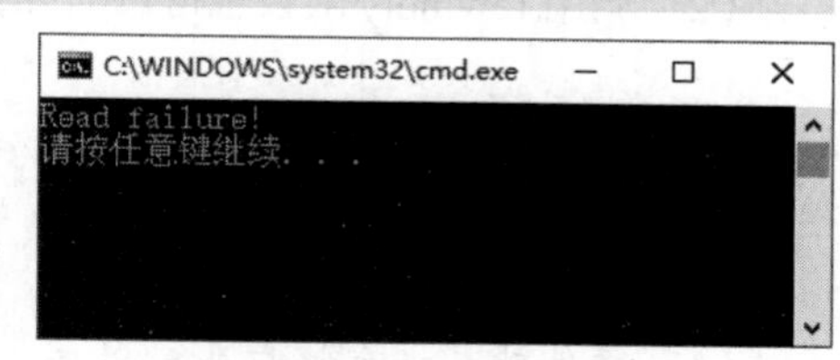

图 11-25　例 11.18 运行结果

【程序分析】

本题假设 test.txt 文件不存在，不过在以只写方式打开文件时，即使文件不存在也可以建立文件，但因为打开方式是 "w"，代表只能写不能读，所以读取失败。

11.5.3　清除文件末尾和出错标志函数 clearerr()

在用 ferror() 函数测试读写文件操作失败后，系统会一直保留错误信息，这时可以用 clearerr() 函数将错误标志复位。

调用 clearerr() 函数的一般格式（即函数原型）如下：

```
void clearerr(FILE *stream)
```

函数的功能是：发生文件读写错误时，清除出错标志。

函数说明：

（1）该函数的调用形式如下：

```
clearerr(文件指针)
```

（2）clearerr() 函数没有返回值。

【例 11.19】改进例 11.18，在读取出错后清除错误标志。

【程序代码】

```
#include<stdio.h>
void main()
{
    FILE  *fp;
    char  s[20];
    fp=fopen("test.txt","w");
    fgets(s,20,fp);
    if(ferror(fp))
    {
        printf("Read failure!\n");
        printf("Before clearing the error flag:\n");
        printf("ferror(fp) 的返回值 =%d\n",ferror(fp));        /* 输出清除标志前返回值 */
        clearerr(fp);                                          /* 清除错误标志 */
        printf("After the error flag cleared:\n");
        printf("ferror(fp) 的返回值 =%d\n",ferror(fp));        /* 输出清除标志后返回值 */
    }
    else
        printf("%s\n",s);
    fclose(fp);
}
```

【运行结果】

例 11.19 的运行结果如图 11-26 所示。

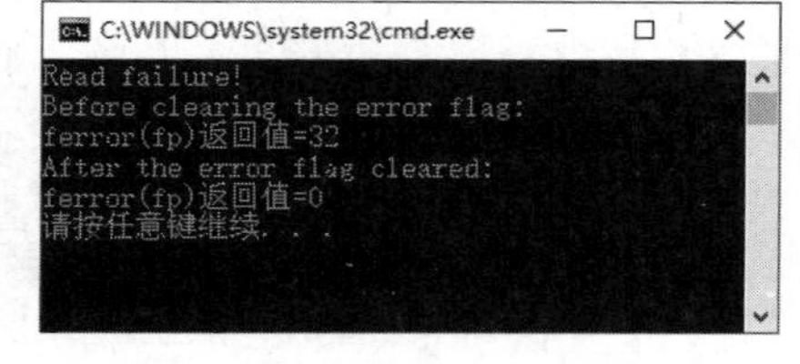

图 11-26　例 11.19 运行结果

【程序分析】

（1）从题中可以看出，清除错误标志后，ferror() 的值重新置为 0。

（2）调用 rewind() 函数也可以清除错误标志。

小　　结

（1）文件就是指存储在外部介质上的一组相关数据的集合。在 C 语言中，所有输入 / 输出数据都按“数据流”形式处理，文件实际上就是以一个个的字符（或字节）顺序存放形成的字节流，因而又称流式文件。文件输入 / 输出方式又称“存取方式”。

（2）C 程序中文件分为文本文件（又称 ASCII 文件）和二进制文件。

（3）若想对文件操作，首先需要定义一个文件指针变量指向文件。任何涉及文件操作问题，必须先定义文件指针。有几个文件，就要定义几个文件指针。

（4）对磁盘文件操作主要有打开文件、读写文件和关闭文件。对文件的所有操作都是通过库函数实现的。磁盘文件的读写操作分为顺序读写和随机读写两种。

（5）打开磁盘文件需要使用 fopen() 函数。

（6）关闭文件需要使用 fclose() 函数。

（7）文本文件的读写函数有：针对字符输入 / 输出的 fgetc() 和 fputc() 函数，针对字符串输入 / 输出的 fgets() 函数和 fputs() 函数，格式化输入 / 输出的 fscanf() 函数和 fprintf() 函数。

（8）二进制文件读写函数有：数据块读写函数 fread() 和 fwrite()。

（9）其他针对文件操作的函数主要有：定位读写指针的 rewind() 函数和 fseek() 函数，获取读写指针位置的 ftell() 函数和测试文件是否结束的 feof() 函数。

习 题 十一

一、单选题

1. C 语言中文件的存储方式有（　　）。

A. 只能顺序存储存取　　B. 只能随机存取

C. 可以顺序存储存取，也可随机存取　　D. 只能从文件的开头进行存取

2. 以下叙述中错误的是（　　）。

A. 二进制文件打开后可以先读文件的末尾，而顺序文件不可以

B. 程序结束时，应当用 fclose() 函数关闭已打开的文件

C. 在利用 fread() 函数从二进制文件中读数据时，可以用数组名给数组中所有元素读入数据

D. 不可以用 FILE 定义指向二进制文件的文件指针

3. 系统标准输入设备的文件类型指针变量是（　　）。

A. stdin　　B. stdout　　C. stderr　　D. 用户自己定义

4. 以下要作为函数 fopen() 中第一个参数的正确格式是（　　）。

A. c:user\text.txt　　B. c:\rser\text.txt　　C. \user\text.txt　　D. "c:\\user\\text.txt "

5. 若有程序片段 FILE *fp; fp=fopen("a.txt","r"); 则以下说法中正确的是：（　　）。

A. fp 指向磁盘文件 a.txt 的地址

B. fp 指向磁盘文件 a.txt 所对应的 FILE 结构

C. 如果 fp 不为 NULL，表示文件打开失败

D. 可以利用 fp 指针对文件 a.txt 进行写操作

6. 若执行 fopen() 函数时发生错误，则函数的返回值是（　　）。

A. 地址值　　B. 0　　C. 1　　D. EOF

7. 打开文件时，方式 "w" 决定了对文件进行的操作是（　　）。

A. 只写盘　　B. 只读盘　　C. 可读可写盘　　D. 追加写盘

8. 若以 "a+" 方式打开一个已存在的文件，则以下叙述正确的是（　　）。

A. 文件打开时，原有文件内容不被删除，位置指针移到文件末尾，可作添加和读操作

B. 文件打开时，原有文件内容不被删除，位置指针移到文件开头，可作重写和读操作

C. 文件打开时，原有文件内容删除，只可作写操作

D. 以上各种说法皆不正确

9. 为读写建立一个新的文本文件 d:\aa.dat, 下列语句中正确的是（　　）。

A. fp=fopen("d:\\aa.dat","a");　　B. fp=fopen("d:\\aa.dat","w+");

C. fp=fopen("d:\aa.dat","w+");　　D. fp=fopen("d:\\aa.dat","rb+");

10. 若调用 fputc() 函数输出字符成功，则其返回值是（　　）。

A. EOF　　B. 1　　C. 0　　D. 输出的字符

11. fgetc() 函数的作用是从指定文件读入一个字符，该文件的打开方式必须是（　　）。

A. 只写　　B. 追加　　C. 读或读写　　D. 答案 B 和 C 都正确

12. 已知 fp 是一个指向已打开文件的指针，ch 是一个字符型变量，则 ch=fgetc(fp) 的作用是（　　）。

A. 获取键盘输入的字符，并赋值给 ch

B. 获取 fp 所指向的文件的第一个字节的内容，并赋值给 ch

C. 获取 fp 所指向的文件的当前文件位置指针所指向的一个字节的内容，并赋值给 ch

D. 将 ch 的值输出到 fp 所指向的文件中

13. fscanf() 函数的正确调用形式是（　　）。

A. fscanf(fp, 格式字符串, 输出表列);

B. fscanf(格式字符串, 输出表列,fp);

C. fscanf(格式字符串, 文件指针, 输出表列);

D. fscanf(文件指针, 格式字符串, 输入表列);

14. 有以下程序

```
#include<stdio.h>
int main()
{
    FILE *fp;
    int i=20,j=30,k,n;
    fp=fopen("d1.dat","w");
    fprintf(fp,"%d\n",i);
    fprintf(fp,"%d\n",j);
    fclose(fp);
    fp=fopen("d1.dat","r");
    fp=fscanf(fp,"%d%d",&k,&n);
    printf("%d%d\n",k,n);
    fclose(fp);
    return 0;
}
```

程序运行结果是（　　）。

A. 20 30　　B. 20 50　　C. 30 50　　D. 30 20

15. 有以下程序

```
#include<stdio.h>
void main()
{
    FILE *fp;
    int i,k,n;
    fp=fopen("data.dat","w+");
    for(i=1;i<6;i++)
    {
        fprintf(fp,"%d",i);
        if(i%3==0) fprintf(fp,"\n");
    }
    rewind(fp);
    fscanf(fp,"%d%d",&k,&n);
    printf("%d %d\n",k,n);
    fclose(fp);
}
```

程序运行后的输出结果是（　　）。

A. 0 0　　B. 123 45　　C. 1 4　　D. 1 2

16. fwrite() 函数的一般调用形式是（　　）。

A. fwrite(buffer,count,size,fp);　　B. fwrite(buffer,size,count,fp);

C. fwrite(fp,count,size,fp);　　D. fwrite(fp,count,size,buffer);

17. 从文件型指针 fp 所指向的文件中当前位置开始，连续读取 10 个双精度型实数，存入名

为 "f" 的双精度型数组的前 10 个元素中，错误的语句是（　　）。

A. fread(f,8,10,fp);　　B. fread(f,sizeof(double),10,fp);

C. fread(&f[0],1,80,fp);　　D. fread(f[0],sizeof(double),10,fp);

18. 执行以下程序后，test.txt 文件的内容是（若文件能正常打开）(　　)。

```
#include<stdio.h>
#include<stdlib.h>
void main()
{
    FILE *fp;
    char *s1="Fortran",*s2="Basic";
    if((fp=fopen("test.txt","wb"))==NULL)
        { printf("Can not open test.txt file\n"); exit(0);}
    fwrite(s1,7,1,fp);
    fseek(fp,0L,SEEK_SET);
    fwrite(s2,5,1,fp);
    fclose(fp);
}
```

A. Basican　　B. BasicFortran　　C. Basic　　D. FortranBasic

19. 函数调用语句：fseek(fp,-20L,2); 的含义是（　　）。

A. 将文件位置指针移到了距离文件头 20 字节处

B. 将文件位置指针从当前位置向后移动 20 字节

C. 将文件位置指针从文件末尾处向后退 20 字节

D. 将文件位置指针移到了距离当前位置 20 字节处

20. 若fp已正确定义并指向某个文件,当未遇到该文件结束标志时函数feof(fp)的值为(　　)。

A. 0　　B. 1　　C. -1　　D. 一个非 0 值

二、填空题

1. 从文件编码的方式看，文件可分为________和二进制文件。

2. “FILE *p”的作用是定义一个________。

3. 定义文件型指针时，FILE 是在________头文件中定义的。

4. 使用 fopen("abc","r+") 打开文件时，若 abc 文件不存在，则________。

5. 使用 fopen("abc","w+") 打开文件时，若 abc 文件已存在，则________。

6. 使用 fopen("abc","a+") 打开文件时，若 abc 文件不存在，则________。

7. C 语言中用________函数实现关闭文件。

8. 若 fp 是指向某文件的指针,且已读到此文件末尾,则库函数 feof(fp) 的返回值是________。

9. 下面程序把从终端读入的文本（用 @ 作为文本结束标志）输出到一个名为 bi.dat 的新文件中，请填空。

```
#include<stdio.h>
#include<stdlib.h>
void main()
{
    FILE *fp;
    char ch;
    if((fp=fopen (________))==NULL)
        exit(0);
    while((ch=getchar( )) !='@')
        fputc(ch,fp);
```

```
    fclose(fp);
}
```

10. 下面的程序用来统计文件中字符的个数，请填空。

```
#include<stdio.h>
#include<stdlib.h>
void main()
{
    FILE *fp;
    long num=0;
    if((fp=fopen("fname.dat","r"))==NULL)
    {
        printf("Can' t open file!\n");
        exit(0);
    }
    while(_______)
    {
        fgetc(fp);
        num++;
    }
    printf("num=%d\n",num);
    fclose(fp);
}
```

11. C 语言中文件指针设置函数是________。

12. 文件指针位置检测函数是________。

13. 下面程序把从终端读入的 10 个整数以二进制方式写到一个名为 bi.dat 的新文件中，请填空。

```
#include<stdio.h>
#include<stdlib.h>
void main()
{
    FILE *fp;
    int i,j;
    if((fp=fopen(_______, "wb"))==NULL)
        exit(0);
    for(i=0; i<10; i++)
    {   scanf("%d",&j);
        fwrite(&j,sizeof(int),1, _______);
    }
    fclose(fp);
}
```

14. 以下程序的执行结果是________。

```
#include<stdio.h>
#include<stdlib.h>
void main()
{
    int i,n;
    FILE *fp;
    if((fp=fopen("temp","w+"))==NULL)
    {
```

```
        printf(" 不能建立 temp 文件 \n");
        exit(0);
    }
    for(i=1;i<=10;i++)
        fprintf(fp,"%3d",i);
    for(i=0;i<5;i++)
    {
        fseek(fp,i*6L,SEEK_SET);
        fscanf(fp,"%d",&n);
        printf("%3d",n);
    }
    fclose(fp);
}
```

15. 以下程序的执行结果是________。

```
#include<stdio.h>
#include<stdlib.h>
void main()
{
    int i,n;
    FILE *fp;
    if((fp=fopen("temp","w+"))==NULL)
    {
        printf(" 不能建立 temp 文件 \n");
        exit(0);
    }
    for(i=1;i<=10;i++)
        fprintf(fp,"%3d",i);
    for(i=0;i<10;i++)
    {
        fseek(fp,i*3L,SEEK_SET);
        fscanf(fp,"%d",&n);
        fseek(fp,i*3L,SEEK_SET);
        fprintf(fp,"%3d",n+10);
    }
    for(i=1;i<=5;i++)
    {
        fseek(fp,i*6L,SEEK_SET);
        fscanf(fp,"%d",&n);
        printf("%3d",n);
    }
    fclose(fp);
}
```

16. 以下程序将用户从键盘上随机输入的30个学生的学号、姓名、数学成绩、计算机成绩及总分写入数据文件score.txt中，假设30个学生的学号从1~30连续。输入时不必按学号顺序进行，程序自动按学号顺序将输入的数据写入文件。请在程序的空白处填入一条语句或一个表达式。

```
#include<stdio.h>
#include<stdlib.h>
void main()
{
    FILE *fp;
```

```
    struct st
    {
        int number;
        char name[20];
        float math;
        float computer;
        float total;
    }student;
    int i,j;
    if((fp=fopen("score.txt","wb+"))==NULL)
    {
        printf("file open error\n");
        exit(1);
    }
    for(i=0;i<30;i++)
    {
        scanf("%d,%20s,%f,%f",&student.number,student.name,
            &student.math,&student.computer);
        student.total=student.math+student.computer;
        j=student.number-1;
        ______________;
        if(fwrite(&student,sizeof(student),1,fp)!=1)
            printf("write file error\n");
    }
    fclose(fp);
}
```

三、简答题

1. 简述文件的定义。

2. 结合自身理解，说说文件的分类。

3. 简述文件操作的步骤。

四、程序设计题

1. 从键盘输入一串字符，以“#”结束，存入文件text.txt中，并读出文件text.txt的内容，显示到屏幕上。

2. 将2000以内的素数输出到prime.txt文件中进行保存。

3. 从键盘输入5名同学的信息（包括学号、姓名和三科成绩），将所有学生信息保存到文件student.dat中，求平均成绩并显示在屏幕上。

附录 A

常用字符与 ASCII 码对照表

ASCII 值	字符	控制字符	ASCII 值	字符	ASCII 值	字符	ASCII 值	字符
0	（null）	NUL	32	(space)	64	@	96	ʼ
1	^A（☺）	SOH	33	!	65	A	97	a
2	^B（☻）	STX	34	″	66	B	98	b
3	^C（♥）	ETX	35	#	67	C	99	c
4	^D（♦）	EOT	36	$	68	D	100	d
5	^E（♣）	END	37	%	69	E	101	e
6	^F（♠）	ACK	38	&	70	F	102	f
7	^G（beep）	BEL	39	'	71	G	103	g
8	^H（◘）	BS	40	(	72	H	104	h
9	^I（tab）	HT	41	)	73	I	105	i
10	^J（line feed）	LF	42	*	74	J	106	j
11	^K（home）	VT	43	+	75	K	107	k
12	^L（form feed）	FF	44	,	76	L	108	l
13	^M（carriage return）	CR	45	-	77	M	109	m
14	^N（♬）	SO	46	.	78	N	110	n
15	^O（☼）	SI	47	/	79	O	111	o
16	^P（►）	DLE	48	0	80	P	112	p
17	^Q（◄）	DC1	49	1	81	Q	113	q
18	^R（↕）	DC2	50	2	82	R	114	r
19	^S（‼）	DC3	51	3	83	S	115	s
20	^T（¶）	DC4	52	4	84	T	116	t
21	^U（§）	NAK	53	5	85	U	117	u
22	^V（▬）	SYN	54	6	86	V	118	v
23	^W（↨）	ETB	55	7	87	W	119	w
24	^X（↑）	CAN	56	8	88	X	120	x
25	^Y（↓）	EM	57	9	89	Y	121	y
26	^Z（→）	SUB	58	:	90	Z	122	z
27	ESC（←）	ESC	59	;	91	[	123	{
28	FS（∟）	FS	60	<	92	\	124	|
29	GS（↔）	GS	61	=	93	]	125	}
30	RS（▲）	RS	62	>	94	^	126	～
31	US（▼）	US	63	?	95	-	127	

附录B 常用库函数介绍

一、输入/输出函数

1. getc() 函数

格式：int getc(FILE *stream)

说明：函数原型在 stdio.h 中。

getc() 从输入流 stream 的当前位置返回下一个字符。读取时把字符作为无符号字符来读，并转换为整型量。如果到达文件尾，getc() 返回 EOF。

例：读取并显示一个文本文件的内容。

```
#include<stdio.h>
void main(int argc, char *argv[])
{
    FILE *fp;
    char ch;
    if(!(fp=fopen(argv[1], "r")))
    {
        printf("cannot open file. \n");
        exit(1);
    }
    while((ch=getc(fp))!=EOF)
        printf("%c" ,ch);
    fclose(fp);
}
```

2. getch() 和 getche() 函数

格式：int getch(void)

　　　int getche(void)

说明：函数原型在 conio.h 中。

getch() 函数从控制台读取并返回下一个字符，但不把该字符回显在屏幕上。

getche() 函数从控制台读取并返回下一个字符，同时把该字符回显在屏幕上。

例：这段程序用 getch() 读取用户在菜单上的选择。

```
#include<conio.h>
#include<stdio.h>
#include<string.h>
void main()
{
    char choice;
    do {
        printf("\n");
        printf(" 1: check spelling \n");
```

```
        printf(" 2: correct spelling \n");
        printf(" 3: look up a word in the dictionary \n");
        printf("\n Enter your selection : ");
        choice=getche();
    } while(!strchr("123",choice));
}
```

3. getchar() 函数

格式：int getchar(void)

说明：函数原型在 stdio.h 中。

getchar() 从标准输入流（stdin）中返回下一个字符，读到文件结束标志时返回 EOF。getchar() 函数的作用相当于 getc(stdin)。

例：从 stdin 中读字符并放到数组 s 中，直到输入一个回车符后停止，然后显示该字符串。

```
#include<stdio.h>
void main()
{
    char s[256],*p;
    p=s;
    printf("\n");
    while((*p++=getchar())!='\n');
        p='\0';        /* add null terminator */
    printf(s);
}
```

4. gets() 函数

格式：char *gets(char *str)

说明：函数原型在 conio.h 中。

gets() 函数从 stdin 中读取字符并把它们放到 str（串）指向的字符数组中。它读取字符直至遇到换行符或读入了 EOF。操作成功返回 str，不成功返回空指针。gets() 函数读取的字符个数没有限制，应注意保证 str 指向的数组足够大。

例：用 gets() 读入一个文件名字。

```
#include<stdio.h>
#include<conio.h>
void main()
{
    FILE *fp;
    char fname[128];
    printf("Enter filename: ");
    gets(fname);
    if(!(fp=fopen(fname, "r")))
    {
        printf ("cannot open file. \n");
        exit(1);
    }
    else
        printf("open succeeded.\n");
    fclose(fp);
}
```

5. putc() 函数

格式：int putc(int ch, FILE *stream)

说明：函数原型在 stdio.h 中。

putc() 函数把 ch 的字符写到 stream 指向的流中去。若调用成功，返回所写字符，否则返回 EOF。

例：下述语句把 str 串中的字符写到 fp 所指向的流中。

```
for(;*str;str++) putc(*str,fp);
```

6. putchar() 函数

格式：`int putchar(int ch)`

说明：函数原型在 conio.h 中。

putchar() 函数把 ch 的字符写到标准输出流（stdout）中。在功能上等价于 putc(ch, stdout)。若调用成功，返回所写字符，否则返回 EOF。

例：下述语句把 str 串中的字符写到 stdout 中。

```
for(;*str;str++) putchar(*str);
```

7. puts() 函数

格式：`int puts(char *str)`

说明：函数原型在 conio.h 中。

puts() 函数把 str 指向的字符串写到标准输出设备中去。调用成功返回换行，失败返回 EOF。

例：把字符串 this is an example 写入 stdout。

```
#include<conio.h>
void main()
{
    char str[80];
    strcpy(str,"this is an example");
    puts(str);
}
```

二、字符和字符串函数

1. isalpha() 函数

格式：`int isalpha(int ch)`

说明：函数原型在 ctype.h 中。

如果 ch 是字母表中的字母，则返回非零；否则返回零。

例：检查从 stdio 读入的每一个字符，凡是字母表中的字母都显示出来，当输入空格时，程序结束。

```
#include<ctype.h>
#include<stdio.h>
void main()
{
    char ch;
    for( ; ; )
    {
        ch=getchar();
        if(ch==' ')
            break;
        if(isalpha(ch))
            printf("%c is a letter \n",ch);
    }
}
```

2. isascii() 函数

格式：`int isascii(int ch)`

说明：函数原型在 ctype.h 中。

如果 ch 在 0 ～ 0x7F 之间，isascii() 函数返回非零，否则返回零。

例：检查从 stdin 读入的每个字符，凡是由 ASCII 定义的字符都显示出来。

```
#include <ctype.h>
#include <stdio.h>
void main()
{
    char ch;
    for( ; ; )
    {
        ch=getchar();
        if(ch==' ')
            break;
        if(isascii(ch)&&(ch!='\n'))
            printf ("%c is ASCII defined. \n" , ch);
    }
}
```

3. strcat() 函数

格式：`char *strcat(char *str1 , char *str2)`

说明：函数原型在 string.h 中。

函数把 str2 连接到 str1 上，并以空（NULL）结束 str1。原来作为 str1 结尾的空结束符被 str2 的第一个字符覆盖，而 str2 在操作中未被修改。应注意保证 str1 空间足够大。函数返回 str1。

例：程序把从 stdin 读入的第一个字符串加到第二个串的后面。例如，假设用户输入 hello 和 there，程序将输出 therehello。

```
#include<string.h>
#include<stdio.h>
void main()
{
    char s1[80],s2[80];
    gets(s1);
    gets(s2);
    strcat(s2,s1);
    printf(s2);
}
```

4. strchr() 函数

格式：`char * strchr(char *str, char ch)`

说明：函数原型在 string.h 中。

函数返回由 str 所指向的字符串中首次出现 ch 的位置指针。如果未发现与 ch 匹配的字符，则返回空（NULL）指针。

例：该程序输出字符串 this is a test。

```
#include<string.h>
#include<stdio.h>
void main()
{
    char *p;
```

```
    p=strchr("this is a test",'i');
    printf(p);
    printf("\n");
}
```

5. strcmp() 函数

格式：int strcmp(char *str1 , char *str2)

说明：函数原型在 string.h 中。

strcmp() 函数按词典编辑顺序比较两个以空字符（null）结束的字符串，并且返回基于输出的整型值。返回值小于零，则 str1< str2；返回值等于零，则 str1= str2；返回值大于零，则 str1> str2。

例：该程序作为密码验证程序。如果失败，返回 0；成功则返回 1。

```
#include<string.h>
#include<stdio.h>
void main()
{
    char s[80];
    printf("Enter password: ");
    gets(s);
    if(strcmp(s,"pass"))
    {
        printf("invalid password. \n");
        return 0;
    }
    return 1;
}
```

6. strcpy() 函数

格式：int strcpy(char *str1 , char *str2)

说明：函数原型在 string.h 中。

strcpy() 函数把 str2 的内容复制到 str1 中，str2 必须是一个指向空（null）结尾的字符串指针。

例：下面语句将 hello 复制到字符串 str 中。

```
char str[80];
strcpy(str,"hello");
```

7. strlen() 函数

格式：unsigned strlen(char *str)

说明：函数原型在 string.h 中。

strlen() 函数用来计算以空（null）结尾的字符串长度，并返回串长。结束符 null 不计在内。

例：下面语句在屏幕上显示数字 5。

```
strcpy(s,"hello");
printf("%d",strlen(s));
```

8. strlwr() 函数

格式：char *strlwr(char str)

说明：函数原型在 string.h 中。

strlwr () 函数把 str 所指向的字符串变为小写字母。

例：下面程序在屏幕上显示 this is a test。

```
#include<string.h>
#include<stdio.h>
```

```
void main()
{
    char s[80];
    strcpy(s,"this is a test");
    strlwr(s);
    printf(s);
}
```

9. strstr() 函数

格式：`char *strstr(char *str1 , char *str2)`

说明：函数原型在 string.h 中。

strstr() 函数在字符串 str1 中寻找第一个遇到 str2 字符串的位置，并返回指向该位置的指针。

例：下面程序显示 this is a test。

```
#include <stdio.h>
#include <string.h>
void main()
{
    char *p;
     p=strstr("this is a test","is");
     printf(p);
}
```

10. char *strupr(char *str)

格式：`char *strupr(char str)`

说明：函数原型在 string.h 中。

strupr() 函数把 str 所指向的字符串变为大写体字母。

例：下面程序在屏幕上显示 this is a test。

```
#include <string.h>
#include <stdio.h>
void main()
{
    char s[80];
    strcpy(s,"this is a test");
    strupr(s);
    printf(s);
}
```

11. tolower() 函数

格式：`int tolower(int ch)`

说明：函数原型在 ctype.h 中。

如果 ch 是个字母，tolower() 函数将它变成小写。tolower() 函数返回 ch 的小写字母，如果 ch 不是字母则返回的 ch 没有变化。

例：下面的语句显示为 q。

```
putchar(tolower('Q'));
```

12. toupper() 函数

格式：`int toupper(int ch)`

说明：函数原型在 ctype.h 中。

如果 ch 是个字母，toupper() 函数将它变成大写，并且返回与其相同的大写字母，否则返回没有改变的 ch。

例：下面的语句显示为 A。

```
putchar(toupper('a'));
```

三、数学函数

1. abs() 函数

格式：`int abs(int num)`

说明：函数原型在 stdlib.h 中。

abs() 函数返回整数 num 的绝对值。

例：下面语句在屏幕上显示 10。

```
printf ("%d ", abs(-10));
```

2. atof() 函数

格式：`double atof(char *str)`

说明：函数原型在 math.h 中。

atof() 函数把由 str 所指向的字符串转变成一个双精度数。该字符串必须包含一个有效的实型数，否则，返回 0。

例：下面程序读入两个实型数，并显示其和。

```
#include <stdlib.h>
#include <stdio.h>
void main()
{
    char num1[80], num2[80];
    printf("enter first : ");
    gets(num1);
    printf("enter second : ");
    gets(num2);
    printf("the sum is : %f" , atof(num1)+atof(num2));
}
```

3. atoi() 函数

格式：`int atoi(char *str)`

说明：函数原型在 stdlib.h 中。

atoi() 函数将 str 指向的字符串转换为整型值。

4. atol() 函数

格式：`long atol(char *str)`

说明：函数原型在 stdlib.h 中。

atol() 函数将 str 指向的字符串转换为一长整型值。

5. ceil() 函数

格式：`double ceil(double num)`

说明：函数原型在 math.h 中。

ceil() 函数找出不小于 num 的最小整数（表示为双精度）。例如，给出 1.03，函数将返回 2.0。给出 -1.03，函数将返回 -1.0。

例：下面语句在屏幕上显示 10。

```
printf ("%f", ceil(9.2));
```

6. cos() 函数

格式：`double cos(double arg)`

说明：函数原型在 math.h 中。

cos() 函数返回 arg 的余弦值。参数 arg 的值必须用弧度表示，返回值的范围为 -1 ～ 1。

例：下面程序显示从 -1 ～ 1 以 0.1 递增的值的余弦。

```
#include <math.h>
#include <stdio.h>
void main()
{
    double val=-1.0;
    do{
        printf("cosine of  %f  is %f \n", val, cos(val));
        val+=0.1;
    } while(val<=1.0);
}
```

7. div() 函数

格式：`div_t div(int number, int denom)`

说明：函数原型在 stdlib.h 中。

div() 函数返回 number/denom 操作的商和余数。

div_t 类型的结构定义在 stdlib.h 中，并有以下两个域：

```
int quot;        /* 存放商 */
int rem;         /* 存放余数 */
```

例：

```
#include <stdlib.h>
#include <stdio.h>
void main()
{
    div_t  n;
    n=div(10, 3);
    printf("quotient and remainder: %d, %d \n", n.quot, n.rem );
}
```

8. exp() 函数

格式：`double exp(double arg)`

说明：函数原型在 math.h 中。

exp() 函数求以自然数为底的指数 e^{arg} 的值。（精确到 2.718282）

例：该语句显示 e 的值。

```
printf("value of e to the first: %f", exp(1.0));
```

9. fabs() 函数

格式：`double fabs(double num)`

说明：函数原型在 math.h 中。

fabs() 函数返回参数 num 的绝对值。

例：下面语句在屏幕上显示 1.0 1.0。

```
printf("%1.1f, %1.1f ", fabs(1.0), fabs(-1.0));
```

10. floor() 函数

格式：`double floor(double num)`

说明：函数原型在 math.h 中。

floor() 函数返回不大于 num 的最大整数（以双精度表示）。

例：下面语句在屏幕上输出 10　–2.0。

```
printf("%f  %f ", floor(10.9),floor(-1.5));
```

11. fmod() 函数

格式：`double fmod(double x, double y)`

说明：函数原型在 math.h 中。

fmod() 函数求 x/y 的余数，返回求出的余数值。

例：下面语句输出 1.0。

```
printf("%1.1f", fmod(10.0, 3.0));
```

12. labs() 函数

格式：`long labs(long num)`

说明：函数原型在 stdlib.h 中。

labs() 函数返回长整数 num 的绝对值。

例：下面的函数将用户输入的数转换成其绝对值。

```
#include<stdlib.h>
long get_labs()
{
    char num[80];
    gets(num);
    return labs(atol(num));
}
```

13. log() 函数

格式：`double log(double num)`

说明：函数原型在 math.h 中。

log() 函数求 num 的自然对数。

例：下面程序显示 1 ～ 10 的自然对数。

```
#include <math.h>
#include <stdio.h>
void main()
{
    double val=1.0;
    do{
        printf("%f  %f \n", val, log(val));
        val++;
    } while(val<11.0);
}
```

14. log10() 函数

格式：`double log10(double num)`

说明：函数原型在 math.h 中。

log10() 函数返回以 10 为底的 num 的对数。

15. pow() 函数

格式：`double pow(double base, double exp)`

pow() 函数计算以 base 为底的 exp 次幂。如果 base 为零或者 exp 小于或等于零，则出现定义域错。上溢会产生数出界错误。

例：下面程序显示10的前11次幂（0～10）。

```
#include <stdio.h>
#include <math.h>
void main()
{
    float x=10.0, y=0.0;
    do{
        printf("%.0f \n", pow(x, y));
        y++;
    }while(y<=10);
}
```

16. sin() 函数

格式：`double sin(double arg)`

说明：函数原型在math.h中。

sin() 函数返回参数arg的正弦值。arg的值必须用弧度表示。

17. sqrt() 函数

格式：`double sqrt(double num)`

说明：函数原型在math.h中。

sqrt() 函数返回num的平方根。

例：下面语句输出4。

```
printf("%f", sqrt(16.00));
```

18. tan() 函数

格式：`double tan(double arg)`

说明：函数原型在math.h中。

tan() 函数返回参数arg的正切值。arg的值必须用弧度表示。

四、动态地址分配函数

1. calloc() 函数

格式：`void *calloc(unsigned num, unsigned size)`

说明：函数原型在stdlib.h中。

calloc() 函数返回一个指向被分配的内存指针。被分配的内存数量等于num*size，其中size以字节表示，即calloc() 函数为具有num个长度为size的数据的数组分配内存。如果没有足够的内存满足要求，就返回一个空指针。

例：下面函数返回一个指向动态地址分配100个实型数的数组地址的指针。

```
#include <stdio.h>
#include <stdlib.h>
float *get_mem()
{
    float *p;
    p=(float *) calloc(100, sizeof(float));
    if(!p)
    {
        printf("allocation failure-aborting");
        exit(1);
    }
    return p;
}
```

2. coreleft() 函数

格式：unsigned coreleft(void)　　　　/* 用于小型数据模式 */

　　　unsigned long coreleft(void)　/* 用于大型数据模式 */

说明：函数原型在 alloc.h 中。

coreleft() 函数得到在堆（heap）上剩余的未曾使用的内存字节数。对于小内存模式，函数返回无符号整型量；对于大内存模式，函数返回无符号的长整型量。

例：下面的程序显示当按小数据模式编译时堆的大小。

```
#include <alloc.h>
void main()
{
    printf("The size of the heap is %u", coreleft());
}
```

3. free() 函数

格式：void free(void *ptr)

说明：函数原型在 stdlib.h 中。

free() 函数释放由 ptr 所指的内存，并将它返还给堆（heap），以便这些内存成为再分配时的可用内存。

例：下面程序首先分配内存空间给由用户输入的字符串，然后再释放它们。

```
#include<stdlib.h>
#include<stdio.h>
void main()
{
    char *str[10];
    int i;
    for(i=0;i<10;i++) {
        if((str[i]=(char *) malloc(128))==NULL)
        {
            printf("allocation error-aborting .");
            exit(0);
        }
        gets(str[i]);
    }
    /* now free the memory */
    for(i=0;i<10;i++)
        free(str[i]);
}
```

4. malloc() 函数

格式：void *malloc(unsigned size)

说明：函数原型在 stdlib.h 中。

malloc() 函数得到指向大小为 size 的内存区域的首字节的指针，该内存是从堆中已被分配的。若没有足够的内存空间进行分配，则返回的指针为空（NULL）。在使用指针前应测试返回值不为空指针，若使用空指针，通常会引起系统崩溃。

例：下面一段代码用 get_struct() 函数申请存放结构类型 addr 的地址。

```
#include <stdio.h>
#include <stdlib.h>
struct addr
{
```

```
    char name[40];
    char street[40];
    char city[40];
    char state[3];
    char zip[10];
};
struct addr *get_struct()
{
    struct addr *p;
    if(!(p=(struct addr *) malloc(sizeof(addr))))
    {
        printf("allocation error-aborting ");
        exit(0);
    }
    return p;
}
```

五、其他函数

1. exit() 函数

格式：`void exit(int status)`

说明：函数原型在 process.h 中。

exit() 函数使得程序立即正常终止。状态值（status）被传递到调用过程。按照惯例，如果状态值为 0，表示程序正常结束；若为非零值，则说明存在执行错误。

例：请查阅以前例子中关于 exit() 函数的使用。

2. itoa() 函数

格式：`char *itoa(int num, char *str, int radix)`

说明：函数原型在 stdlib.h 中。

i toa() 函数把整型数 num 转换成与其等价的字符串，且把其结果放在 str 所指向的字符串中。字符串输出的进制由 radix 确定。

例：下面程序用十六进制显示 1423 的值（58F）。

```
#include<stdlib.h>
#include<stdio.h>
void main()
{
    char p[17];
    itoa(1423, p, 16);
    printf(p);
}
```

3. ltoa() 函数

格式：`char *ltoa(long num, char *str, int radix)`

说明：函数原型在 stdlib.h 中。

ltoa() 函数把长整型数 num 转换成与其等价的字符串，且把其结果放在 str 所指向的字符串中。字符串输出的进制由 radix 确定。

C 语言的函数有 300 多个，以上仅是一些常用函数，感兴趣的读者可查阅有关书籍，以获得对 C 函数更全面更详细的了解。

参考文献

[1] 谭浩强 . C 程序设计 [M]. 5 版 . 北京 ：清华大学出版社，2017.
[2] 苏小红 . C 语言程序设计 [M]. 4 版 . 北京 ：高等教育出版社，2019.
[3] 杨崇艳 . C 语言程序设计 [M]. 北京 ：人民邮电出版社，2019.
[4] 张岗亭，李向军 . C 语言程序设计 [M]. 北京 ：中国水利水电出版社，2016.
[5] 于延，邹倩 . C 语言程序设计案例教程学习辅导 [M]. 北京 ：清华大学出版社，2016.
[6] 钱雪忠，吕莹楠，高婷婷 . 新编 C 语言程序设计教程 [M]. 北京 ：机械工业出版社，2020.
[7] 赵少卡，郭永宁，林为伟 . 高级语言程序设计 [M]. 北京 ：电子工业出版社，2020.
[8] 明日科技 . C 语言从入门到精通 [M]. 5 版 . 北京 ：清华大学出版社，2017.
[9] 张基温 . C 语言程序设计案例教程 [M]. 北京 ：清华大学出版社，2004
[10] 黑马程序员 . C 语言程序设计案例式教程 [M]. 北京 ：人民邮电出版社，2016.
[11] 程辉 . C 语言程序设计教程 [M]. 何钦铭，王兆青，陆汉权，等译 . 北京 ：高等教育出版社，2011.
[12] 克尼汉，里奇 . C 程序设计语言（第 2 版）[M]. 徐宝文，李志，译 . 北京 ：机械工业出版社，2019.